Eichstätter Geographische Arbeiten

Herausgeber

Klaus Gießner
Erwin Grötzbach
Ingrid Hemmer
Hans Hopfinger

Schriftleitung

Marianne Rolshoven

Profil

Eichstätter Geographische Arbeiten

Band 15

Volker Wichmann

Modellierung geomorphologischer Prozesse in einem alpinen Einzugsgebiet

Abgrenzung und Klassifizierung der Wirkungsräume von Sturzprozessen und Muren mit einem GIS

Profil

Anschrift der Reihenherausgeber:
Katholische Universität Eichstätt-Ingolstadt
Fachgebiet Geographie
Ostenstraße 18
D-85072 Eichstätt

Anschrift des Autors:
Dr. Volker Wichmann
Katholische Universität Eichstätt-Ingolstadt
Lehrstuhl Physische Geographie
Ostenstraße 18
D-85072 Eichstätt

Dissertation zur Erlangung des Doktorgrades der Mathematisch-Geographischen Fakultät der Katholischen Universität Eichstätt-Ingolstadt

vorgelegt von
Volker Wichmann, München

unter dem Titel
Entwicklung von prozessorientierten Modellen zur flächenverteilten Abgrenzung und Klassifizierung der Wirkungsräume von Sturzprozessen und Muren mit einem GIS - Dargestellt am Einzugsgebiet des Lahnenwiesgrabens/Ammergebirge

Tag der mündlichen Prüfung:
11. Juli 2005

Referent: Prof. Dr. Michael Becht
Korreferent: Prof. Dr. Otfried Baume

Die Deutsche Bibliothek – CIP Einheitsaufnahme

Wichmann, Volker:
Modellierung geomorphologischer Prozesse in einem alpinen Einzugsgebiet – Abgrenzung und Klassifizierung der Wirkungsräume von Sturzprozessen und Muren mit einem GIS / Volker Wichmann.
– München ; Wien : Profil, 2006
(Eichstätter Geographische Arbeiten ; Bd. 15)
ISBN 3-89019-605-5

Umschlaggestaltung: Michaela Brüssel, Erlangen; Alexandra Kaiser, Eichstätt

Umschlagfoto: Volker Wichmann

Druck und Herstellung: PBtisk s.r.o., Příbram/Czech Republic

Printed and bound in the E.U.

Inhaltsverzeichnis

Abbildungsverzeichnis

Bei allen Abbildungen ohne Quellennachweis handelt es sich um eigene Entwürfe und Darstellungen des Autors.

Tabellenverzeichnis

Danksagung

Die Durchführung der vorliegenden Arbeit war nur durch die vielfältige Unterstützung möglich, die mir immer wieder zuteil wurde. Mein besonderer Dank gilt Herrn Prof. Dr. Michael Becht, der als Betreuer maßgeblichen Anteil an dem Gelingen der Arbeit hatte. Für das in mich gesetzte Vertrauen, die langjährige Förderung und die mir gewährten Freiheiten möchte ich mich herzlich bei ihm bedanken.

Die Arbeit wurde im Rahmen des von der DFG geförderten Bündelprojekts SEDAG (Sedimentkaskaden in alpinen Geosystemen, AZ Be 1118/14-1 bis -4) angefertigt. Aufgrund der Berufungen meines Betreuers war die Durchführung mit mehreren Universitätswechseln verbunden. Herrn Prof. Dr. Otfried Baume (Lehrstuhlinhaber für Geographie und Landschaftsökologie am Institut für Geographie der LMU München) und seinen Mitarbeitern möchte ich für die Unterstützung, insbesondere für den während der Göttinger Phase gewährten "Unterschlupf" danken. Unter den Mitarbeitern in der Abteilung für Physische Geographie am Geographischen Institut der Universität Göttingen bin ich vor allem Herrn Dipl.-Geogr. Olaf Conrad und Herrn Dipl.-Phys. André Ringeler zu großem Dank verpflichtet, die mir bei so manchem SAGA-Problem stets hilfreich mit ihrem Wissen zur Seite standen. Bei den Mitarbeitern im Fachgebiet Geographie an der KU Eichstätt-Ingolstadt möchte ich mich für ihre Hilfsbereitschaft im letzten Jahr bedanken. Meinen beiden langjährigen Kollegen und Freunden Herrn Dr. Tobias Heckmann und Herrn Dipl.-Geogr. Florian Haas (mittlerweile beide am Lehrstuhl für Physische Geographie an der KU Eichstätt-Ingolstadt) kann ich gar nicht genug für die zahllosen kreativen Gespräche, die gute Zusammenarbeit und für die kritische Durchsicht der Arbeit danken.

Ich freue mich über die Aufnahme meiner Arbeit in die Eichstätter Geographischen Arbeiten und möchte den Herausgebern auch für die konstruktiven Anmerkungen danken. Bei der Klärung technischer Details hinsichtlich der Erstellung der Druckvorlage war Frau Dipl.-Ing. (FH) Alexandra Kaiser eine große Hilfe.

Den anderen im SEDAG Projekt beteiligten Arbeitsgruppen (Prof. Dr. R. Dikau, PD Dr. L. Schrott und Mitarbeiter/Geographisches Institut der Universität Bonn, Prof. Dr. M. Moser und Mitarbeiter/Institut für Geologie und Mineralogie der Universität Erlangen-Nürnberg, Prof. Dr. K.-H. Schmidt,

Dr. T. Vetter und Mitarbeiter/Institut für Geographie der Universität Halle, apl Prof. Dr. Dr. H. Strunk und Mitarbeiter/Geographisches Institut der Universität Regensburg) möchte ich für die gute Zusammenarbeit in den letzten Jahren danken. Im Besonderen möchte ich Herrn Dipl.-Geol. Dirk Keller (Erlangen) für die mir großzügig zur Verfügung gestellten Daten und seine immerwährende Bereitschaft diese zu erläutern danken. Ihm und Herrn Dipl.-Geogr. Florian Koch (Regensburg), Herrn Dipl.-Geogr. Maik Unbenannt und Herrn Dipl.-Geogr. David Morche (beide Halle) möchte ich außerdem für so manchen Hinweis im Gelände danken.
Mein herzlichster Dank gilt meiner Familie, die mir stets mit Rat und Tat hilfreich zur Seite stand und es immer wieder verstanden hat, mir die Sorgen des Alltags zu nehmen. Besonders möchte ich mich bei Anja Stemme bedanken, nicht zuletzt für die wertvolle Hilfestellung beim Programmieren und die vielen anregenden Diskussionen!

Eichstätt, im September 2005

Volker Wichmann

1 Einleitung

1.1 Einführung in die Thematik

Die aktuelle Reliefentwicklung in alpinen Einzugsgebieten ist durch eine Vielzahl morphodynamischer Prozesse geprägt. Die meisten der Prozesse treten zwar auch in anderen Räumen auf, aber die Prozesskombinationen und -intensitäten unterscheiden sich deutlich von denen in Hochgebirgsregionen. Das steile Relief und die damit verbundene große potentielle Energie, die für Erosion und Sedimenttransport zur Verfügung steht, führt zusammen mit anderen Geofaktoren zu hohen Abtragsraten. Neben fluvialen Prozessen sind es vor allem gravitative Massenbewegungen, die aufgrund der hohen Reliefenergie viel Sediment bis in die Vorfluter liefern können. Quantitative Messungen des Feststoffhaushalts alpiner Einzugsgebiete sind schwierig und aufwändig (z.B. DIETRICH & DUNNE 1978; CAINE & SWANSON 1989; BECHT 1995; LIENER 2000), so dass noch große Unsicherheiten bezüglich des Beitrags einzelner Prozesse bestehen. Neue Einblicke soll das Projekt *Sedimentkaskaden in alpinen Geosystemen* (SEDAG) liefern, dass sich explizit mit der Sedimentmobilisierung, -verlagerung und -speicherung auf Einzugsgebietsebene durch unterschiedliche Prozesse beschäftigt. Die vorliegende Arbeit ist in diesem Forschungsverbund angesiedelt. Bevor auf die Zielsetzung der Arbeit eingegangen wird, soll ein kurzer Abriss über verschiedene Aspekte der Reliefentwicklung und Sedimentverlagerung in alpinen Einzugsgebieten gegeben werden.

Gravitative Massenbewegungen sind komplex ablaufende Prozesse, die sich oft aus mehreren Teilprozessen zusammensetzen. Hierzu sind unterschiedliche Klassifikationssysteme veröffentlicht worden (z.B. LAATSCH & GROTTENTHALER 1972; VARNES 1978; CHORLEY et al. 1985; HUTCHINSON 1988), die vor allem die Bewegungsart, die Verlagerungsgeschwindigkeit und die Materialeigenschaften als Klassifizierungskriterien heranziehen. HEGG (1996) hat ein speziell auf die Untersuchung von Wildbacheinzugsgebieten zugeschnittenes System entwickelt und klassifiziert die Prozesse hinsichtlich ihrer zeitlichen und räumlichen Auswirkungen. Räumlich können Prozesse mit und ohne Fernwirkung differenziert werden. Bei Prozessen ohne Fernwirkung (z.B. langsame tiefgründige Hangbewegungen wie Talzuschübe) liegen das Ablöse- und Ablagerungsgebiet räumlich eng beisammen oder sind überhaupt nicht trennbar. Prozesse mit Fernwirkung, zu denen die in dieser Arbeit untersuchten Sturzprozesse und Muren zählen, weisen dagegen räumlich getrennte Ablöse- und Ablagerungsgebiete auf, da im Prozessverlauf eine mehr oder weniger große Distanz zurückgelegt wird. Prozesse mit Fernwirkung reagieren in der Regel unmittelbar auf Ereignisse wie Starkregen oder das Auftauen des Bodens, während Prozesse ohne Fernwirkung eine mehr oder weniger große Verzögerung in ihrer Reaktion zeigen. Zeitlich unterscheidet HEGG (1996) schnell verlaufende und graduelle Prozesse. Bei schnell verlaufenden Prozessen wie Sturzprozessen oder Muren ist der Bewegungsbeginn und das Ende der Bewegung klar abgrenzbar. Sie sind in der Regel von kurzer Dauer und ändern ihre Intensität während des Ablaufs kaum. Dagegen laufen graduelle Prozesse (mit und ohne Fernwirkung) mehr oder weniger kontinuierlich ab, wobei sich die Intensität im Verlauf eines Ereignisses sehr stark verändern kann (z.B. Geschiebetransport, Kriechbewegungen).

Aufgrund der naturräumlichen Heterogenität alpiner Einzugsgebiete und der räumlich sehr variablen Verteilung der Auslöseereignisse (z.B. Starkregen) weisen Sedimentproduktion, -transport und -speicherung keine räumliche und zeitliche Kontinuität auf. Die Dynamik der Sedimentverlagerung auf Einzugsgebietsebene entwickelt sich aus einem komplexen Zusammenspiel vieler lokaler Faktoren. Detaillierte Prozessstudien können nur kleine Räume und kurze Zeitspannen abdecken. Stratigraphische Studien erlauben zwar mittels Datierungen die Erfassung längerer Zeiträume, allerdings sind auch diese Untersuchungen lokal begrenzt und ermöglichen in den seltensten Fällen eine prozessorientierte Quantifizierung der verlagerten Massen. Die Erstellung von prozessorientierten Sedimentbilanzen (*sediment budget*) erfordert neben der Identifikation der Lage der Sedimentquellen und -speicher auch die Quantifizierung der Abtragsraten, der Sedimentverlagerung und der Verweilzeiten in Speichern (vgl. REID & DUNNE 1996). Wird außerdem der Austrag aus dem Einzugsgebiet bestimmt, kann das Verhältnis von Gebietsaustrag zu Gebietsabtrag berechnet werden (*sediment delivery ratio*, SDR). Eine niedrige SDR ist ein Anzeichen für die Zwischenspeicherung von Sediment innerhalb des Einzugsgebiets. Eine hohe SDR deutet dagegen darauf hin, dass das erodierte Sediment mehr oder weniger ohne Zwischenspeicherung das Gebiet verlässt. Aufgrund der Möglichkeit der Remobilisierung von Material aus temporären Speichern wird der gemessene Austrag allerdings in den wenigsten Fällen der aktuellen Denudation entsprechen. Die zeitliche Verzögerung zwischen Erosion, Transport, Speicherung und Remobilisierung des Sediments macht die Übertragung von Untersuchungen rezenter Sedimenthaushalte auf historische Muster schwierig. Die episodische Natur der Sedimentverlagerung innerhalb eines Einzugsgebiets mit häufig langen Speicherzeiten erschwert die Erstellung genauer Sedimentbilanzen, die daher oft durch eine limitierte räumliche und zeitliche Auflösung gekennzeichnet sind (CAMPBELL 1992).

Auf der Erdoberfläche lassen sich unterschiedliche Systeme identifizieren und abgrenzen. Aufgrund ihrer Struktur unterscheiden CHORLEY & KENNEDY (1971) zwischen morphologischen Systemen, Kaskadensystemen, Prozess-Response Systemen und Kontrollsystemen. Der Sedimenttransfer in alpinen Einzugsgebieten läßt sich vereinfacht als Kaskadensystem abbilden. Kaskaden gehören zu den wichtigsten Typen dynamischer Systeme (CHORLEY & KENNEDY 1971) und sind als Strukturen definiert, bei denen der Output eines Subsystems den Input für das nächste Subsystem bildet. Innerhalb der Subsysteme wirken Regler, welche die zugeführte Masse oder Energie entweder komplett durch das System oder einen Teil davon in einen Speicher des Subsystems leiten. Die Systemkomponenten sind das Relief oder Formparameter, Materialien oder Materialparameter und Prozesse, die das Material verlagern. In der Regel ist es überflüssig, die gesamte Energiebilanz eines Systems zu analysieren, da letztendlich nur ein sehr kleiner Teil der Energie in geomorphologische Arbeit umgewandelt wird. Der größte Teil der Energie passiert das System ohne Auswirkung auf das Relief. Die Reliefentwicklung ist zu allererst das Ergebnis der Materialverlagerung von einem Ort zum anderen, weshalb in der Geomorphologie die Massenbilanz von größerer Bedeutung ist als die Energiebilanz (AHNERT 1996).

Aufgrund der großen morphodynamischen Variabilität von Gebirgssystemen sind hohe mittlere Abtragsraten in der Regel das Produkt von Einzelereignissen, die episodisch auftreten und diskontinuierlich im Raum sind. Oft wird dabei der Großteil an geomorphologischer Arbeit in einem kleinen Teil des Gesamtgebietes geleistet (BARSCH & CAINE 1984). Obwohl Lawinen, Rutschungen und Muren nur sporadisch und lokal begrenzt auftreten, tragen sie außer auf glazialen Ablagerungen insgesamt oft mehr zur Abtragsleistung bei als die fluviale Erosion (BECHT 1995). Die Abtragsleistung durch Steinschlag ist aufgrund geringer Erosionsbeträge verhältnismäßig gering. WETZEL (1992) ermittelt für den Lainbach bei Benediktbeuren die Anteile fluvialer Erosion und gravitativer Prozesse an der jährlichen Feststofffracht zu 35% und 65%.

Die räumliche Lage der Prozesse in Bezug auf den Gebietsauslass hat infolge der Möglichkeit zur Zwischenspeicherung von Sediment große Auswirkungen auf die ausgetragene Feststoffmenge. Für eine Abschätzung der Feststofflieferung eines Einzugsgebiets können daher Messungen von Abtragsraten einzelner Prozesse aus anderen Gebieten nicht ohne weiteres übertragen werden. Abhilfe können Modelle schaffen, die die räumliche Verteilung und Interaktion geomorphologischer Prozesse sowie die entsprechenden Magnitude-Frequenz Beziehungen in einem Einzugsgebiet abzubilden vermögen (z.B. BENDA 1995; BENDA & DUNNE 1997a, 1997b). Im einfachsten Fall wird versucht, das Einzugsgebiet in homogene Einheiten des Prozessgeschehens zu unterteilen, und zumindest zwischen Hang- und Gerinnesystem zu differenzieren. Bestehende Verfahren zur Erstellung prozessorientierter Massenbilanzen alpiner Einzugsgebiete wie TORSED (LEHMANN 1993), PROMAP (PLONER & SÖNSER 2000; JENEWEIN 2002) oder auch SEDES (BRAUNER 2001) berücksichtigen die räumliche Verteilung einzelner Prozesse nur in Ansätzen und bilden diese nicht durch entsprechende Modelle ab. Andere Verfahren wie die Ausweisung von ETA-Systemen (Erosion-Transport-Akkumulation, ENGELEN & VENNEKER 1988) oder GPUs (*geomorphological process units*, GUDE et al. 2002) führen zwar zu einer räumlichen Differenzierung hinsichtlich des Prozessgeschehens, bieten aber nicht die Möglichkeit, die Topologien und Interaktionen dieser Systeme automatisiert zu analysieren. Auf Einzugsgebietsebene ist es für die Erstellung genauer Sedimentbilanzen zwingend erforderlich, die Transportwege der Prozesse zu berücksichtigen (SLAYMAKER 1991).

Der Vergleich verschiedener Prozesse hinsichtlich ihrer geomorphologischen Bedeutung ist nicht einfach. Eine hilfreiche Vereinfachung, um vergleichende quantitative Dimensionen zu erhalten, ist die Berechnung der geologischen Massenverlagerung, dem Produkt aus Masse und Verlagerungsdistanz (JÄCKLI 1957). Letztere kann sowohl dem vertikalen Versatz (Verlust an Potentieller Energie), dem horizontalen Versatz oder der resultierenden Komponente entsprechen (RAPP 1960). Der Massentransfer in Meter-Tonnen pro Jahr ermöglicht eine quantitative Beurteilung der Bedeutung verschiedener Prozesse innerhalb eines Gebiets. Die Einheit ist aber nicht dazu geeignet, Gebiete unterschiedlicher Größe miteinander zu vergleichen. Hierfür ist es zweckmäßig, die Flächenerosion in $t/km^2/a$ zu berechnen, also die Menge an verlagertem oder abtransportierten Material pro km^2 (RAPP 1960). Den Massentransport berücksichtigten bereits JÄCKLI (1957) und RAPP (1960) in ihren Arbeiten. CAINE (1976) erweiterte das Konzept, indem er die verrichtete Arbeit (in Joule) berechnete (hierzu muss die Massenverlagerung nur mit der Erdbeschleunigung multipliziert werden). Wird zusätzlich die Zeit, über die ein geomorphologischer Prozess gewirkt hat, mit einbezogen, dann kann die Leistung des Prozesses berechnet werden (Arbeit pro Zeit, in Watt). Diese Konzepte erleichtern den Vergleich von Hang- und Gerinneprozessen. Hochgebirgen werden oft hohe Energie- und Stoffumsätze zugeschrieben. Hohe Stoffflüsse, bedingt durch eine hohe geomorphologische Aktivität, sind aber nicht immer mit einem großen Verlust an Potentieller Energie verbunden. Die geleistete geomorpholgische Arbeit kann also weitaus geringer sein als angenommen (WARBURTON 1993).

Die Prozesse des Feststoffhaushalts in alpinen Einzugsgebieten sind auch im Hinblick auf die Gefahrenbeurteilung von großem Interesse. Geomorphologische Prozesse werden zur Naturgefahr, sobald anthropogene Einrichtungen (Sachschäden) oder Aktivitäten (Personenschäden) betroffen sein können. Aufgrund der zum Teil sehr großen Rekurrenzintervalle von Naturereignissen müssen bei der Gefahrenbeurteilung auch Gebiete berücksichtigt werden, in denen die Prozesse rezent nicht auftreten. Gerade die fortschreitende Besiedlung und die zunehmende touristische Nutzung gefährdeter Zonen zeigt, dass das unmittelbare Erinnerungsvermögen der Menschen für eine objektive Beurteilung der Gefahr oft nicht ausreicht (BECHT 1995). Um flächendeckende Informationen zu gewinnen, wurde in den letzten Jahren verstärkt an der Entwicklung von Verfahren gearbeitet, mit denen auch großflächige Simulationen des Gefahrenpotentials durchgeführt werden können (z.B. HEINIMANN et al. 1998). Herkömmliche Geländeerhebungen sind oft sehr aufwändig, was unter anderem in der Komplexität der Prozesse und der häufig schlechten Begehbarkeit der zu analysierenden Gebiete begründet liegt. Computermodelle stellen hier, sofern die benötigten Eingangsdaten leicht zu erheben sind, eine geeignete und kostengünstige Alternative zur Evaluierung des Schadenpotentials auf mittlerer Maßstabsebene (Gefahrenhinweiskarten) dar. Die Anwendung von Modellen resultiert zudem in der Verwendung einer einheitlichen Methodik für den untersuchten Raum, wodurch die Nachvollziehbarkeit der Ergebnisse erhöht wird. Auf der Basis der Modellergebnisse können dann beispielsweise Vorbeugemaßnahmen getroffen werden.

Zur Modellierung der langfristigen Reliefentwicklung werden in der Geomorphologie sogenannte *landscape evolution models* eingesetzt. Über die historische Entwicklung quantitativer Modelle in der Geomorphologie berichtet beispielsweise AHNERT (1996). Seit den 1970er Jahren wurden zahlreiche Modelle entwickelt, in denen das Relief durch regel- oder unregelmäßig verteilte Punkte in Maschengittern repräsentiert ist (z.B. AHNERT 1976). Von zentraler Bedeutung war die Einführung eines Diffusionsansatzes, so dass die Höhenänderung eines Punktes im Maschengitter an die Umverteilung des Lockermaterials auf den Hängen und im Gerinne gekoppelt ist. Die Prinzipien basieren auf der Verknüpfung eines von der Hangneigung abhängigen Sedimenttransportgesetzes mit dem Gesetz von der Erhaltung der Masse, so dass eine Gleichung definiert werden kann, die die langzeitliche Reliefentwicklung beschreibt (BROOKS & ANDERSON 1998). Die zunehmende Leistungsfähigkeit der Computer erlaubt immer genauere Repräsentationen des Geländes und der zu modellierenden Prozesse, so dass neuere Modelle Einblicke in das Zusammenspiel von Klima, tektonischer Hebung, Lithologie und Hang- und Gerinneprozessen im Hinblick auf die Entwicklung von Flussnetzen und dem Relief von Einzugsgebieten erlauben. Hier sind unter anderem die Modelle SIBERIA (WILLGOOSE et al. 1991, 1994), GOLEM (TUCKER & SLINGERLAND 1994), CASCADE (BRAUN & SAMBRIDGE 1997), CHILD (TUCKER et al. 2001) und CAESAR (COULTHARD et al. 2000, 2002) zu nennen. Die Modelle verfolgen ähnliche Konzepte, unterscheiden sich aber in der Art und Weise, wie einzelne Prozesse abgebildet sind. Die Prozesse operieren auf unterschiedlichsten räumlichen und zeitlichen Skalen und die Bedeutung einzelner Prozesse wechselt je nach gewähltem Betrachtungsmaßstab. Das Problem wechselnder räumlicher Maßstäbe wird beispielsweise durch anpassungsfähige unregelmäßige Maschengitter (*adaptive irregular mesh*) oder die Repräsentation einzelner Prozesse unterhalb der Rasterauflösung (*sub-grid cell representation*) gelöst. Die zeitliche Problematik wird in der Regel durch eine unterschiedlich genaue Abbildung der Prozesse in den Modellen angegangen, so dass Erosion und Ablagerung je nach Anwendung basierend auf kurzfristigen Einzelereignissen oder mit langjährigen Mittelwerten (z.B. Zeitschritte von 100 Jahren) berechnet werden (COULTHARD 2001). Ein ausführlicher Überblick findet sich bei COULTHARD (2001), der auch auf die Eignung einzelner Modelle für bestimmte Fragestellungen eingeht.

Aufgrund der Unwägbarkeiten bei der Rekonstruktion vergangener Reliefausprägungen werden die meisten der *landscape evolution models* nur mit künstlichen, mehr oder weniger zufällig generierten Höhenmodellen betrieben. In der Regel werden sehr lange Zeiträume modelliert, was die Validierung der Modellergebnisse und den Einsatz der Modelle für aktuelle Fragestellungen erschwert. Die Anwendung dieser Modelle in kleinräumigen Einzugsgebieten mit komplexem Prozessgeschehen bereitet noch Probleme. Die Modelle operieren über Zeiträume von mehreren Jahrzehnten bis zu Jahrmillionen und gehen von Gleichgewichtsbedingungen aus, die oft nicht erfüllt sind. Gravitative Prozesse sind im Gegensatz zu fluvialen Prozessen meist nur stark vereinfacht repräsentiert und oft auf Kriech- und Rutschbewegungen beschränkt. Glaziale Prozesse werden in den Modellen bislang nicht berücksichtigt. Die großen Lockersedimentablagerungen der letzten Vereisungen bedingen aber noch heute eine hohe Prozessdynamik in ehemals vergletscherten Einzugsgebieten (BECHT 1995). SLAYMAKER (1992) diskutiert in diesem Zusammenhang AHNERTS (1987) Prozess-Response Modell und weist auf das Problem des Speicherterms in den Massenbilanzgleichungen theoretischer Modelle hin. Die Annahme von Gleichgewichtsbedingungen in den Abtragssystemen der Modelle erscheint aufgrund des glazialen Erbes unrealistisch. Generell wird die Modellierung der Reliefentwicklung durch die große Zahl der wirkenden Prozesse und der Nicht-Linearität geomorphologischer Systeme erschwert.

Die Abhängigkeit der Sedimentproduktion und -verlagerung von lokalen Gegebenheiten verdeutlicht die Notwendigkeit einer flächenverteilten Modellierung für detaillierte Studien des Feststoffhaushalts und Gefahrenpotentials alpiner Einzugsgebiete. Ein prozessbasiertes Verständnis ist von herausragender Bedeutung für die Abschätzung der zu erwartenden Auswirkungen. Analysen auf Einzugsgebietsebene dienen in der Regel der Charakterisierung der historisch, gegenwärtig und potentiell wirkenden Prozesse, so dass beispielsweise die Auswirkungen von anthropogenen Eingriffen auf das System in einer objektiven und wissenschaftlichen Art und Weise untersucht werden können. In dieser Hinsicht bieten Geographische Informationssysteme eine Reihe von Vorteilen (zusammengestellt nach MONTGOMERY et al. 1998):

- Verarbeitung räumlicher Informationen, die zur Vorhersage der Verbreitung geomorphologischer Prozesse genutzt werden können

- Formulierung von räumlich expliziten Hypothesen, die mit historischen Rekonstruktionen oder Feldbeobachtungen verglichen werden können

- Darstellung und Analyse der zeitlichen Entwicklung von Landschaftsattributen
- Regionalisierung von Punktdaten auf die gesamte Einzugsgebietsfläche
- Untersuchung und Darstellung potentieller Auswirkungen verschiedener Landnutzungsstrategien
- Ausweisung besonders sensitiver Landschaftseinheiten

Die zunehmende Leistungsfähigkeit Geographischer Informationssysteme erlaubt die Entwicklung von immer komplexeren Modellen in benutzerfreundlichen Umgebungen (z.B. BURROUGH 1998). MONTGOMERY et al. (1998) diskutieren die Anwendung von Geographischen Informationssystemen auf Einzugsgebietsebene und entwickeln physikalisch basierte Modelle zur räumlichen Abgrenzung der Erosionsgebiete verschiedener Prozesse (vgl. auch DIETRICH et al. 1992, 1993; MONTGOMERY & DIETRICH 1994). FONTANA & MARCHI (1998, 2003) verwenden im GIS abgeleitete Indikatoren, um Sedimentquellen und potentielle Lieferraten in alpinen Einzugsgebieten zu ermitteln.
Grundlegende konzeptionelle Modellstrukturen für Hang- und Gerinnesysteme finden sich beispielsweise bei HEGG (1996) und LIENER (2000). Die Verschiedenartigkeit der Prozesse verhindert allerdings die Anwendung der gleichen Simulationstechniken für alle Prozesse. Der Prozessverlauf wird deshalb in der Regel über mehrere gekoppelte Teilmodelle beschrieben. Wieviel Material wann und wo von einem Prozess in Bewegung gesetzt wird, kann mit sogenannten Mobilisierungsmodellen simuliert werden (HEGG 1996). Hier bestehen aber noch große Wissenslücken und die üblicherweise unzureichende Datenlage erschwert die Modellierung. Der weitere Prozessverlauf nach der Ablösung kann mit Prozessmodellen modelliert werden. Diese ermitteln den Prozessweg und die Reichweite anhand von Trajektorien- und Reibungsmodellen und wurden bislang vor allem in der Naturgefahrenanalyse eingesetzt. Hinsichtlich der in der vorliegenden Arbeit angestrebten Modellierung der Wirkungsräume von Sturzprozessen und Muren existieren bislang keine entsprechenden Modellansätze. In den schon angesprochenen *landscape evolution models* sind beide Prozesstypen bislang nicht explizit repräsentiert, so dass - abgesehen von der Tatsache, dass diese Modelle nur sehr schwer auf die rezenten Gegebenheiten in alpinen Einzugsgebieten anzuwenden sind - diese Modelle für die bearbeitete Fragestellung nicht sinnvoll einzusetzen sind. Die in

Geographische Informationssysteme integrierten Modelle (z.B. MONTGOMERY & DIETRICH 1994; MONTGOMERY et al. 1998; FONTANA & MARCHI 1998, 2003) weisen nur die Start- bzw. Erosionsgebiete einzelner Prozesse aus und verwenden allenfalls sehr vereinfachende Ansätze um die Ablagerungsräume der Prozesse zu erfassen. Für eine räumliche Differenzierung der Wirkungsräume der in dieser Arbeit untersuchten Prozesse ist es neben der Ausweisung von Start- bzw. Erosionsgebieten aber zwingend erforderlich, auch den weiteren Prozessverlauf (Prozessweg und Reichweite) inklusive der Gliederung des Prozessraums in Erosion-, Transit- und Ablagerungsgebiete durch flächenverteilte Modelle abzubilden. Die zur Gefahrenanalyse eingesetzten Modelle berücksichtigen meist nur Teilaspekte (z.B. Modelle zur Ausweisung von Startgebieten, Modelle zur Berechnung der Prozesswege, der Reichweiten etc.). Eine räumlich differenzierte Gliederung der Wirkungsräume wurde in diesem Zusammenhang bislang nicht durchgeführt. Hier besteht noch großer Forschungsbedarf.

1.2 Problemstellung und Aufbau der Arbeit

Die bisherigen Ausführungen haben gezeigt, dass hinsichtlich einer prozessorientierten räumlichen Gliederung alpiner Einzugsgebiete neben Wissenslücken bei den Prozessabläufen auch methodische Probleme bestehen. Zu den Hauptformen geomorphologischen Arbeitens gehört die Analyse des Reliefs, des Geländes und der morphodynamischen Prozesse. Die Ergebnisse werden in der Regel in Form von speziellen Karten festgehalten, die eine differenzierte Betrachtung des Sedimenttransports ermöglichen (z.B. die Karten der ETA-Systeme von ENGELEN & VENNEKER 1988). Vor allem für praxisorientierte Fragestellungen, wie beispielsweise die Beurteilung von Naturgefahren, ist die Frage nach dem Wo und der Art einzelner Prozesse von zentraler Bedeutung (KIENHOLZ 1980). Hierbei müssen sowohl rezent aktive wie auch rezent inaktive Prozessflächen berücksichtigt werden, die zusätzlich in Abtragungs- und Ablagerungsbereiche (Transportbilanz) zu unterteilen sind. Eine automatisierte Erstellung solcher Karten mit Hilfe von Computermodellen bietet eine Reihe von Vorteilen und ebnet den Weg für eine Vielzahl neuer Anwendungsmöglichkeiten. Diese beschränken sich nicht nur auf praxisorientierte Fragestellungen, wie die Berechnung prozessorientierter Sedimentbilanzen, sondern beziehen auch theoretische und konzeptionelle Untersuchungen mit

ein. So können beispielsweise die Auswirkungen konzeptioneller Vereinfachungen auf die Modellergebnisse untersucht werden. Mit prozessorientierten Modellen können aber auch verschiedene Erklärungsansätze (z.B. zur zeitlichen Entwicklung des Aufbaus von Sturzhalden) überprüft werden.
Ziel der vorliegenden Arbeit ist die Entwicklung von Modellen für Sturzprozesse und Muren, mit denen derartige Karten automatisiert erstellt werden können. Im Vordergrund steht dabei nicht die Modellierung der verlagerten Massen, sondern die Ausweisung der räumlichen Ausdehnung der Prozessareale und deren Zonierung hinsichtlich ihrer Ausprägung. Die Bearbeitung größerer Räume wird erst durch die Anwendung rechnergestützter Modelle möglich, da die mit großem Aufwand verbundenen und umfangreichen Geländekartierungen, die bei herkömmlichen Bearbeitungsmethoden nötig sind, so deutlich reduziert werden können.
Aufgrund der hohen naturräumlichen Variabilität müssen die Modelle flächenverteilt arbeiten, wofür sich der Einsatz Geographischer Informationssysteme anbietet. Die angestrebte prozessbasierte Modellierung ist allerdings nicht mit den derzeit verfügbaren Systemen möglich, da die benötigten Funktionen und Methoden in diesen Systemen nicht implementiert sind. Die Arbeiten beschränken sich daher nicht nur auf die Wahl und Entwicklung geeigneter Methoden für die Modellierung von Sturzprozessen und Muren, sondern die Methoden müssen auch umgesetzt und programmiert werden. Für eine Klassifikation des Raumes hinsichtlich der Lage, Ausdehnung und Ausprägung der Prozessareale müssen folgende Fragen geklärt werden:

- Wo befinden sich die Sedimentquellen innerhalb des Einzugsgebiets: räumliche Lage der Abbruch- bzw. Anrisspunkte
- Welche Wege verfolgen die Prozesse hangabwärts: räumliche Lage der Transportwege
- Wo befinden sich die Ablagerungsräume innerhalb des Einzugsgebiets: räumliche Lage der Sedimentspeicher

Dies schließt die Klassifizierung der ausgewiesenen Prozessräume in Erosions-, Transit- und Ablagerungsbereiche ein (Prozessraumzonierung). Die Modellierung soll durch mehrere gekoppelte Teilmodule erfolgen, wobei neben der digitalen Reliefanalyse Methoden eingesetzt und weiterentwickelt werden sollen, die bislang vor allem in der Gefahrenbeurteilung Anwendung gefunden

haben. Die eingesetzten Methoden sollen nur wenige und möglichst einfach zu erhebende Daten benötigen und in der Lage sein, auch sehr unterschiedliche Datentypen und -qualitäten zu verarbeiten. Die Anwendung der Modelle wird am Einzugsgebiet des Lahnenwiesgrabens, einem Untersuchungsgebiet des SEDAG-Projekts, beispielhaft demonstriert.
In den folgenden Abschnitten werden zunächst grundlegende Modellkonzepte, das Untersuchungsgebiet und die zur Modellierung benötigten Geodaten vorgestellt. Anschließend werden Sturzprozesse und Muren in eigenen Kapiteln abgehandelt. In diesen Kapiteln wird jeweils zuerst ein Überblick über den Forschungsstand und die Grundlagen des Prozessablaufs gegeben, bevor die angewendete Methodik, die Modellierungen und die Ergebnisse dargestellt werden. Den Abschluss der Arbeit bildet ein Kapitel, in dem weitere Anwendungsmöglichkeiten der Modelle beispielhaft vorgestellt werden.

2 Modellkonzeption und methodische Grundlagen

2.1 GIS und geomorphologische Modellierungen

Geographische Informationssysteme (GIS) ermöglichen die Analyse von räumlichen Phänomenen und erlauben eine effiziente Verwaltung räumlich referenzierter Daten. Sie bieten sich daher für die Bearbeitung geomorphologischer Fragestellungen an. Für die Verwaltung räumlicher Daten werden in der Regel zwei Konzepte angewendet: Räumlich klar abgrenzbare Objekte werden im Vektorformat gespeichert. Grundelemente sind Punkte, Linien und Flächen, an die Informationen über Attributtabellen gekoppelt sind. Daten, die sich im Raum kontinuierlich verändern (beispielsweise die Höhe ü. NN), werden meist im Rasterformat verwaltet. Rasterdaten bestehen aus Pixeln (Rasterzellen) mit einheitlichem Informationsgehalt, die in Matrixform angeordnet sind (Zeilen und Spalten).

Die in dieser Arbeit vorgestellten Modelle verarbeiten nur Rasterdaten, da sich diese aufgrund ihrer einfachen Struktur für Modellierungen besser eignen. Die reale Welt wird durch die Überlagerung verschiedener Datenebenen (z.B. Naturraumparameter) reproduziert, was komplexe räumliche Analysen erlaubt. In diesem Zusammenhang sei auf die umfangreiche Literatur zu diesem Thema verwiesen (z.B. TOMLIN 1990, 1991; DEMERS 2000). Digitale Höhenmodelle (DHM) ergänzen die Informationen zu einem quasi dreidimensionalen Abbild der realen Welt (vgl. Abbildung 2.1). Einzelne Datenebenen können je nach Bedarf durch weitere Ebenen genauer aufgeschlüsselt werden. So kann beispielsweise die Bodenkarte durch Datensätze der verschiedenen Bodenschichten vertikal erweitert werden.

Die digitale Reliefanalyse erlaubt die Ableitung primärer topographischer Attribute wie Hangneigung oder Exposition aus dem DHM (z.B. WILSON & GALLANT 2000). Die Höhenunterschiede benachbarter Rasterzellen in digitalen Höhenmodellen beinhalten implizit mögliche Transportwege für Stoff- und Energieflüsse. Für die Ableitung dieser Topologien sind mittlerweile viele Algorithmen veröffentlicht worden. Neben Methoden, die nur eine Fließrichtung berücksichtigen (*single flow direction*, z.B. O'CALLAGHAN & MARK 1984; JENSON & DOMINGUE 1988; FAIRFIELD & LEYMARIE 1991; LEA 1992), existieren auch Methoden, die eine divergente Aufteilung der Flüsse auf mehrere Nachfolger erlauben (*multiple flow direction*, z.B. FREEMAN 1991; QUINN

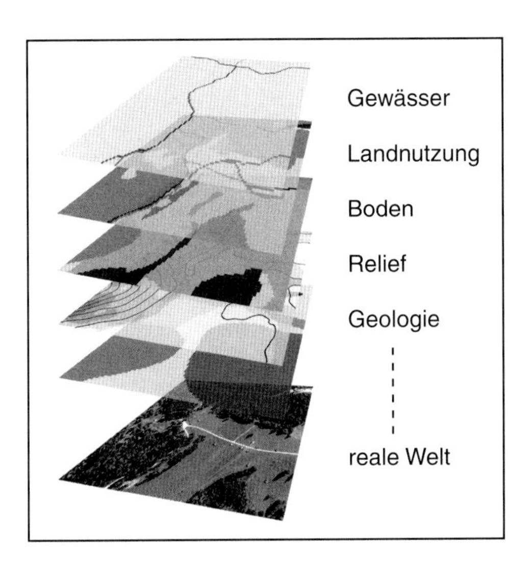

Abb. 2.1: Abbildung der realen Welt auf verschiedene Datenebenen im GIS.

et al. 1991; HOLMGREN 1994; COSTA-CABRAL & BURGES 1994; TARBOTON 1997). In der Literatur finden sich zahlreiche Arbeiten, in denen verschiedene Methoden vorgestellt und verglichen werden (z.B. DESMET & GOVERS 1996; GAMMA 2000; WILSON & GALLANT 2000). Mit Hilfe der abgeleiteten topologischen Beziehungen lassen sich sowohl laterale Stoff- und Energieflüsse zwischen einzelnen Rasterzellen als auch vertikale zwischen einzelnen Datenebenen berechnen. So kann beispielsweise der auftreffende Niederschlag in Abhängigkeit von der Vegetationsbedeckung, den Bodeneigenschaften und dem lokalen Relief in ober- und unterirdische Wasserflüsse aufgeteilt und weitergeleitet werden.

Bei der Bearbeitung geomorphologischer Fragestellungen hat der Einsatz von GIS zunehmend an Bedeutung gewonnen. Quantitative Aussagen über morphodynamische Prozesse lassen sich in vielen Fällen nicht oder nicht alleine durch Geländearbeiten gewinnen. Dies trifft in besonderem Maße auf Untersuchungen ganzer Einzugsgebiete zu, so dass GIS-basierte Analysen vor allem bei der Bearbeitung von größeren Raumeinheiten eingesetzt werden. Für unterschiedliche Maßstäbe müssen dabei unterschiedliche Methoden herangezogen werden.

Morphodynamische Prozesse in Gebirgsräumen resultieren aus der Umwandlung von potentieller Lageenergie der betrachteten Massen in kinetische Energie, Reibungsenergie und Wärme. Die betrachteten Vorgänge sind im Einzelnen sehr kompliziert, da verschiedene Bewegungsarten kombiniert auftreten oder ineinander übergehen. Es ist deshalb ausgeschlossen, die Vorgänge im Detail zu erfassen, zu beschreiben und zu berechnen. Man greift daher auf Modellvorstellungen (stark vereinfachte Abbilder der Realität) zurück, um die Prozesse in ihren Grundzügen und wesentlichen Eigenschaften zu beschreiben und berechenbar zu machen. Dabei werden bestimmte Aspekte der Prozesse hervorgehoben und andere unterdrückt. Generell wird die Anwendung von Modellen angestrebt, die sich aus bekannten physikalischen Gesetzmäßigkeiten ableiten. Da sich die Prozesse aber nicht im Detail erfassen lassen, kommen vielfach empirische Modelle zum Einsatz. Diese orientieren sich zwar an den physikalischen Gesetzmäßigkeiten, basieren jedoch primär auf Analysen von konkreten Fällen im Gelände oder auf gezielt durchgeführten Modellversuchen im Gelände oder im Labor (HEINIMANN et al. 1998). Physikalisch basierte Modelle zielen in der Regel auf die Beurteilung von Einzelhängen ab, geomorphologische Fragestellungen befassen sich aber verstärkt mit der Modellierung größerer Räume. Das Bestreben, physikalisch basierte Modelle in geomorphologischen Fragestellungen einzusetzen, wird durch die vielen für diese Modelle benötigten Parameter erschwert. Die notwendigen Daten lassen sich auch für einen Einzelhang in der Regel nur mit großem Aufwand beschaffen. Eine flächendeckende Aufnahme ist durch die hohe räumliche Variabilität boden- und felsmechanischer Parameter nicht möglich. In einigen Arbeiten wird deshalb versucht, diese Variabilität mittels probabilistischer Methoden zu modellieren (z.B. DUAN & GRANT 2000; LIENER 2000). Selbst komplizierte physikalische Modelle liefern aber nicht unbedingt bessere Ergebnisse als empirische Modelle. Eine komplexe Erklärung ist nicht automatisch besser als eine einfache, auch wenn sie möglicherweise eindrucksvoller ist (AHNERT 1996).

2.2 Konzeptioneller Modellansatz

Die Beurteilung der Wirkungsräume geomorphologischer Prozesse kann auf unterschiedliche Weise erfolgen. Herkömmliche Untersuchungen stützen sich primär auf die Untersuchung stummer Zeugen (geomorphologische Indizien wie Sturzhalden, Aufprallspuren oder Murkegel) und die Auswertung von Kartenmaterial, Luftbildern, historischen Aufzeichnungen und Berichten von Anwohnern (beispielsweise Ereigniskataster, Chroniken oder Archive). Die Methoden können allerdings nur angewendet werden, wenn entsprechende Situationen im Gelände vorgefunden werden und/oder brauchbare Aufzeichnungen vorhanden sind.

Eine weitere Möglichkeit bieten empirische Schätzungen, wobei Erfahrungen aus Gebieten mit vergleichbarer Naturraumausstattung übertragen werden. Entsprechende Daten können auch durch die künstliche Auslösung von Prozessen an realen Hängen (z.B. BROILLI 1974; JAHN 1988) oder durch Laborversuche (KIRKBY & STATHAM 1975) gewonnen werden. Die Schätzverfahren basieren in der Regel auf wenigen Parametern, so dass nicht alle Einflussgrößen betrachtet werden. Die Anwendung der Methode ist daher meist auf regionale Untersuchungen beschränkt und auf lokalem Niveau nur bedingt einsetzbar (MEISSL 1998).

Bei der Entwicklung analytischer Modelle wurden in den letzten Jahrzehnten große Fortschritte erzielt. Durch die Leistungsfähigkeit moderner Computer können auch physikalisch komplexere Zusammenhänge durch quantitative Modellrechnungen nachvollzogen werden. Auf die Schwierigkeiten bei der Anwendung dieser Modelle wurde schon in Abschnitt 2.1 hingewiesen. Es muss daher eine vernünftige Relation zwischen den Möglichkeiten der Datenbeschaffung und denjenigen der Datenverarbeitung hergestellt werden. Für die in dieser Arbeit anvisierte Prozessraumzonierung wird daher auf sehr unterschiedliche Modelltypen zurückgegriffen: Regel- und wissensbasierte Modelle, statistische Modelle und empirische Modelle, die sich an den physikalischen Grundlagen orientieren. Durch die zielgerichtete Anwendung können so auch komplexe Fragestellungen mit relativ wenigen und zum Teil ungenauen Eingangsdaten bearbeitet werden.

Ein vereinfachendes Konzept der komplexen Zusammenhänge, unter welchen Umständen ein Prozess ausgelöst werden kann, zeigt Abbildung 2.2a. Die Grunddisposition beschreibt die generelle Anfälligkeit einer Fläche für das Auftreten eines Prozesses. Die relevanten Geofaktoren sind über einen längeren Zeitraum konstant oder verändern sich nur langsam. Die variable Disposition beschreibt hingegen kurzfristigere Schwankungen in der Bereitschaft zur Prozessentstehung, wie die Änderung der Bodenfeuchte oder der Materialverfügbarkeit. Die Belastung des Systems, in der Regel durch hydrologi-

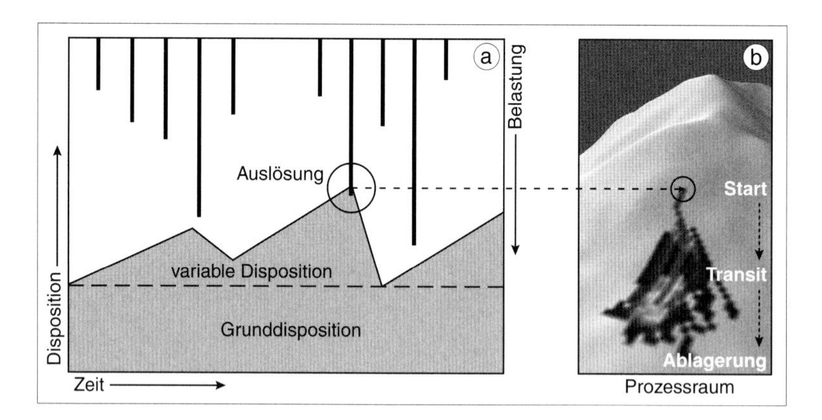

Abb. 2.2: Konzeptionelle Beschreibung der zeitlichen und räumlichen Zusammenhänge: (a) Disposition und Prozessauslösung (nach ZIMMERMANN et al. 1997), (b) Gliederung des Prozessraums.

sche Ereignisse, kann zur Auslösung des Prozesses führen. Dabei ist das Zusammenspiel von Disposition und auslösendem Ereignis zu beachten, da bei gegebener Grunddisposition und einer geringen variablen Disposition auch bei starken Belastungen keine Prozessauslösung stattfindet (Nicht-Linearität geomorphologischer Systeme). Diese zeitliche Variabilität bedingt eine hohe räumliche Variabilität, da sich ähnlich entstandene Landschaftsformen in unterschiedlichen Systemzuständen befinden können und dann auf die gleiche Belastung unterschiedlich reagieren. Eine scharfe Trennung zwischen Grunddisposition, variabler Disposition und auslösendem Ereignis ist nicht in allen Fällen möglich, aber für die Modellierung dennoch hilfreich, da die Bereiche separat modelliert und anschließend als Ganzes analysiert werden können. In dieser Arbeit wird nur die Grunddisposition durch ein entsprechendes Teilmodell abgebildet, die konkrete Auslösung der Prozesse bleibt weiteren Arbeiten vorbehalten.

Die Grunddisposition einer Fläche kann in der Regel durch eine Analyse der Naturraumparameter des Untersuchungsgebiets bestimmt werden. Grundannahme ist hierbei, dass die Kombination verschiedener Geofaktoren, die in der Vergangenheit zur Auslösung eines Prozesses geführt hat, auch in Zukunft das Auftreten des Prozesses bestimmt. Startgebiete werden so auch in Gebieten, in denen aktuell keine Prozesse beobachtet werden, die aber eine entsprechende Kombination der Geofaktoren aufweisen, ausgeschieden. Ausgehend von der Kenntnis der realen Verbreitung einzelner Prozesse können so auch Aussagen über potentielle Startgebiete getroffen werden.

Im Rahmen einer räumlich-funktionalen Analyse können morphodynamische Prozesse meist in drei Phasen unterteilt werden: Anriss bzw. Ablösung, Transport bzw. Transit und Auslauf bzw. Ablagerung (vgl. Abbildung 2.2b). Ausgehend vom Anriss- oder Ablösegebiet bewegt sich der Prozess an der Erdoberfläche unter dem Einfluss der Schwerkraft und verschiedener Reibungskräfte hangabwärts. In Abhängigkeit vom Zustand des Untergrunds, vom Relief, von der Bodenoberfläche und von der verlagerten Masse erreichen die Prozesse unterschiedliche Reichweiten. Die verschiedenen Phasen des Prozessverlaufs werden oft durch getrennte Teilmodelle abgebildet. In der Regel wird zwischen Dispositions- (wo und unter welchen Umständen kann ein Prozess starten) und Verlagerungsmodellen (Beschreibung des Weges und der Dynamik des ablaufenden Prozesses) unterschieden. Entsprechend dieser Einteilung werden in dieser Arbeit Teilmodelle entwickelt, die anschließend gekoppelt werden.

2.3 Methodische Umsetzung

2.3.1 Modularer Aufbau der Modelle

Die Konzeption von prozessbasierten Modellen kann auf zwei grundlegend verschiedene Arten erfolgen. Eine Möglichkeit besteht darin, mit den kleinsten zu identifizierenden Systemelementen (z.B. einzelne Steine oder Regentropfengrößen) zu beginnen und diese unter der Berücksichtigung ihrer Wechselbeziehungen zusammenzusetzen. Diese Vorgehensweise wird oft als *white-box* Ansatz bezeichnet, da alle Komponenten und ihre Beziehungen von Beginn an identifiziert sind. AHNERT (1996) weisst darauf hin, dass es so etwas wie eine "*white-box*" eigentlich nicht gibt, da jedes einzelne elementare Bestandteil weiterhin eine *black-box* ist, egal wie klein es auch sein mag. Der Ansatz hat den Nachteil, dass von Beginn an mit einem Detailgrad gearbeitet wird, der möglicherweise für die Untersuchung eines bestimmten Phänomens nicht wirklich nötig ist. Außerdem müssen bei diesem Ansatz aufgrund der unzureichenden Datenlage oftmals viele Annahmen getroffen werden, was wiederum Auswirkungen auf die Zuverlässigkeit des Modells hat.

Im umgekehrten Fall beginnt man mit einer Repräsentation des Systems als Ganzem (*black-box*) und teilt das System in relativ grobe Komponenten auf, die zusammen mit ihren Wechselwirkungen quantitativ beschrieben werden können. Die Aufteilung des Systems in immer kleinere Komponenten wird so lange fortgesetzt, wie es für das zu modellierende Problem nötig ist, und so lange das verfügbare Wissen dies erlaubt (AHNERT 1996). Ein ähnlicher Ansatz wurde in der vorliegenden Arbeit verfolgt, wobei die folgenden Komponenten ausgegliedert wurden:

- Ausweisung von potentiellen Startpunkten anhand der Grunddisposition (Dispositionsmodell)
- Ableitung der Prozesswege aus dem DHM (Trajektorienmodell)
- Berechnung der Reichweite anhand der Hangneigung und Reibung (Reibungsmodell)
- Abgrenzung von Erosions-, Transit- und Ablagerungsbereichen entlang der Prozessbahn anhand der lokalen Geschwindigkeit und Hangneigung (Prozessraumzonierung)

Jeder Teilaspekt wird durch ein separates Modul abgebildet, wobei die Teilmodule gekoppelt sind und zum Teil interagieren. Die Ausweisung potentieller Startpunkte erfolgt durch die Analyse der Grunddisposition, wobei neben regel- und wissensbasierten Methoden auch statistische Verfahren zum Einsatz kommen. Die variable Disposition und auslösende Ereignisse werden nicht betrachtet, so dass die Zeit nicht explizit als Dimension in der Systemabgrenzung enthalten ist. Implizit wird sie über die Umweltbedingungen einbezogen, so dass die Analysen prinzipiell immer gültig sind, solange sich die Umweltbedingungen nicht ändern. Ausgehend von den potentiellen Startpunkten wird der weitere Prozessverlauf anhand der Geländeform und den lokalen Geofaktoren modelliert. Der Prozessweg und die gegebenenfalls auftretende laterale Ausbreitung der Prozesse wird mit einem speziellen Pfadfindungsalgorithmus (*random walk*) aus dem DHM abgeleitet. Die Berechnung der entlang der Prozessbahn auftretenden Geschwindigkeiten erfolgt mit Reibungsmodellen. Diese bestimmen aufgrund der Umsetzung von potentieller Energie in Bewegungsenergie und des Energieverlusts durch Reibung, wie weit sich ein Prozess unter den gegebenen topographischen Verhältnissen bewegen wird. Die Zonierung des Prozessraumes erfolgt anhand der lokalen Geschwindigkeit und Hangneigung mit regelbasierten Verfahren. Die Modellierung von Prozessweg, Geschwindigkeit und Ausprägung (Erosion, Transit, Ablagerung) erfolgt mehr oder weniger simultan. Sobald der Pfadfindungsalgorithmus eine neue tieferliegende Rasterzelle zum Prozessareal hinzufügt, kann die Geschwindigkeit auf dieser Rasterzelle und anschließend auch ihre Ausprägung berechnet werden. Da der zur Pfadbestimmung eingesetzte *random walk* sowohl bei der Modellierung der Sturzprozesse als auch bei der der Muren zum Einsatz kommt, wird er im nachfolgenden Abschnitt näher erläutert.

Die Entwicklung komplexer Modelle ist mit den derzeit kommerziell verfügbaren Geographischen Informationssystemen schwierig. In dieser Arbeit wird daher ein von der Arbeitsgruppe "Geosystemanalyse" des Geographischen Instituts der Universität Göttingen entwickeltes Programm verwendet. Die Software (SAGA, *System for Automated Geoscientific Analyses*, BÖHNER et al. 2003) kann sowohl Vektor- als auch Rasterdaten verarbeiten. Grundlegende Funktionen sind eine graphische Benutzeroberfläche und ein API (*application programming interface*). Umfangreiche Analysefunktionen können durch Module zugeladen werden. Die Module sind sogenannte *dynamic link libraries*, die es erlauben, die Funktionalität des Programms ständig zu erweitern, ohne dass der Programmcode von SAGA selbst verändert werden muss. Die Programmierung der Module erfolgt mit der Sprache C++, wobei auf viele Objektklassen und Basisfunktionen zurückgegriffen werden kann (API).

Alle in dieser Arbeit verwendeten Modelle wurden als SAGA-Module programmiert und sind so direkt in die GIS-Umgebung integriert. Im Gegensatz zu Modellen, die als eigenständige Programme entwickelt werden, entfällt so der Datenaustausch mit dem GIS über spezielle Schnittstellen. In vielen Fällen konnte bei der Modellentwicklung auf bereits etablierte Methoden zurückgegriffen werden, allerdings stand in keinem der Fälle der Quellcode dieser Programme zur Verfügung. Die Umsetzung der Methoden erfolgte daher allein aufgrund der veröffentlichten Beschreibungen der Methodik. Selbst bei gleicher oder ähnlicher Funktionalität sind die hier vorgestellten Modelle deshalb vollständige Neuentwicklungen.

2.3.2 Modellierung der Prozesswege

2.3.2.1 Einführung und Forschungsstand

Die Datenstruktur eines DHM auf Rasterbasis besteht im Gegensatz zu anderen Strukturen (z.B. TIN, *triangulated irregular network*) aus einer Matrix aus Höhenpunkten. Jede Rasterzelle besitzt somit nur acht Nachbarzellen (3×3 Umgebung), was zu Problemen bei der korrekten Ableitung der Fließrichtung über längere Strecken führen kann. Für ausführliche Diskussionen verschiedener Ansätze sei hier auf TARBOTON (1997), MEISSL (1998) und GAMMA (2000) verwiesen. Grundsätzlich wird zwischen *single flow direction* und *multiple flow direction* Verfahren unterschieden (vgl. Abschnitt 2.1).
Die meisten der Verfahren wurden für hydrologische Anwendungen konzipiert und eignen sich nur eingeschränkt für die Modellierung gravitativer Massenbewegungen. Im einfachsten Fall (*single flow direction*) wird immer nur der Nachbar als Nachfolger ausgewählt, zu dem lokal das größte Gefälle besteht (O'CALLAGHAN & MARK 1984). Da die acht möglichen Fließrichtungen durch 45° Winkel voneinander getrennt sind, entstehen, je nachdem in welchem Winkel die Streichrichtung des betrachteten Hanges die Rasterstruktur schneidet, mehr oder weniger große systematische Abweichungen. Um kleinere Winkel als 45° zu erhalten, betrachtet MEISSL (1998) die 5×5 Umgebung, also 16 Rasterzellen. Allerdings verkompliziert dies die Berechnung, da die übersprungenen Nachbarn der 3×3 Umgebung nachträglich noch abgeprüft werden müssen. Andere Autoren versuchen die Abweichungen mit *multiple flow direction* Ansätzen zu minimieren. Beispielsweise versieht FREEMAN (1991) die Gefälle zu allen tieferliegenden Nachbarn mit einem Exponenten, was in einer stärkeren Gewichtung der steileren Nachbarn resultiert:

$$f_i = \frac{(\tan \beta_i)^x}{\sum_{j=1}^{8} (\tan \beta_j)^x} \qquad \text{für alle} \tan \beta > 0 \tag{2.1}$$

wobei f_i der Abflussanteil für Zelle i ist, x ein variabler Exponent und β_i das Gefälle zur Nachbarzelle i. Der Exponent kann dabei Werte zwischen 1 und ∞ annehmen (HOLMGREN 1994). Je höher der Wert ist, desto stärker ist die Konvergenz des entstehenden Fließmusters. Ist $x = \infty$, dann erhält man einen *single flow direction* Ansatz, bei $x = 1$ wird starke laterale Ausbreitung (*multiple flow direction*) modelliert.

Bei gravitativen Massenbewegungen ist das Ausbreitungsverhalten oftmals deutlicher an das lokale Gefälle gebunden. Hydrologisch orientierte *multiple flow direction* Ansätze teilen den Abfluss über alle Hangneigungsbereiche (flach oder steil) nahezu im gleichen Verhältnis auf die Nachfolger auf (GAMMA 2000). Bei hydrologischen Anwendungen ist eine derartige Konstanz erwünscht. Beispielsweise folgt ein Murgang aber im steilen Gelände primär der Falllinie und kann sich erst in flachem Gelände stark ausbreiten. Dazwischen findet ein entsprechender Übergang des Ausbreitungsverhaltens statt. Aus diesem Grund wird hier zur Modellierung der Prozesswege gravitativer Massenbewegungen auf den *mfdf*-Ansatz von GAMMA (1996, 2000) zurückgegriffen, der sich flexibel an unterschiedliche Neigungsverhältnisse anpassen lässt. Der Ansatz wurde von GAMMA speziell für die Durchführung von *random walks* entwickelt. Ziel ist dabei nicht die Aufteilung des Materiestroms auf mehrere Nachfolger, sondern die Auswahl potentieller Sprungkandidaten (Nachbarzellen). Laterale Ausbreitung ist ein integraler Bestandteil des Ansatzes. Ein Abbild des gesamten Prozessraumes entsteht dadurch, dass von einer Startzelle aus mehrere *random walks* nacheinander durchgeführt werden. Aufgrund topographisch modifizierter zufälliger Abweichungen nimmt der Prozess bei jedem Durchlauf einen etwas anderen Weg als beim vorherigen. Durch die Überlagerung der Wege ergibt sich dann das Bild der Ausbreitung. In den nächsten Abschnitten wird das Verfahren in Anlehnung an GAMMA (2000) näher beschrieben.

2.3.2.2 Prozessweg und -ausbreitung

Die Modellierung des Prozesswegs erfolgt über eine zusammenhängende Abfolge von Rasterzellen. Die potentielle Nachfolgermenge jeder bearbeiteten Rasterzelle besteht mindestens aus einem Element, dem steilsten Nachfolger (*single flow direction*). Ausbreitung soll im Modell dort erfolgen können, wo sich die Prozesse auch in der Realität ausbreiten. Hierzu gehören alle Gebiete mit divergenter Topographie, also Hangbereiche mit einer konvexen Horizontalwölbung (*plan curvature*). In tief eingeschnittenen Runsen findet tendenziell keine Ausbreitung statt, auf konvexen Schuttkegeln hingegen schon. Das hier vorgestellte Verfahren erzeugt allein aufgrund der Topographie - unabhängig von den Eigenschaften des Prozesses selbst - ein Abbild der Ausbreitung in derartigen Geländebereichen. Die Ausbreitungstendenz und -stärke kann durch zwei Parameter an Gebiete mit unterschiedlichen Neigungsverhältnissen angepasst werden. Die Güte der Modellergebnisse hängt demzufolge stark von der Qualität des DHMs ab.

Der *mfdf*-Ansatz wurde von GAMMA (1996, 2000) speziell für die Anwendung eines *random walks* entwickelt (siehe Abschnitt 2.3.2.3) und soll für die gerade prozessierte Rasterzelle eine Menge von Nachbarzellen als potentielle Sprungkandidaten (Nachfolger) liefern. Es kommen nur Nachbarzellen in Frage, die niedriger als die Zentrumszelle sind. Die Menge aller tieferliegenden Nachbarzellen wird über zwei Parameter weiter eingeengt: Grenzgefälle und Ausbreitungsexponent. Das Grenzgefälle setzt die maximale Neigung für den Beginn der Ausbreitung fest. In steilen Gebieten nahe dem Grenzgefälle folgt der Prozess primär der Falllinie. In mittelsteiler Umgebung (gemessen am Grenzgefälle) werden auch Nachbarn mit einbezogen, zu denen ein geringeres Gefälle besteht. Dies erhöht die Ausbreitungstendenz. In flachem Relief werden praktisch alle tieferliegenden Nachbarzellen in die Menge aufgenommen. Potentielle Sprungkandidaten werden also nur in einem Gefällsbereich zwischen 0° und dem Grenzgefälle erzeugt, darüber folgt der Prozess der Falllinie (steilster Nachfolger). Welche Neigung als flach und welche als steil gilt, wird über das Grenzgefälle festgelegt. Die Stärke der Ausbreitung bis zum Grenzgefälle wird mit einem "Ausbreitungsexponenten" gesteuert. Durch eine neigungsabhängige Gewichtung der Nachfolger wird eine Tendenz in Richtung der Falllinie erzeugt. Zusätzlich kann durch einen weiteren Parameter (Persistenzfaktor) die Wahrscheinlichkeit erhöht werden, dass der Prozess seine momentan eingeschlagene Richtung beibehält. Plötzliche Richtungswechsel werden in diesem Fall eher unterdrückt. Alle drei Parameter müssen kalibriert werden, bevor letztendlich die Modellierungen mit diesen Werten durchgeführt werden können.

Die Gefällswerte zu den Nachbarzellen werden als sogenannte Relativgefälle (γ_i) ausgedrückt, indem das Verhältnis des Tangens des Gefälles (β) zu Nachbar i und dem Tangens des Grenzgefälles (β_{grenz}) gebildet wird:

$$\gamma_i = \frac{\tan \beta_i}{\tan \beta_{grenz}}, \qquad \beta_i \geq 0, \qquad i \in \{1, 2, ...8\} \tag{2.2}$$

Durch die Verwendung von Relativgefällen werden die Berechnungen unabhängig von den absoluten Neigungswerten. Das steilste aller Relativgefälle γ_{max} wird bestimmt mit:

$$\gamma_{max} = \max(\gamma_i) \tag{2.3}$$

Dieser Wert zeigt, wie nahe der steilste Nachfolger an das Grenzgefälle heranreicht. Anhand des *mfdf*-Kriteriums (GAMMA 2000) wird bestimmt, welche Nachbarzellen zusätzlich zum steilsten Nachfolger in die Menge der potentiellen Sprungkandidaten aufgenommen wird:

$$\mathbf{N} = \left\{ n_i \mid \left\{ \begin{array}{ll} \gamma_i \geq (\gamma_{max})^a & \text{falls } 0 < \gamma_{max} \leq 1 \\ \gamma_i = \gamma_{max} & \text{falls } \gamma_{max} > 1 \end{array} \right. , \quad i \in \{1, 2, ...8\}, \quad a \geq 1 \right\} \tag{2.4}$$

mit a als Ausbreitungsexponent. Mehrere Nachfolger sind nur dann möglich, wenn das steilste lokale Gefälle unterhalb des Grenzgefälles liegt. Falls die Neigung des steilsten Nachfolgers größer als das Grenzgefälle ist ($\gamma_{max} > 1$), werden keine zusätzlichen Nachfolger erzeugt. Ansonsten definiert $(\gamma_{max})^a$ den Schwellwert, welcher durch γ_i überschritten werden muss, damit der Nachfolger i in die Menge aufgenommen wird. Grenzgefälle und Ausbreitungsexponent steuern so die Strenge der Aufnahmekriterien in die Nachfolgermenge. Wie aus Abbildung 2.3 hervorgeht, legt der Ausbreitungsexponent fest, um wie viel kleiner das Gefälle zu einem Nachbar als das größte lokal auftretende Gefälle sein darf, damit jener noch in die Nachfolgermenge aufgenommen wird. Ein hoher Wert führt dazu, dass in Bezug auf das Grenzgefälle noch relativ flache Gefälle mit einbezogen werden. Im Gegensatz zu anderen *multiple flow direction* Ansätzen ermöglicht die Methode eine bessere Feinabstimmung des Ausbreitungsverhaltens an die jeweiligen Neigungsverhältnisse.

2.3.2.3 Random Walk und Markov Chain

Die Konzepte *random walk* und *Markov Chain* sind eng miteinander verknüpft und in der naturwissenschaftlichen Forschung weit verbreitet (z.B. zur Simulation von Diffusionsprozessen). In der einfachsten Form ist der *random*

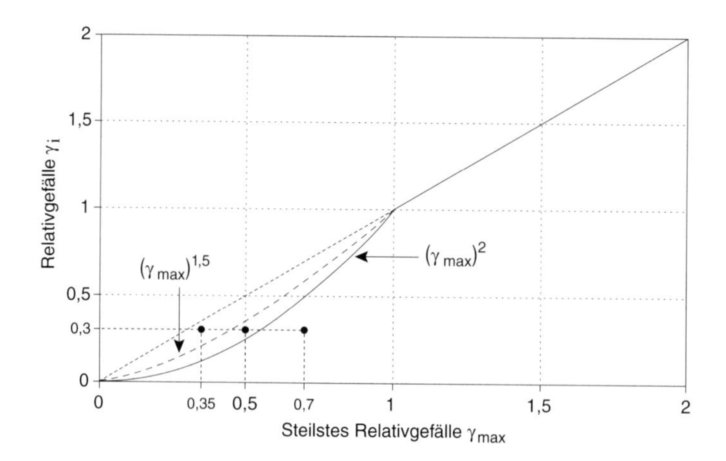

Abb. 2.3: Verlauf des *mfdf*-Kriteriums für $a = 1,5$ und $a = 2$. In die potentielle Nachfolgermenge **N** werden nur die Rasterzellen aufgenommen, deren Wert über der entsprechenden Grenzfunktion liegt. Im Diagramm sind für ein Relativgefälle γ_i von 0,3 verschiedene γ_{max} eingezeichnet. Bei einem γ_{max} von 0,35 sind beide Kriterien erfüllt, bei einem γ_{max} von 0,5 ist die Rasterzelle nur noch bei einem Ausbreitungsexponenten von 2 potentieller Sprungkandidat. Im Falle von $\gamma_{max} = 0,7$ liegt der Wert unterhalb beider Grenzfunktionen und die Zelle ist in keinem Fall Sprungkandidat.

walk ein Prozess, welcher sich einen Schritt vorwärts mit fest vorgegebener Wahrscheinlichkeit p oder einen Schritt rückwärts mit der Wahrscheinlichkeit $q = 1 - p$ bewegt (*drunkard's walk*). In dem Beispiel in Abbildung 2.4 "taumelt" der Prozess in seiner Vorwärtsbewegung mit gleicher Wahrscheinlichkeit nach rechts oder links. Dabei ist es nicht ungewöhnlich, dass über lange Abschnitte die selbe Richtung beibehalten wird. Die beiden Richtungen treten allerdings nicht gleich lange auf und es werden nicht alle Gitterpunkte gleich oft gewählt. Der Prozess besitzt in diesem Fall auch kein "Gedächtnis", d.h. der bisherige Verlauf hat keinen Einfluss auf die aktuelle Richtungswahl. Im Gegensatz dazu haben Markov-Prozesse ein über einen oder mehrere Schritte zurückreichendes Gedächtnis, durch das die anstehende Richtungswahl beeinflusst werden kann.
Die Übergangswahrscheinlichkeiten (*transition probabilities*) von einem Zustand des Systems in den nächsten definieren die Abfolge der Systemzustände, d.h. die stochastische Evolution des Systems. Die Markov-Eigenschaft

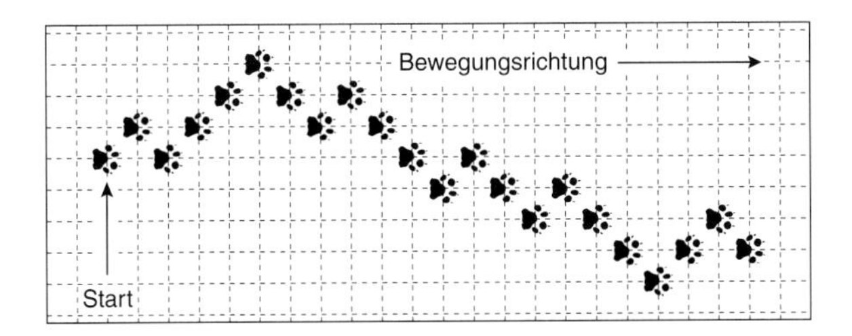

Abb. 2.4: Schematische Darstellung eines *drunkard's walk*. Der Prozess bewegt sich in Pfeilrichtung vorwärts und macht entweder einen Schritt nach links oder nach rechts.

besagt, dass die Wahrscheinlichkeit des Übertritts nicht von der gesamten aufgetretenen Abfolge von Zuständen abhängt, sondern lediglich vom letzten erreichten Zustand. Diese 1-stufige Nachwirkung wird "Markov'sche Eigenschaft" genannt. Wenn die Zustände des Systems diskret und in ihrer Anzahl endlich sind, dann spricht man von Markov-Ketten (*markov chains*, GAMMA 2000).

Ein *random walk* auf einem Gitter stellt einen Spezialfall dar. Betrachtet man in einem rasterbasierten DHM die Zentrumspunkte der Rasterzellen als Knoten und die nach dem *mfdf*-Ansatz berechneten Richtungen zu den Nachbarzellen als Kanten, dann liegt ein abwärts gerichtetes unregelmäßiges Gitter vor, in dem jeder Knoten höchstens 8 abgehende Kanten besitzt. Der *random walk* ist so bei der Richtungswahl auf gravitativ plausible Richtungen festgelegt (GAMMA 2000). Abrupte Richtungswechsel können reduziert werden, in dem die vorherige Richtung des Prozesses beachtet und in der Nachfolgerentscheidung stärker gewichtet wird. Der Prozess besitzt in diesem Fall eine gewisse Persistenz. Das System befindet sich auf jeder Rasterzelle in einem anderen, diskreten Zustand, wobei der aktuelle Zustand - die Position im Gitternetz - lediglich vom Zustand im vorhergehenden Schritt und der zuletzt eingeschlagenen Richtung abhängt. Ein derartiger *random walk* auf einem Gitter aus Fließrichtungen stellt eine 1-stufige Markov-Kette dar.

Ausgehend von einer Startzelle wird der Prozessweg mit diesem Verfahren nach und nach aufgebaut. Nachdem die potentielle Nachfolgermenge einer Rasterzelle mit dem *mfdf*-Ansatz bestimmt wurde, wird eine der Zellen zufällig ausgewählt und angesprungen. Der Prozess wird dann von dieser Zelle

aus wiederholt und so fort, bis ein Abbruchkriterium, wie beispielsweise das Absinken der Geschwindigkeit des Prozesses auf Null, erreicht ist.
Um eine Rasterzelle aus der Nachfolgermenge **N** auswählen zu können, müssen die Übergangswahrscheinlichkeiten zu den ermittelten Zellen bestimmt werden. Da gravitative Prozesse tendenziell der Falllinie folgen, soll eine Tendenz zum steilsten Nachfolger erzeugt werden. Die Sprungwahrscheinlichkeiten p_i aller Nachfolger werden deshalb proportional zu ihrem Gefälle β_i berechnet (Gamma 2000):

$$p_i = \frac{\tan \beta_i}{\sum_j \tan \beta_j}, \qquad i, j \in \mathbf{N} \tag{2.5}$$

Da ähnlich steile Nachbarn fast die gleiche Chance haben ausgewählt zu werden, ist der Prozessverlauf durch häufige Richtungswechsel gekennzeichnet. Um diese Unruhe zu reduzieren, kann die Richtung, mit der die aktuelle Zelle erreicht wurde, etwas stärker gewichtet werden (Persistenz). Falls die Richtung i', mit der die aktuelle Zelle erreicht wurde, in der Nachfolgermenge ebenfalls auftritt, wird die Breite des entsprechenden Wahrscheinlichkeitsintervalls um den Persistenzfaktor p erhöht. Die Wahrscheinlichkeiten p_i berechnen sich mit:

$$p_i = \begin{cases} \frac{\tan \beta_i \cdot p}{\sum_j \tan \beta_j} & \text{falls } i' \in \mathbf{N} \\ \frac{\tan \beta_i}{\sum_j \tan \beta_j} & \text{falls } i' \notin \mathbf{N} \end{cases} \qquad i, j \in \mathbf{N}, \qquad p \geq 1 \tag{2.6}$$

wobei die Summe der $\tan \beta_j$ auch den mit p multiplizierten Wert beinhaltet (Gamma 2000). Falls der Persistenzfaktor eingerechnet wird, werden die restlichen Wahrscheinlichkeiten proportional zu ihrem Anteil an der Gesamtsumme der Wahrscheinlichkeiten reduziert. Die Wahrscheinlichkeiten werden anschließend kumuliert, so dass Intervalle vorliegen, deren Breite den jeweiligen Übergangswahrscheinlichkeiten entsprechen. Eine der Richtungen kann dann mit einer vom Computer generierten Zufallszahl zwischen 0 und 1 ausgewählt werden.
Abbildung 2.5 zeigt beispielhaft die Berechnungsschritte für eine im Prozessweg angesprungene Rasterzelle. Die Zelle selbst hat eine Höhe von 1000 m und besitzt 4 tiefer liegende Nachbarzellen (2.5a). Die Gefälle zu den tiefer

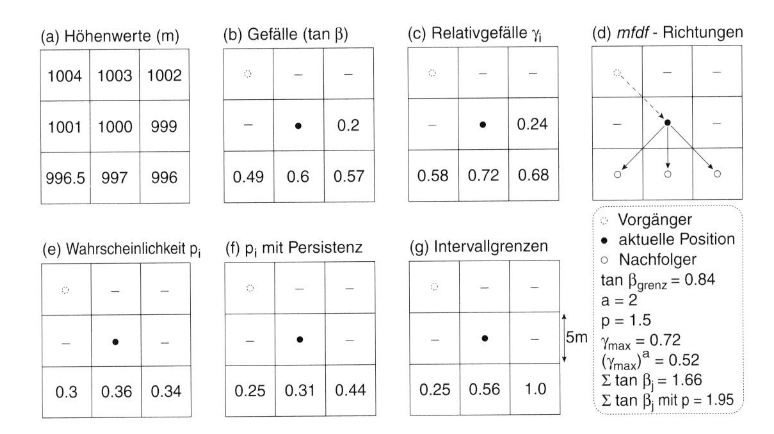

Abb. 2.5: Berechnungsbeispiel der Übergangswahrscheinlichkeiten. Weitere Erläuterungen im Text.

liegenden Zellen zeigt Abbildung 2.5b und in Abbildung 2.5c sind die Relativgefälle γ_i für ein Grenzgefälle von 40° eingetragen (Gleichung 2.2). γ_{max} ist somit 0,72, woraus sich bei einem Ausbreitungsexponenten von 2 ein Wert von 0,52 für das *mfdf*-Kriterium ergibt. Die potentielle Nachfolgermenge **N** wird daher auf 3 Zellen eingeengt, da das Gefälle zu der Zelle mit einer Höhe von 999 m nicht ausreicht um das Kriterium zu erfüllen (2.5d). Für jedes Element der Nachfolgermenge kann nun die Übergangswahrscheinlichkeit berechnet werden (2.5e, Gleichung 2.5). Die Wahrscheinlichkeit als Nachfolger die Zelle im Südosten auszuwählen, liegt beispielsweise bei 34%. Da in der Nachfolgermenge aber die Richtung, aus der der Prozess die aktuelle Zelle erreicht hat, ebenfalls auftritt, wird die entsprechende Zelle mit dem Persistenzfaktor gewichtet. Die resultierenden Wahrscheinlichkeiten nach Gleichung 2.6 zeigt Abbildung 2.5f. Für die Zelle im Südosten steigt die Wahrscheinlichkeit damit auf 44% an. Um eine der Zellen als Sprungkandidat mit einer Zufallszahl zwischen 0 und 1 auswählen zu können, müssen den Nachfolgern Intervalle zugewiesen werden. Dazu werden die Wahrscheinlichkeiten schrittweise kumuliert (2.5g). Die Breite der Intervalle entspricht dabei der jeweiligen Übergangswahrscheinlichkeit (0 bis 0,25; 0,25 bis 0,56; 0,56 bis 1,0). Der Nachfolger der aktuellen Zelle kann nun durch den Vergleich der Zufallszahl mit den Klassengrenzen bestimmt werden.

2.3.2.4 Monte Carlo Simulation

Die wiederholte Anwendung statistischer Versuche ist als "Monte Carlo Methode" bekannt. Das Konzept beinhaltet die Durchführung statistischer Experimente mittels rechnerischer Techniken und die Auswertung dieser Versuche. Systematisch wurde die Methode erstmals bei der Entwicklung der Atombombe in den USA eingesetzt, um die Wechselwirkung von Neutronen mit Materie theoretisch vorherzusagen. Heute wendet man die Bezeichnung auf alle Verfahren an, bei denen die Verwendung von Zufallszahlen eine entscheidende Rolle spielt.

Random walk und Markov-Kette bilden ein stochastisches System. Der auf einem Gitternetz durchgeführte *random walk* ist die Realisierung einer Zufallsgröße. Bei einer wiederholten Durchführung von einer Startzelle aus verläuft die Spur nicht notwendigerweise gleich. Durch die zufälligen Abweichungen der einzelnen Spuren voneinander erhält man bei einer genügend hohen Anzahl an Starts nach und nach eine flächenhafte Abdeckung des gesamten Prozessareals (vgl. Abbildungen 2.6 und 2.7). Die Resultate probabilistischer Verfahren werden in erster Linie statistisch interpretiert. Damit eine statistisch untermauerte Aussage getroffen werden kann, muss die Anzahl der Starts genügend hoch sein. Die relative Durchgangshäufigkeit für eine Rasterzelle im Prozessweg berechnet sich aus dem Verhältnis, wie oft die Zelle von einem *random walk* durchquert wurde, und der Anzahl durchgeführter Starts (GAMMA 2000). Die Werte der Häufigkeiten beginnen vom Startpunkt aus (falls der Prozessweg hier auf die Breite von einem Pixel begrenzt ist) bei 100% und nehmen bei starker lateraler Ausbreitung nach unten hin rasch ab. Oft liegen die relativen Durchgangshäufigkeiten im Bereich von lediglich einigen Promille. Sie dürfen nicht als Eintretenswahrscheinlichkeit interpretiert werden, da tatsächlich stattfindende Ereignisse ihren Prozessweg nicht nur allein aufgrund der Topographie wählen. Es kann deshalb keine Aussage darüber getroffen werden, welche der modellierten Trajektorien bei einem Ereignis verfolgt werden würden, sondern nur festgestellt werden, dass der Prozessweg innerhalb des modellierten Areals liegt.

Bei der Modellierung der Gefährdungsbereiche durch Muren kommt GAMMA (2000) zu dem Ergebnis, dass das Spurenbild schon bei einer Anzahl von etwa 200 Starts ziemlich genau dem durch Geländeaufnahmen als gefährdet ausgewiesenen Bereich entspricht. Die einzelnen *random walks* folgen im Gelände

tendenziell den wahrscheinlichsten Pfaden, so dass sich relativ schnell die gefährdeten Bereiche herauskristallisieren. Die Zellengröße des DHMs hat einen Einfluss auf die Anzahl der Starts die nötig sind, um das gesamte Prozessareal abzudecken. Eine hohe Auflösung resultiert in zahlreichen einzelnen Spuren, die sich erst nach und nach verdichten. Bei einer steigenden Anzahl Starts nimmt der Grad der Abdeckung erst relativ stark zu, danach flacht die Kurve zunehmend ab (GAMMA 2000).
Für statistische Auswertungen (relative Durchgangshäufigkeit) muss mit einer hohen Anzahl Starts gearbeitet werden (≥ 1000). Bei der gleichzeitigen Modellierung von mehreren Startzellen ist zu beachten, dass neben der Anzahl der von einer Startzelle aus durchgeführten Versuche auch die Gesamtzahl der sich gegebenenfalls weiter unten im Einzugsgebiet überlagernden und von verschiedenen Startzellen aus berechneten *random walks* ausschlaggebend ist.

2.3.2.5 Beispiele

Die Auswirkungen verschiedener Parametereinstellungen des *random walk* sollen abschließend an einigen Beispielen auf einem künstlich generierten DHM eines Kegels dargestellt und erläutert werden. Abbildungen 2.6a bis 2.6c zeigen die Resultate unterschiedlicher Grenzgefälle (β_{grenz}) bei ansonsten gleichbleibenden Parametereinstellungen. Ein kleineres Grenzgefälle ermöglicht die seitliche Ausbreitung erst in Bereichen mit geringerem Gefälle. Soll sich beispielsweise ein Murgang, sobald er seinen Ablagerungskegel erreicht hat, ausbreiten können, muss das Grenzgefälle theoretisch mindestens so groß gewählt werden wie das Kegelgefälle.
Unterschiedliche Ausbreitungsexponenten (a) bei ansonsten gleichbleibenden Parametereinstellungen sind in den Abbildungen 2.6d bis 2.6f dargestellt. Das *mfdf*-Kriterium bestimmt, welche Nachbarzellen zusätzlich zum steilsten Nachbarn als potentielle Nachfolger gelten (vgl. Gleichung 2.4). Bei größeren Exponenten erhöht sich die Ausbreitungstendenz, da dann zunehmend mehr Nachfolger über der Grenzfunktion liegen (vgl. auch Abbildung 2.3). Dieser Parameter hat damit den unmittelbarsten Einfluss auf das Ausbreitungsverhalten. Bei der Wahl des Exponenten spielt neben der Ausbreitungstendenz des Prozesses auch die anvisierte Ereignisgröße eine Rolle.
Die zunehmende Reduktion abrupter Richtungswechsel entlang der Prozessbahn mit höherem Persistenzfaktor (p) zeigen die Abbildungen 2.7a bis 2.7c.

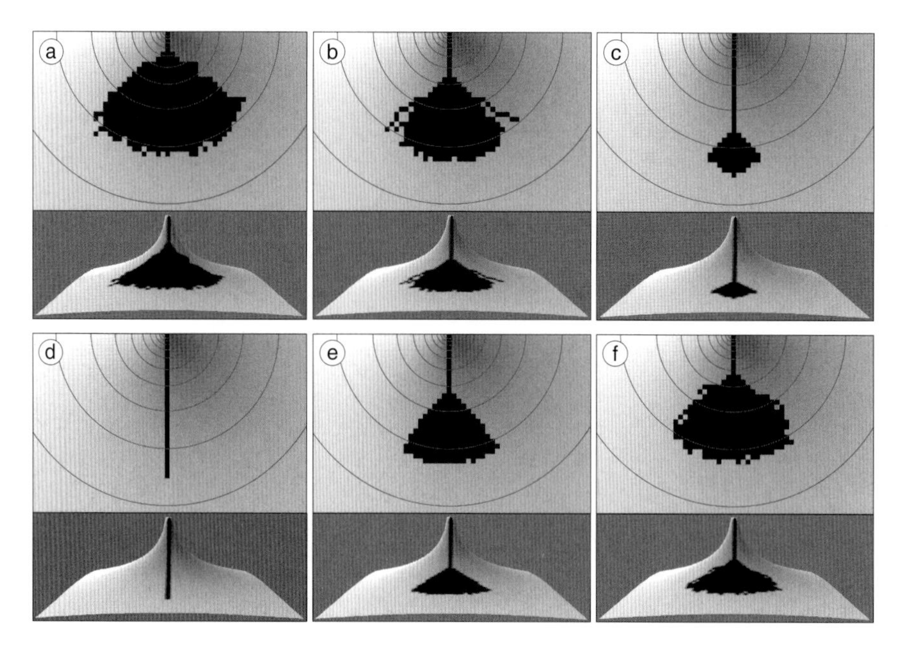

Abb. 2.6: Schematische Darstellungen von *random walks* mit unterschiedlichen Grenzgefällen (a bis c) und Ausbreitungsexponenten (d bis f) auf einem Kegel. Dargestellt sind jeweils Aufsicht und 3D-Ansicht: Auflösung 5 × 5 m, Höhenlinienäquidistanz 10 m und 1000 Iterationen. (a) $\beta_{grenz} = 60°$, $a = 2$ und $p = 1$; (b) $\beta_{grenz} = 40°$, $a = 2$ und $p = 1$; (c) $\beta_{grenz} = 20°$, $a = 2$ und $p = 1$; (d) $\beta_{grenz} = 40°$, $a = 1$ und $p = 1$; (e) $\beta_{grenz} = 40°$, $a = 1,5$ und $p = 1$; (f) $\beta_{grenz} = 40°$, $a = 3$ und $p = 1$. Weitere Erläuterungen im Text.

Zur Verdeutlichung wurde jeweils nur eine Iteration gerechnet. Der Bedeckungsgrad der Kegelfläche mit Prozessbahnen nimmt mit steigender Zahl an Iterationen zu (2.7d bis 2.7f). Die Dichte der Trajektorien wird auch durch die Zellengröße des DHMs und die Parameter Grenzgefälle und Ausbreitungsexponent beeinflusst. Die zu simulierende Ereignisgröße kann durch den Ausbreitungsexponenten und die Anzahl der gerechneten Modellläufe gesteuert werden. Bei einer kleinen Zahl an Iterationen bedingt die Zufälligkeit des *random walk* unterschiedliche Bedeckungsbilder des Kegels. Die Bedeckungsmuster verschiedener Simulationen können aber durchaus den Bildern effektiv abgelaufener Ereignisse entsprechen. Bei entsprechend vielen Modellläufen wird die auf dem Kegel erreichbare Fläche vollständig abgedeckt.

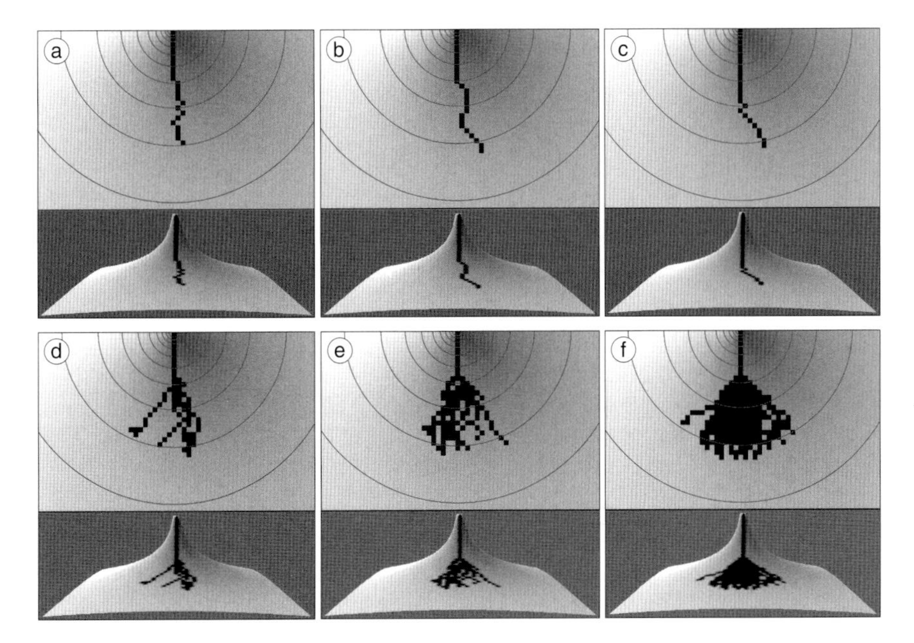

Abb. 2.7: Schematische Darstellungen von *random walks* mit unterschiedlichen Persistenzfaktoren (a bis c) und verschiedener Anzahl an Iterationen (c bis f) auf einem Kegel. Dargestellt sind jeweils Aufsicht und 3D-Ansicht: Auflösung 5×5 m, Höhenlinienäquidistanz 10 m. (a) $\beta_{grenz} = 40°$, $a = 2$ und $p = 1$, 1 Iteration; (b) $\beta_{grenz} = 40°$, $a = 2$ und $p = 2$, 1 Iteration; (c) $\beta_{grenz} = 40°$, $a = 2$ und $p = 4$, 1 Iteration; (d) $\beta_{grenz} = 40°$, $a = 2$ und $p = 2$, 5 Iterationen; (e) $\beta_{grenz} = 40°$, $a = 2$ und $p = 2$, 10 Iterationen; (f) $\beta_{grenz} = 40°$, $a = 2$ und $p = 2$, 50 Iterationen. Weitere Erläuterungen im Text.

3 Untersuchungsgebiet

3.1 Lage und Naturraumausstattung

Der Lahnenwiesgraben, im Landkreis Garmisch-Partenkirchen gelegen, gehört dem südöstlichen Teil des Ammergebirges an und mündet bei Burgrain in die Loisach. Das Untersuchungsgebiet erstreckt sich mit einer Einzugsgebietsfläche von rund 16,6 km^2 zwischen 11°00' und 11°06' östlicher Länge und 47°30' und 47°33' nördlicher Breite (vgl. Abbildung 3.1).

Das Gebiet wird sowohl im Norden als auch im Süden durch annähernd Ost-West streichende Höhenzüge begrenzt. Die nördliche Grenze verläuft vom Windstierlkopf (1824 m) im Westen über den Vorderen Felderkopf (1928 m), Großen Zunderkopf (1895 m) und Brünstelskopf (1814 m) bis zum Schafkopf (1380 m) im Osten. Südlich des Schafkopfs verläuft die Grenze des Untersuchungsgebiets über den Grubenkopf (960 m) bis zur Austrittsstelle des Lahnenwiesgrabens in das Loisachtal. Hier befindet sich der Pegel Burgrain des Wasserwirtschaftsamtes Weilheim auf 706 m ü. NN. Im Süden wird das Gebiet durch das Kramermassiv (Kramerspitz 1985 m) begrenzt. Im Westen verläuft die Einzugsgebietsgrenze über den Sattel an der Enning Alm (1551 m), das

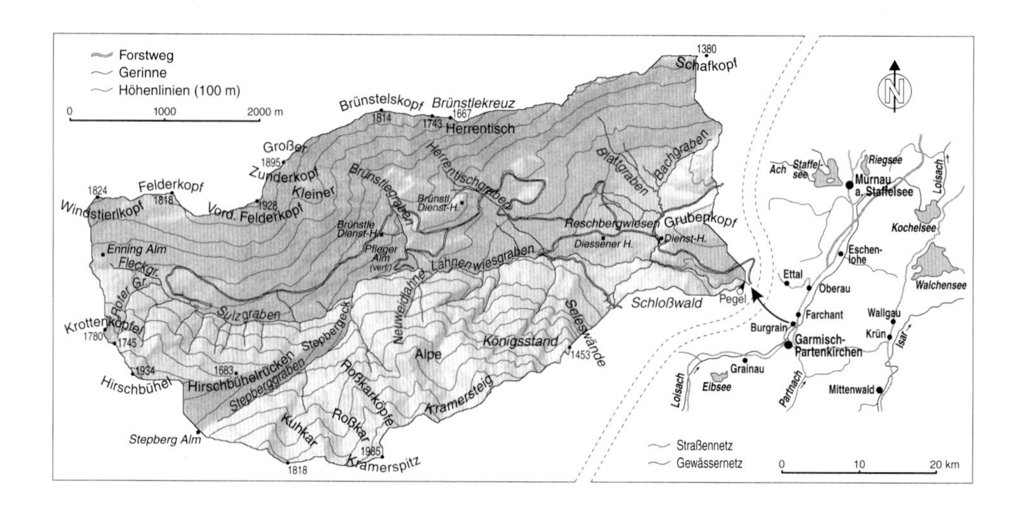

Abb. 3.1: Lage des Untersuchungsgebiets und Lokalbezeichnungen.

Krottenköpfel (1780 m) und den Hirschbühel (1934 m) zum Sattel an der Stepberg Alm (1583 m). Die maximale Höhendifferenz beträgt 1279 m.

Der südliche Teil des Ammergebirges gehört der Karbonatgesteinszone der Nördlichen Kalkalpen an (Oberostalpin). Der Lahnenwiesgraben bildet eine dem Synklinorium der Lechtaldecke angehörige Mulde, die im Norden und Süden von Störungen begrenzt ist. Stepberg- und Enningteilmulde werden durch eine tektonische Schuppe, den Hirschbühelrücken, getrennt (KUHNERT 1967). Die digitalisierte geologische Karte des Bayerischen Geologischen Landesamts (Kartenblatt GK 8432, KUHNERT 1967) zeigt Abbildung 3.2. Hauptwandbildner im Untersuchungsgebiet ist der triassische Hauptdolomit, der ausgedehnte Schutthalden an den Wand- und Steilhangfüßen bildet. Plattenkalk und Hauptdolomit bilden steile, trockene Hänge und nehmen die größte Fläche im Untersuchungsgebiet ein. Die Schichten des Jura führen zur Ausbildung von feuchten und teilweise sehr steilen Hängen. Die Bildung feuchter Verflachun-

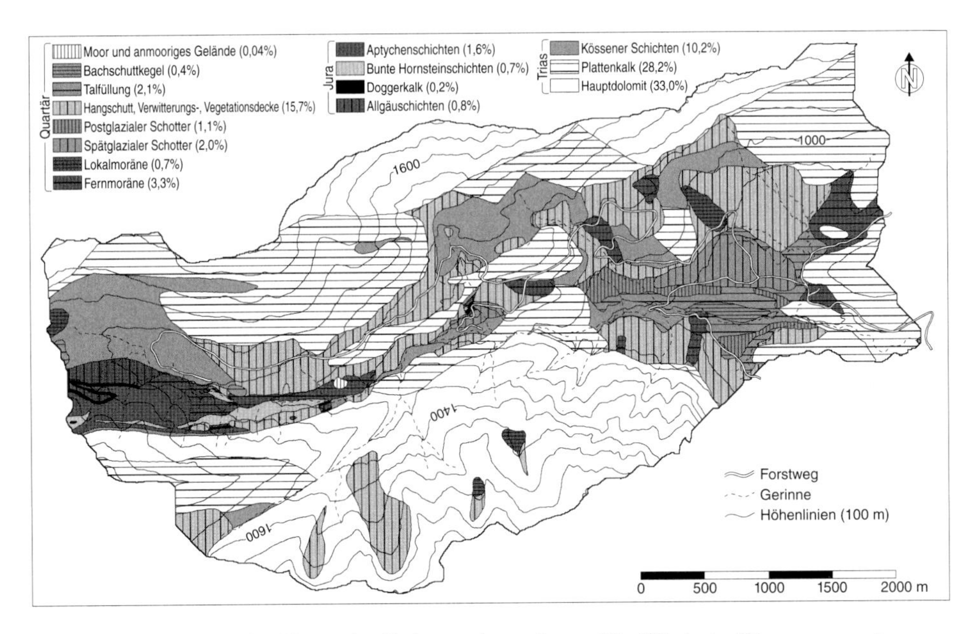

Abb. 3.2: Geologische Karte des Lahnenwiesgrabens. Die Werte in Klammern entsprechen dem Flächenanteil der Klassen am Einzugsgebiet. Grundlage: GK 8432, Bayer. Geologisches Landesamt, KUHNERT (1967).

gen wird durch die geomorphologisch weichen Kössener Schichten begünstigt. Eine umfangreiche Darstellung der Geologie des Lahnenwiesgrabens und den geotechnischen Eigenschaften der Gesteine findet sich bei KELLER (in Vorb.). Die von ihm aufgenommene Geotechnische Karte des Lahnenwiesgrabens, die aufgrund neuerer Erkenntnisse zum Teil von der Geologischen Karte abweicht, zeigt Abbildung 3.3.

Die letzte große Überformung des Lahnenwiesgrabens fand in der Würm-Eiszeit statt. Ausläufer des Ammer- und Loisachgletschers stießen von Westen über die Transfluenzpässe an der Enning Alm und der Stepberg Alm in das Tal vor, von Osten her füllte der Loisachgletscher das Tal. Zur Zeit der Höchstvereisung reichte der Eisspiegel am Ammergebirgshauptkamm bis auf etwa 1400 m ü. NN und im Süden des Ammergebirges bis auf 1700 m ü. NN. Im Lahnenwiesgraben zieht sich ein Fernmoränenzug von der Enning Alm über die Reschbergwiesen bis in das Loisachtal. Die Lokalvergletscherung

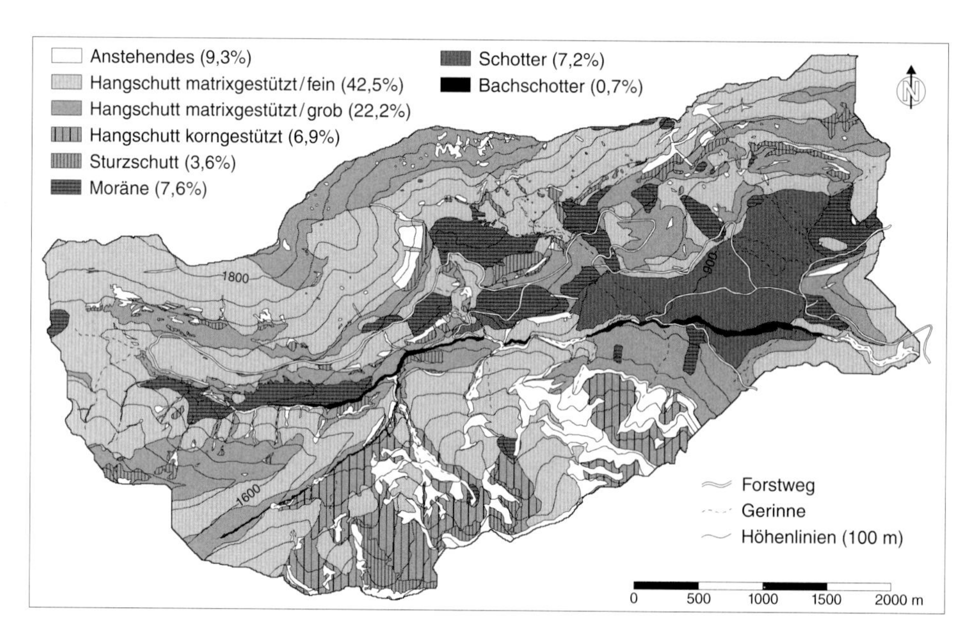

Abb. 3.3: Geotechnische Karte des Lahnenwiesgrabens. Die Werte in Klammern entsprechen dem Flächenanteil der Klassen am Einzugsgebiet. Aufnahme: KELLER (in Vorb.).

führte an den Nordhängen des Kramermassivs zur Formung von Karen und der Ablagerung von Lokalmoränen. Mächtige postglaziale Schotterablagerungen finden sich auf den Reschbergwiesen, die mit dem Eisrückzug in Stauseen (Blockade des Lahnenwiesgrabens durch den Loisachgletscher) abgelagert und später zertalt wurden (KUHNERT 1967).

Zu den im Untersuchungsgebiet am weitest verbreiteten Bodentypen zählen Rohböden (Syrosem, Lockersyrosem, Felshumus- und Skeletthumusboden) und Rendzinen (Syrosem-, Mull-, Moder- und Tangelrendzina). Vor allem in tieferen und flacheren Hanglagen sind weiter entwickelte Böden wie Braunerden oder azonale Pseudogleye und Gleye anzutreffen. Die von KOCH (2005) kartierten Bodentypen und ihre Flächenanteile zeigt Abbildung 3.4.

Innerhalb des Lahnenwiesgrabens sind die montane (mit überwiegend Fichten- und Buchenbestand), die subalpine (mit nach oben hin zunehmendem Krummholzbestand) sowie die alpine Höhenstufe ausgebildet. Die untere alpine Stufe ist durch trockene Zwergstrauchheide meist in Vergesellschaftung mit

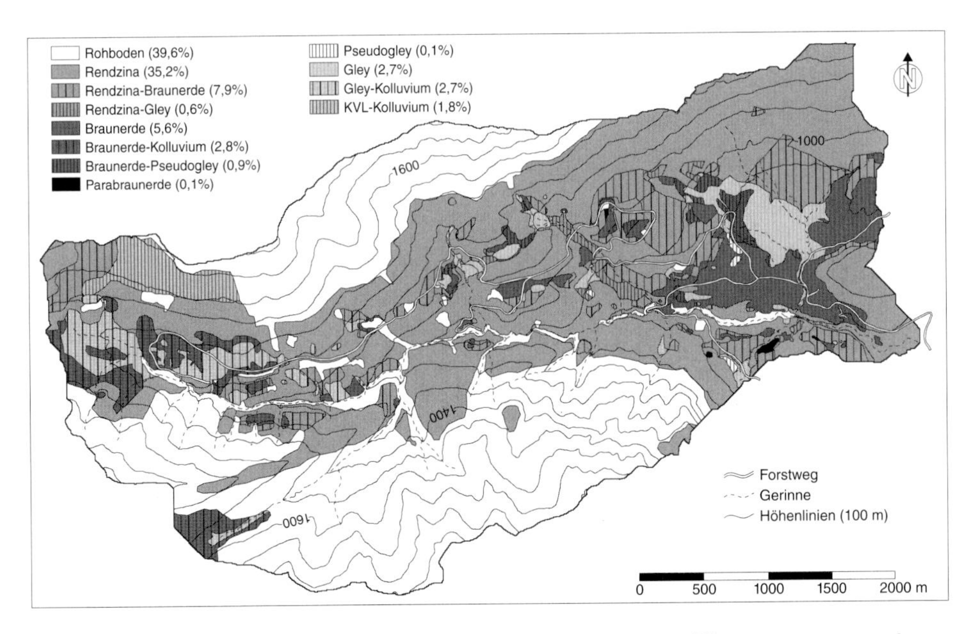

Abb. 3.4: Bodenkarte des Lahnenwiesgrabens. Die Werte in Klammern entsprechen dem Flächenanteil der Klassen am Einzugsgebiet. Aufnahme: KOCH (2005).

Latschen gekennzeichnet. Auf dem daran anschließenden alpinen Rasen sind insbesondere Blaugras-Horstseggen und Rostseggen und auf Schutt- und Felsspaltenfluren Pionierpflanzen wie Polsterseggenrasen, Silberwurz und Spalierweiden verbreitet. Auf den zahlreichen intrazonalen Niedermoorflächen wachsen unter anderem Davallsegge, Moorknabenkräuter, Ruchgras und Sumpf-Schachtelhalm (HENSOLD et al. 2005). Die in Abbildung 3.5 dargestellten Vegetationsklassen wurden anhand von Orthophotos (Amtliche Geodaten des Bayer. Landesvermessungsamtes (BLVA), Nutzungserlaubnis vom 9.3.2001, Az.: VM 1-DLZ-LB-0628) und Geländebegehungen ausgewiesen und kartiert. Das Untersuchungsgebiet wird, obwohl es seit 1963 als Naturschutzgebiet ausgewiesen ist, alm- und forstwirtschaftlich intensiv genutzt. Der Forstweg zur Enning Alm wurde in den 1970er Jahren fertiggestellt, als die gemauerten Sperren in den Sulzgraben eingebracht wurden.

Das Klima im Untersuchungsgebiet ist durch relativ kühle und feuchte Sommer und schneereiche Winter charakterisiert. Die mittleren jährlichen Nie-

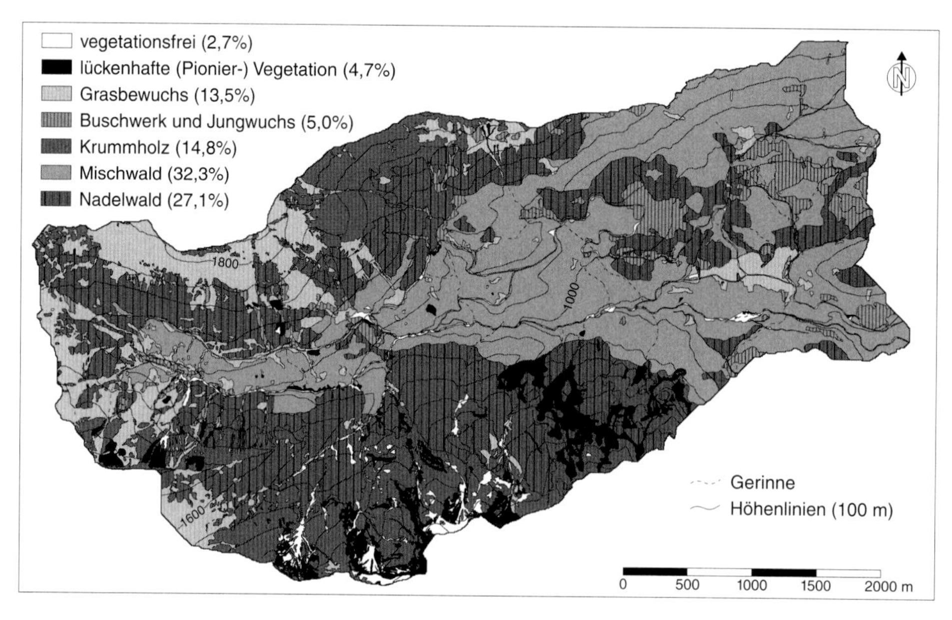

Abb. 3.5: Vegetationskarte des Lahnenwiesgrabens. Die Werte in Klammern entsprechen dem Flächenanteil der Klassen am Einzugsgebiet.

derschlagssummen steigen von etwa 1300 bis 1600 mm/a im Loisachtal (DIEZ 1967) bis auf über 2000 mm/a in den höheren Lagen an (BAUMGARTNER et al. 1983). MÜLLER-WESTERMEIER (1996) gibt für Garmisch-Partenkirchen (719 m ü. NN) eine mittlere Jahressumme von 1364 mm an (vgl. Abbildung 3.6). An der Stepberg Alm (1593 m ü. NN) ermittelt FELDNER (1978) eine Jahressumme von 1967 mm. Für die Region des Ammergebirges nennen BAUMGARTNER et al. (1983) einen Niederschlagsgradienten von 64 mm/100 m.

Der Lahnenwiesgraben entsteht durch den Zusammenfluss von Stepberg- und Sulzgraben unterhalb des Stepbergecks auf 1144 m ü. NN. Neben perennierenden Bachläufen treten im Untersuchungsgebiet episodische Gerinne auf, die nur während der Schneeschmelze, bei Starkregen oder langandauernden Niederschlägen Wasser führen. Hierzu zählen vor allem die Abflussrinnen am Nordhang des Kramermassivs. Der mittlere jährliche Abfluss am Pegel Burgrain beträgt 0,434 m^3/s, was einer mittleren Abflusshöhe von 811 mm/a entspricht (Zeitraum 1982-1997, BAYER. LANDESAMT F. WASSERWIRTSCHAFT 1997). Es handelt sich um ein nivo-pluviales Abflussregime (vgl. Abbildung 3.6).

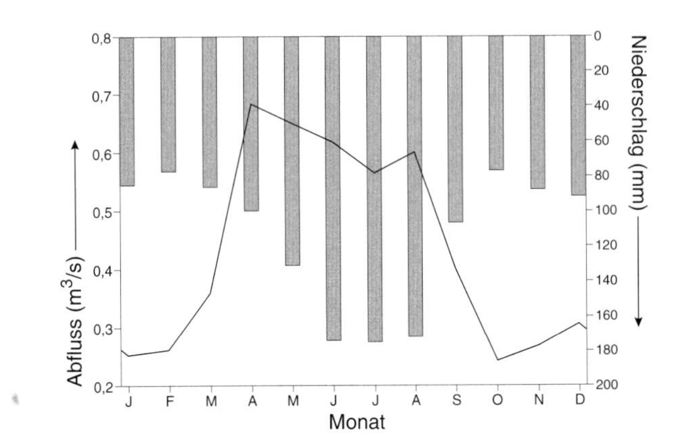

Abb. 3.6: Mittlere monatliche Abflüsse (MQ, Zeitraum 1982-1997, BAYER. LANDESAMT F. WASSERWIRTSCHAFT 1997) am Pegel Burgrain und mittlere monatliche Niederschlagssummen in Garmisch-Partenkirchen (Zeitraum 1961-1990, MÜLLER-WESTERMEIER 1996).

Im Untersuchungsgebiet ist ein großes Spektrum geomorphologischer Prozesse, wenn auch mit unterschiedlicher Bedeutung, vertreten. Im Frühjahr treten zahlreiche Lawinenabgänge auf, die Schneeschmelze begünstigt die Bildung von Rutschungen. Starkregenereignisse im Sommer bedingen eine hohe Wildbachaktivität (Hochwasser und Muren). Steinschlag und Felsstürze sind vor allem an den steilen Wänden des Plattenkalks und Hauptdolomits zu beobachten. Zum Prozessgeschehen im Untersuchungsgebiet wurden im Rahmen des SEDAG-Projekts umfangreiche Feldaufnahmen durchgeführt. HECKMANN et al. (2002) und HECKMANN (2006) bilanzieren den Sedimenttransport durch Grundlawinen. Steinschlag, Gleitungen und Kriechbewegungen wurden durch KELLER & MOSER (2002) und KELLER (in Vorb.) bearbeitet. Starkregenereignisse während der letzten Jahre ermöglichten die Aufnahme von zahlreichen Hang- und Talmuren (HAAS et al. 2004; WICHMANN & BECHT 2004b). Die Prozesse wurden im Gelände kartiert und die Erosions- und Ablagerungsbeträge so weit wie möglich quantifiziert. Für eine hydrologische Differenzierung der Standorte im Lahnenwiesgraben wurden Messungen der hydraulischen Leitfähigkeit mit einem Guelph-Permeameter durchgeführt (HENSOLD et al. 2005). Den Sedimentaustrag aus dem Gebiet bilanziert UNBENANNT (2002). Weitere Ausführungen zu den in dieser Arbeit untersuchten Prozessen finden sich in den entsprechenden Abschnitten der Modellierungen.

3.2 Geodaten

Die in dieser Arbeit entwickelten Modelle benötigen nur relativ wenige Eingangsdatensätze, die flächendeckend für das Untersuchungsgebiet vorliegen müssen. Neben einigen der im vorherigen Abschnitt vorgestellten Karten wird vor allem ein digitales Höhenmodell (DHM) benötigt. Da die Modelle mit Rasterdaten arbeiten, wurden alle als Vektorkarten digitaliserten Geodatensätze in Rasterdaten mit einer Auflösung von 5×5 m konvertiert. Die hohe Auflösung wurde aufgrund der kleinräumigen Variabilität der Geofaktoren und der untersuchten geomorphologischen Prozesse gewählt. Aus einzelnen Vektorkarten wurden zum Teil mehrere Rasterdatensätze mit verschiedenen Attributen der Ausgangskarte generiert. Beispielsweise wurde die Vegetationskarte auch zur Ableitung flächenverteilter Reibungswerte (Oberflächenrauhigkeit) verwendet. Ausführliche Erläuterungen finden sich in den entsprechenden Abschnitten der Modellkapitel, wo auch auf weitere Datensätze, die für spezielle Anwendungen benötigt wurden, eingegangen wird.

Der wichtigste Eingangsdatensatz der Modelle ist das DHM. Einen Überblick über die Erstellung, Bearbeitung und Analyse von DHMs geben WEIBEL & HELLER (1991). Auf die Verwendung von DHMs in geomorphologischen Modellen gehen beispielsweise BATES et al. (1998) ein. Die für die Interpolation des DHMs des Lahnenwiesgrabens verwendeten Höheninformationen entstammen der photogrammetrischen Gebirgsauswertung des Bayerischen Landesvermessungsamtes (Maßstab 1:10 000, amtliche Geodaten des Bayer. Landesvermessungsamtes, Nutzungserlaubnis vom 9.3.2001, Az.: VM 1-DLZ-LB-0628).

Die Daten wurden vom BLVA als Einzelpunkte in Form einer Tabelle (Rechtswert, Hochwert, Höhe) ausgeliefert. Die Punkte sind entlang von Höhenlinien mit einer Äquidistanz von 20 m angeordnet. Die Interpolation von DHMs aus Höhenliniendaten ist aus zwei Gründen schwierig: Zum Einen sind die Höheninformationen in Gebieten mit starken Reliefunterschieden wie dem Lahnenwiesgraben räumlich sehr unregelmäßig verteilt. In flacheren Regionen liegen die Höhenlinien (Informationen) räumlich weit auseinander, in sehr steilen Gebieten sind sie dicht gedrängt. Zum Anderen treten im interpolierten Modell entlang der Eingangsdaten scharfe Neigungswechsel auf, so dass ein mehr oder weniger getrepptes Relief entsteht. Letzteres führt zu unbrauchbaren Resultaten bei der Ableitung von primären Attributen aus dem DHM. Um diese Fehler zu minimieren ist es üblich, digitale Höhenmodelle bis zu einem gewissen Grad zu glätten. Eine Glättung kann durch entsprechende Interpolationsparameter oder nachträglich angewendete Filter erzielt werden. Bei der Interpolation des DHMs für den Lahnenwiesgraben wurde eine spezielle Prozedur angewendet, die weiter unten beschrieben wird. Zur Interpolation des DHMs wurde der Arc/Info-Befehl `Topogrid` verwendet. Die Interpolationsmethode wurde speziell zur Erstellung hydrologisch korrekter Höhenmodelle entwickelt und basiert auf dem `ANUDEM`-Programm von HUTCHINSON (1989). Bei einem Vergleich von vier verschiedenen Interpolationsverfahren attestiert WISE (1998) der Methode insgesamt die beste Leistungsfähigkeit. Er geht auch speziell auf die Problematik der Erstellung von DHMs aus Höhenliniendaten ein.

Bevor die Interpolation des DHMs durchgeführt werden konnte, mussten die Daten aufbereitet und in ein Format gebracht werden, das von `Topogrid` verarbeitet werden kann. Hier ist vor allem die Erstellung eines Arc/Info-Punktcoverages und die Korrektur einiger in den ausgelieferten Daten falsch

attributierter Höhenpunkte zu nennen. Um Erkenntnisse über die bestmögliche aus den Daten zu interpolierende räumliche Auflösung zu gewinnen, wurden testweise Interpolationen mit drei verschiedenen Rasterweiten durchgeführt. Dabei zeigte sich, dass bei einer Rasterweite von 20 × 20 m Details wie kleinere Runsen, die eigentlich in den Daten noch aufgelöst sind, im DHM nicht mehr abgebildet werden. Bei einer Auflösung von 10 × 10 m wird schon fast die maximal mögliche Detailgenauigkeit erreicht, eine Rasterweite von 5 × 5 m verbessert das Ergebnis nur marginal. Da alle anderen Datensätze mit einer Rasterweite von 5 m vorliegen, wurde auch das für die Modellierung verwendete DHM in dieser Auflösung interpoliert. Die Erstellung erfolgte in mehreren Arbeitsschritten, um die oben angesprochenen Probleme bei der Verwendung von Höhenliniendaten so weit wie möglich zu vermeiden.
Zuerst wurde aus den Punktdaten ein DHM mit geringer Glättung interpoliert. Die Interpolationsparameter wurden zu diesem Zweck so gesetzt, dass die Höheninformationen entlang der Höhenlinien möglichst korrekt reproduziert werden (vgl. Tabelle 3.1). Aus diesem DHM wurden Höhenlinien mit einer Äquidistanz von 10 m abgeleitet, einerseits um die räumliche Datendichte zu erhöhen und andererseits, um eine gewisse Glättung der Daten zu erzielen. Die zweite und finale Interpolation wurde dann mit diesem verdichteten Datensatz statt mit den Punktdaten durchgeführt. Die Parameter wurden bei dieser Interpolation so gewählt, dass eine leichte Glättung resultiert. Zusätzlich wurde `Topogrid` das Gerinnenetz als Eingangsdatensatz übergeben. Das Programm verwendet die Information, um ein hydrologisch korrektes Modell

Tab. 3.1: Topogrid Interpolationsparameter.

Parameter	Interpolation 1	Interpolation 2
input coverage 1	Punktdaten BLVA	10 m Höhenlinien
data type (1)	contour	contour
input coverage 2	—	Gerinnenetz
data type (2)	—	stream
drainage enforcement	1	1
non-negative elevation tolerance	10	5
horizontal standard error	1,0	2,0
vertical standard error	0,0	0,0
iterations	40	40

zu interpolieren. Das Gerinnenetz wurde aus der Karte der photogrammetrischen Gebirgsauswertung und aus Orthophotos digitalisiert. Dabei ist zu beachten, dass die einzelnen Gerinnesegmente in Fließrichtung ausgerichtet sein müssen. Die Parameter der zweiten Interpolation sind ebenfalls in Tabelle 3.1 aufgeführt.
Die Qualität des Höhenmodells wurde anschließend mit mehreren Verfahren überprüft. Eine quantitative Fehlerschätzung, beispielsweise durch die Berechnung der Wurzel der mittleren quadratischen Abweichung (RMSE, *root mean square error*) ist nur eingeschränkt sinnvoll. Dieses Fehlermaß erweist sich, auch wenn es in vielen Veröffentlichungen herangezogen wird, als relativ insensitives Maß für die Qualität des Modells (WISE 1998). Systematische Interpolationsfehler werden erst bei der Berechnung von primären Ableitungen aus dem DHM sichtbar (Hangneigung, Exposition, Wölbung, beleuchtetes Relief, Fließrichtungen, etc.). Dennoch soll hier kurz auf den RMSE der Modelle eingegangen werden. Die Berechnung erfolgt nach (WISE 1998)

$$RMSE = \sqrt{\frac{\sum_{i=1}^{n} d_i^2}{n}} \tag{3.1}$$

wobei d_i die Differenz (m) der interpolierten Zellenhöhe und der Höhe der Ausgangsdaten ist und n die Anzahl der Rasterzellen. Infolge der Glättung des Modells während der zweiten Interpolation erhöht sich der RMSE von 2,24 m auf 4,58 m. Der Fehler erscheint relativ groß, bewegt sich aber in einem durchaus üblichen Wertebereich und ist, wie gleich gezeigt wird, zum Großteil auf einen systematischen Fehler zurückzuführen (Anmerkung: Die besten vom Amerikanischen Geologischen Vermessungsamt (USGS) bereitgestellten DHMs besitzen eine räumliche Auflösung von 10 m. Der maximal zulässige vertikale RMSE beträgt laut den technischen Spezifikationen je nach dem Typ der Ausgangsdaten 15 m bzw. die Hälfte der Höhenlinienäquidistanz). Die räumliche Verteilung der Beträge der vertikalen Abweichung kann Abbildung 3.7 entnommen werden. Die mittlere Abweichung von den Höhen aller Ausgangspunkte beträgt -0,3 m, bei einem Maximum von 44 m und einem Minimum von -63 m. Wie die Abbildung verdeutlicht, treten die höchsten Abweichungen in den steilsten Gebieten auf (z.B. Seleswände). Dies hat zweierlei Gründe: Zum Einen liegen selbst bei der geringen Rasterweite von 5 m mehrere Punkte der Ausgangsdaten auf einer Rasterzelle. Die Höhenunterschiede der Punkte betragen dabei bis zu 60 m, was die Aussagekraft des RMSE in Bezug auf die Qualität der Reliefrepräsentation fraglich macht. Zum Anderen tritt in steileren Gebieten ein grundsätzliches Problem auf, das allen Interpolationen anhaftet. Das Phänomen ist in der kleinen Grafik in Abbildung 3.7 skizziert: An Steilhängen und -stufen wird die Geländeoberkante (GOK) durch die Interpolation nicht korrekt abgebildet, die oberen Hangpartien werden herabgesetzt und die unteren erhöht. Im DHM weichen die oberen Abschnitte der Felswände daher leicht zurück (negative Abweichungen), die unteren Abschnitte sind dagegen leicht nach vorne verschoben (positive Abweichungen). Die Verschiebungen betragen im Lahnenwiesgraben in etwa eine Rasterzelle. Der Effekt ist in steileren Bereichen größer, als in flacheren. In den weniger steilen Bereichen des Lahnenwiesgrabens sind die Abweichungen der interpolierten Werte von den Ausgangsdaten daher deutlich geringer.

Die Qualität der Interpolation wurde auch mit aus dem DHM abgeleiteten primären Attributen überprüft. Beispielsweise werden das Gerinnenetz und

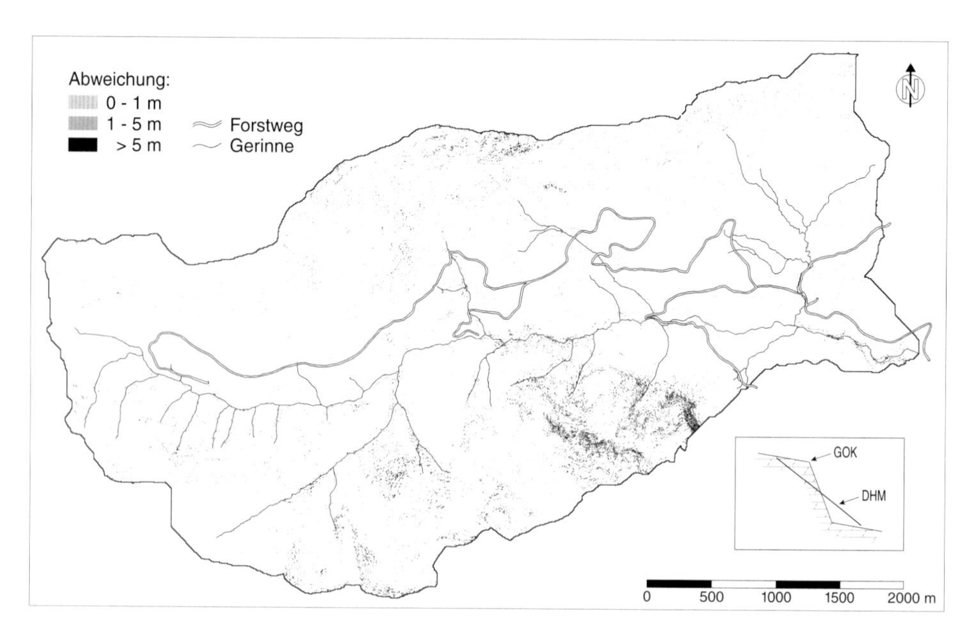

Abb. 3.7: Beträge der Abweichung des DHMs von den Originaldaten und Skizze zur Problematik der Repräsentation steiler Felswände im DHM.

kleinere Runsen bis auf wenige Ausnahmen korrekt abgebildet. Die schlechtesten Resultate treten in diesem Fall in stark abgeschatteten Lagen und unter Wald auf, so dass davon auszugehen ist, dass diese Ungenauigkeiten schon in den Ausgangsdaten des BLVA enthalten sind. Die Hänge weisen aufgrund der Glättung keine scharfen Neigungswechsel mehr entlang der Eingangsdaten auf. In Anbetracht der Reliefgegebenheiten im Lahnenwiesgraben und der verfügbaren Daten kann dem Modell deshalb eine gute Qualität bescheinigt werden. Die Auswirkungen von Ungenauigkeiten im DHM auf die Modellergebnisse werden in den entsprechenden Kapiteln näher behandelt. Von Nachteil ist, dass die Trasse des Forstwegs zur Zeit der Datenaufnahme durch das BLVA (Anfang der 1970er Jahre) noch nicht angelegt war und deshalb im DHM nicht abgebildet ist.

Obwohl der verwendete Interpolationsalgorithmus eigentlich ein hydrologisch korrektes DHM liefern sollte, sind in dem Datensatz noch einige abflusslose Senken enthalten. Für die Modellierung wird ein DHM benötigt, in dem für jede Rasterzelle Nachfolger bestimmt werden können. Die Senken wurden deshalb mit einem Algorithmus von PLANCHON & DARBOUX (2001) gefüllt. Der Algorithmus wurde hierzu in einem neuen SAGA-Modul umgesetzt (`FillSinks`, WICHMANN 2003). Er besitzt im Vergleich zu anderen Verfahren, die in kommerziellen GIS-Systemen zur Verfügung stehen, einige Vorteile. Anstatt die Senken nach und nach in mehreren Schritten aufzufüllen, wird das Höhenmodell mit einer dicken Schicht Wasser überflutet. Alles überschüssige Wasser wird anschliessend abgelassen, nur in den abflusslosen Senken bleibt Wasser zurück. Um Flachstellen und damit nicht definierte Fließwege zu vermeiden, kann den aufgefüllten Senken eine minimale Neigung zugewiesen werden. Diese wird beim Ablassen des überschüssigen Wassers berücksichtigt. Die einzige größere Senke befindet sich in dem vernässten und relativ ebenen Gebiet zwischen den Seleswänden und dem Schloßwald nördlich des Pflegersees. Die minimale Neigung der Senken wurde auf 0,01° gesetzt, so dass auch an diesen Stellen tieferliegende Nachbarzellen definiert sind.

Aus dem resultierenden Datensatz kann das Einzugsgebiet des Lahnenwiesgrabens ausgehend vom Pegel Burgrain abgeleitet werden. Hierzu wurde der Algorithmus von O'CALLAGHAN & MARK (1984) verwendet. Das Einzugsgebiet besitzt eine Fläche von 16 586 400 m^2, was 663 456 Rasterzellen ent-

Tab. 3.2: Aus dem interpolierten Höhenmodell abgeleitete Reliefparameter des Lahnenwiesgrabens.

Auflösung	Fläche	mittl. Höhe	mittl. Neigung	mittl. Exposition
5 m	16 586 400 m^2	1334,2 m ü. NN	28,3°	163,2°

spricht. Einige aus dem DHM abgeleitete Reliefparameter des Einzugsgebiets sind in Tabelle 3.2 zusammengefasst. Alle anderen Geodatensätze wurden schließlich auf die Ausdehnung des abgeleiteten Einzugsgebiets zugeschnitten.

4 Sturzprozesse

4.1 Einführung und Forschungsstand

Die Sturzprozesse Steinschlag, Blockschlag, Felssturz und Bergsturz können anhand verschiedener Kriterien gegeneinander abgegrenzt werden. Oft wird der Komponentendurchmesser, die Kubatur der bewegten Masse oder die Größe der Ablagerungsfläche als Unterscheidungskriterium herangezogen. Für die Belange der Gefahrenbeurteilung werden die Sturzprozesse meist anhand der Bewegungsmechanismen klassifizert (HEINIMANN et al. 1998). Steinschlag (∅ < 2 m) und Blockschlag (∅ > 2 m) sind durch mehr oder weniger isolierte Sturzbewegungen von Einzelkomponenten charakterisiert. Die Bewegung erfolgt als freies Fallen, Springen, Rollen und teilweise auch als Gleiten. Dabei wird zwischen primären Stürzen, die direkt aus dem Anstehenden oder in situ verwitterten Lockermaterial heraus erfolgen, und sekundären Stürzen unterschieden. Bei letzteren geraten bereits abgelagerte Blöcke erneut in Bewegung (z.B. bei Starkregenereignissen).
Unter einem Felssturz versteht man das Ablösen eines in sich mehr oder weniger fragmentierten Gesteinspaketes *en bloc* aus dem Anstehenden. Das Paket wird während des Sturzes bzw. beim Aufprall weiter in Steine und Blöcke fraktioniert, wobei die Interaktionen zwischen den Komponenten keinen maßgebenden Einfluss auf die Dynamik des Prozesses haben. Das verlagerte Volumen liegt meist zwischen 100 und 100 000 m^3, in einzelnen Fällen aber auch deutlich darüber (HEINIMANN et al. 1998). Die Felsmasse beginnt ihre Bewegung meist als Gleiten oder Kippen, danach können sich Abschnitte des Fallens, Springens, Rollens oder Gleitens anschließen.
Der gleichzeitige Absturz sehr großer Gesteinsvolumina (> 1 Mio m^3) wird als Bergsturz bezeichnet. Im Gegensatz zum Felssturz ist der Verlagerungsmechanismus durch eine starke Interaktion zwischen den Sturzkomponenten gekennzeichnet (Sturzstrom). Durch die starke Fragmentierung und die Wechselwirkungen kann das Material zu feinstem Gesteinsmehl zerrieben oder sogar aufgeschmolzen werden. Die Transportdistanzen sind daher auch bei geringem Gefälle beträchtlich. Bergstürze werden in dieser Arbeit nicht weiter betrachtet, da sie anderer Verfahren der Reichweitenmodellierung als Steinschlag und Felssturz bedürfen. So wurde beispielsweise das in dieser Arbeit zur Modellierung der Reichweite von Muren verwendete Reibungsmodell (vgl. Abschnitt 5.3.5) von KÖRNER (1980) auf Bergsturzereignisse angewendet.

Der Prozessraum von Sturzgefahren kann in die Bereiche Abbruch, Sturzbahn (oder Transit) und Ablagerung unterteilt werden. Allerdings erlaubt erst die Massenbilanz des Ereignisses eine detaillierte Abgrenzung. Bei der Betrachtung der Einzelkomponenten können sich die Bereiche durchaus überlagern (MEISSL 1998).

Eine ausführliche Diskussion des Forschungsstandes hinsichtlich der Mechanik von Sturzprozessen und entsprechenden Modellierungsansätzen findet sich bei DORREN (2003), der zwischen empirischen, prozessbasierten und GIS-basierten Modellen unterscheidet. Empirische Modelle stützen sich auf Zusammenhänge von topographischen Faktoren und der Auslaufdistanz beobachteter Ereignisse (z.B. Fahrböschung, Geometrisches Gefälle oder Schattenwinkel). Prozessbasierte Modelle beschreiben oder simulieren dagegen die Bewegung einzelner Sturzkomponenten nach physikalischen Grundsätzen. In GIS-basierten Modellen können beide Modelltypen verwendet werden. Von Vorteil ist hierbei, dass alle benötigten Daten im GIS gehalten werden können.

Die ersten, in den 1970er Jahren entwickelten Modelle arbeiten eindimensional, d.h. sie sind streng genommen reine Reibungsmodelle. Zur Berechnung muss das Hangprofil als Folge von Strecken unterschiedlicher Neigung und Länge eingegeben werden. Die Modelle basieren weitest gehend auf physikalischen Beschreibungen der Sturzbewegung (Fallen, Springen, Rollen, Gleiten) und besitzen dementsprechend viele Parameter. Neben Geländeparametern wie der Oberflächenrauhigkeit des Sturzhanges oder den Dämpfungseigenschaften des Untergrundes, werden auch Materialparameter wie die Form und Größe der Sturzblöcke berücksichtigt. Oft können nicht alle Parameter bestimmt werden und es müssen vereinfachende Annahmen getroffen werden. Die Benutzung erfordert daher ein hohes Maß an Erfahrung. Meist sind die Modelle für die Dimensionierung von Schutzbauten konzipiert (Berechnung von Aufprallgeschwindigkeiten und -energien). Detailliertere Beschreibungen einiger dieser Modelle finden sich unter anderem bei BOZZOLO et al. (1988), HUNGR & EVANS (1988) und SPANG & RAUTENSTRAUCH (1988), einen Überblick gibt auch MEISSL (1998). JÄGER (1997) verwendet das *Colorado Rockfall Simulation Program* (CSRP) zur Berechnung einzelner Hangprofile. Das physikalisch basierte Modell von DESCOEUDRES & ZIMMERMANN (1987) berechnet die Bewegungsarten Springen, Rollen und Gleiten.

Die Bearbeitung größerer Räume ist mit eindimensionalen Modellen nur durch nebeneinander liegende Serien einzelner Profile möglich und deshalb sehr aufwändig und meist unvollständig. Auf regionaler Maßstabsebene ist ein DHM zwingend erforderlich, um die einzelnen Sturzbahnen mit Trajektorienmodellen berechnen zu können. GIS-basierte Modelle eignen sich sehr gut für die Entwicklung flächenverteilter Modelle, da die Reibungsmodelle durch die Verknüpfung mit Trajektorienmodellen zu umfassenden Prozessmodellen erweitert werden können. Das Modell von ZINGGELER et al. (1991) berücksichtigt neben den Bewegungsarten Springen und Rollen speziell die Kollisionen mit Bäumen. Das Modell wird in der Schweiz für die Erstellung von Gefahrenhinweiskarten auf regionaler Maßstabsebene verwendet, allerdings kommen aufgrund der unzureichenden Datenlage nur standardisierte Parameterwerte zur Anwendung (HEINIMANN et al. 1998).

Bei der Bearbeitung größerer Regionen müssen zuerst Abbruchgebiete festgelegt bzw. ermittelt werden. Oft werden hierzu bestehende Kartierungen (z.B. Felsregionen aus der Topographischen Karte) herangezogen. Potentielle Abbruchgebiete können mit einem Dispositionsmodell ermittelt werden. Anschließend erfolgt die Berechnung der Sturzbahn und der Reichweite. VAN DIJKE & VAN WESTEN (1990) verwenden zur Bestimmung der Prozessbahn ein *single flow direction* Verfahren und berechnen die Geschwindigkeit mit einem Reibungsmodell nach SCHEIDEGGER (1975). DORREN & SEIJMONSBERGEN (2003) haben ein GIS-gestütztes Modell entwickelt, bei dem die Prozessbahn nur entlang des stärksten Gefälles berechnet wird. Andere Autoren verwenden Verfahren, die eine seitliche Ausbreitung des Prozesses zulassen. Eine Zusammenstellung von Modellen für den regionalen Maßstab zeigt Tabelle 4.1.

Zusammenfassend lassen sich mehrere Schlussfolgerungen ziehen:

- Die Ausweisung von Startpunkten sollte automatisiert und damit unabhängig von bestehenden Karten möglich sein. Letztere sind nicht überall verfügbar und haben möglicherweise Lücken.

- Für die Modellierung der Prozesswege sind Algorithmen mit seitlicher Ausbreitung besser geeignet. Bei *single flow direction* Verfahren konzentrieren sich die Prozessräume aufgrund der Konvergenz der Prozesswege zu stark in den Tiefenlinien (z.B. DORREN & SEIJMONSBERGEN 2003).

- Zur Modellierung der Reichweite bieten sich verschiedene Verfahren an. Das lokale Relief und die Oberflächenbeschaffenheit kann aber nur in physikalisch orientierten Reibungsmodellen berücksichtigt werden.

Tab. 4.1: Steinschlag- und Felssturzmodelle für den regionalen Maßstab (nach MEISSL 1998, verändert und ergänzt).

Autor	Dispositionsmodell	Trajektorienmodell	Reibungsmodell
GRUNDER & KIENHOLZ (1986)	Fels- und Gratsteilrelief $\geq 30°$	Raster-Kaskadierung mit Ausbreitung	Auslaufdistanz abhängig von Morphologie und Vegetation
TOPPE (1987)	Neigung $\geq 30°$	–	Geometrisches Gefälle $\geq 30°$
VAN DIJKE & VAN WESTEN (1990)	Hangneigung $\geq 60°$ bzw. Flächen aus geomorph. Karte	Raster-Kaskadierung ohne Ausbreitung	Energiebedingung (Gleiten)
MANI & KLÄY (1992)	Felsbänder aus Übersichtsplan 1:5000	TIN-Kaskadierung	Geometrisches Gefälle $\geq 32°$
KRUMMENACHER (1995)	Felsflächen aus der Landeskarte 1:25000	Raster-Kaskadierung mit Ausbreitung	Geometrisches Gefälle $\geq 30°$ bis 38°
MEISSL (1998)	Grenzneigungswerte bzw. Felsflächen aus Karten	Raster-Kaskadierung mit Ausbreitung	Energiebedingung (Freier Fall, Gleiten)
DORREN & SEIJMONSBERGEN (2003)	Hangneigung $\geq 40°$ und Geologie	Raster-Kaskadierung ohne Ausbreitung	Energiebedingung (Freier Fall, Springen)

4.2 Grundlagen zum Prozessablauf

4.2.1 Prozessdisposition

Die Disposition für Stürze wird vor allem durch topographische, geologische und klimatische Faktoren gesteuert. In der Regel können Steinschlag und Felssturz in allen steilhang- bzw. wandbildenden Gesteinen auftreten. Beide Prozesse haben ähnliche Ursachen und Auslöser. Die Stürze können direkt aus dem Anstehenden oder in situ verwitterten Lockermaterial erfolgen oder es geraten Blöcke erneut in Bewegung, die bereits zur Ruhe gekommen waren. Herkunftsgebiet können deshalb neben Felsgebieten auch sehr steile Lockergesteinszonen sein. Abbruch und Ablösung erfolgen mehr oder weniger abrupt, wobei Reliefausprägung, Oberflächenrauhigkeit und Hangneigung entscheiden, ob eine abgelöste Sturzmasse in Bewegung geraten kann. Konvexe Hänge oder sogar vorspringende Bereiche führen zu erhöhten Zugspannungen, konkave Hangbereiche stützen sich hingegen ab. Meist ist nicht nur ein einzelner Faktor, sondern ein ganzes Bündel an Faktoren für die Auslösung von Stürzen verantwortlich. Die Exposition bestimmt das Feuchtigkeits- und Wärmeangebot und hat damit einen Einfluss auf die Verwitterungsintensität. Während die Steinschlag verursachenden Instabilitäten nur die Hangoberfläche betreffen, reichen sie bei Felsstürzen bis in das Hanginnere hinein. Frostsprengung, Wurzeldruck und Ausspülung durch Oberflächenwasser kommen daher nur als Auslöser für Steinschlag und kleinere Felsstürze in Frage. Hingegen sind ungünstig orientierte Trennflächengefüge meist erst für größere Kubaturen bedeutsam. Die Auslösung wird durch tektonische Beanspruchung, Druckentlastung nach dem Abschmelzen talfüllender Eismassen, Übersteilung infolge von Erosion am Hangfuß, Wind, Frost, Poren- und Kluftwasser sowie Erschütterungen (auch durch Menschen und Tiere) begünstigt (MEISSL 1998). Auch Schneeschmelze und Starkregenereignisse können Sturzbewegungen auslösen. Die Vegetation kann sich sowohl hemmend als auch fördernd auswirken. Besonders hervorzuheben ist die Wirkung des Wurzelsystems von Bäumen. JAHN (1988) führt folgende Punkte als steinschlaghemmend an: aufgelockerte Felsmassen werden von den Wurzeln regelrecht "umarmt", was den Zusammenhalt erhöht. Auch auf Schutthalden wird die Bodenoberfläche durch eine zusammenhängende Wurzelschicht verfestigt. Steinschlagfördernd hingegen wirkt sich neben der Ausweitung von Gesteinsspalten durch das Wurzelwachstum auch die chemische Zersetzung des Gesteins durch die Ausscheidung von Säuren aus. Außerdem werden die auf Stamm und Krone wirkenden Schnee- und Windkräfte in den Boden übertragen. Die Wertung dieser Einflüsse ist schwierig, sowohl für stabile als auch für zusammenbrechende Waldbestände (Jahn 1988). Beim Zusammenbruch entfallen diese Wirkungen nach und nach, allerdings kommen dafür neue hinzu. Beispielsweise zerstören entwurzelte Bäume einerseits die Bodenoberfläche und legen lose Steine frei, andererseits bremsen am Boden liegende Bäume ihren Absturz. Nach Meissl (1998) betreffen die Wirkungen der Vegetation vor allem die oberflächennahe Gesteinszone und haben bei tiefergreifenden Klüften eine eher marginale Bedeutung.

Die Ausführungen verdeutlichen die Vielfalt an Faktoren, deren Einfluss schwer zu quantifizieren ist. In der Gefahrenbeurteilung kommen verschiedene Verfahren zur Ausscheidung von Startgebieten zum Einsatz. Oftmals werden lediglich die in topographischen oder geomorphologischen Karten verzeichneten Felsgebiete als Abbruchgebiete übernommen (Heinimann et al. 1998; Meissl 1998). Menéndez Duarte & Marquínez (2002) ermitteln ausgehend von kartierten Steinschlaghalden die Herkunftsgebiete (*rockfall basins*) mit hydrologischen GIS-Funktionen. So lassen sich allerdings keine potentiellen Abbruchgebiete erfassen. Der Ansatz kann aber für die Simulation und Bilanzierung einzelner Halden verwendet werden. Eine weitere Möglichkeit besteht in der Anwendung eines Grenzwertes der Hangneigung (vgl. Tabelle 4.1). Im Kantabrischen Gebirge (Nordspanien) beobachten Menéndez Duarte & Marquínez (2002) aktive Halden vornehmlich unter Kalksteinwänden mit Neigungen zwischen 40° und 60°. Steilere Gebiete zeigen eine geringere Aktivität. Bei Silikatgesteinen steigt die Steinschlagaktivität mit zunehmender Neigung, die höchste Aktivität tritt zwischen 60° und 70° auf. Aufgrund der einfachen Anwendbarkeit und dem direkten Zusammenhang zwischen Hangneigung und Abbruchgebiet wird in der vorliegenden Arbeit der Ansatz aufgegriffen, die Startgebiete über einen Grenzwert der Hangneigung aus dem DHM abzuleiten (vgl. Abschnitt 4.3.2).

4.2.2 Prozessverlauf

In der Natur legt das Gesteinsmaterial während der Sturzbewegung einen großen Teil des Weges in der Luft zurück, im Freien Fall oder während mehr oder weniger weiten Sprüngen. Zum Teil erfolgt die Bewegung auch als Rollen oder Gleiten. Welche Bewegungsart dominiert, wird hauptsächlich durch die Hangneigung bestimmt. Freier Fall ist im streng physikalischen Sinne an senkrechte oder überhängende Wandpartien gebunden, tritt aber auch bei mittleren Neigungen zwischen etwa 70° und 90° auf. Unterhalb etwa 70° dominieren Sprungbewegungen, unter etwa 45° geht die Bewegung in Rollen über (DORREN 2003). Die Bewegungsarten sind physikalisch und mathematisch weitgehend beschrieben. Eine exakte Erfassung wird allerdings durch die vielen unterschiedlichen Einflüsse bei den Kontaktreaktionen erschwert. Der Wechsel von einer Bewegungsart zu einer anderen wird durch Änderungen in der Hangneigung aber auch durch den Aufprall auf der Hangoberfläche gesteuert. Deutliche Richtungswechsel nach dem Aufprall können vor allem bei in der Luft rotierenden Sturzblöcken beobachtet werden.

Die Reichweite einzelner Sturzkomponenten wird durch viele Faktoren beeinflusst. Neben der Form der Sturzblöcke, die Auswirkungen auf den Bewegungsablauf hat, hängt die erzielte Reichweite auch von der Größe der Sturzblöcke ab. Da größere Blöcke Hindernisse in der Sturzbahn leichter überwinden können, erreichen sie oft größere Reichweiten. In diesem Zusammenhang ist auch die Oberflächenbeschaffenheit des Hanges von Bedeutung. Plastizität und Rauhigkeit steuern die Energieverluste beim Aufprall und die Größe der Reibungskoeffizienten bei Gleit- und Rollbewegungen (MEISSL 1998). Größere Reichweiten werden erreicht, je kleiner die Bodenunebenheiten im Verhältnis zur Größe der Sturzblöcke sind. Der Einfluss des Kleinreliefs wird also um so größer, je kleiner die Sturzblöcke sind. Bei der Bearbeitung größerer Räume kann die Rauhigkeit nicht detailliert erhoben werden. Generalisierende Angaben können aber beispielsweise aus Daten zur Landnutzung (HEINIMANN et al. 1998) oder aus Geologischen Karten (VAN DIJKE & VAN WESTEN 1990) abgeleitet werden.

Die Kollision mit Hindernissen in der Sturzbahn, beispielsweise mit Bäumen oder Verbauungen, führt zum Verbrauch kinetischer Energie. Die Bremswirkung von Wald hat JAHN (1988) untersucht. Von entscheidender Bedeutung ist auch hier die Größe der Sturzblöcke. Während kleinere Steine schon von dichtem Buschwerk aufgehalten werden können, werden sehr große Steine auch durch Kollisionen mit Bäumen nicht wirksam gebremst. Hier sind die Bestandesdichte, die Stammdurchmesserverteilung sowie offene Waldschneisen maßgebende Parameter. Ein mittleres bis starkes Baumholz mit einer Bestandesdichte größer als 300 Stk/ha vermag Steine und Blöcke optimal aufzuhalten. Beim Absturz von Großblöcken ($\varnothing > 2$ m) und bei Felsstürzen wird

der Waldbestand in der Regel entlang der Sturzbahn zerstört (HEINIMANN et al. 1998). Im Rahmen einer Gefahrenbeurteilung sollten daher - auch mangels flächendeckender Informationen zur aktuellen Bestockung - Simulationen auch ohne Berücksichtigung des Waldbestandes durchgeführt werden (*worst case*).
Topographische Faktoren wie die Fallhöhe, die Neigung der Sturzbahn und die Wölbungsverhältnisse haben ebenfalls Einfluss auf den Geschwindigkeitsverlauf entlang der Sturzbahn. Bei Steinschlag und Blockschlag erreichen die Einzelkomponenten Geschwindigkeiten in der Größenordnung von 5 bis 30 m/s. Bei Felsstürzen liegen die Verlagerungsgeschwindigkeiten häufig im Bereich zwischen 10 und 40 m/s (HEINIMANN et al. 1998). Die Fallhöhe bestimmt zwar Geschwindigkeit und kinetische Energie während des Fallens, aufgrund der hohen Energieverluste (75 - 85% nach BROILLI 1974) beim ersten Aufprall auf der Halde hat sie aber auf den weiteren Prozessverlauf geringen Einfluss. Der Luftwiderstand hat keinen signifikanten Einfluss auf die Bewegung und wird daher oft vernachlässigt. Größere Blöcke zerbrechen meist beim ersten Aufprall, kleinere Blöcke springen oft weiter (MEISSL 1998). Während des Transports entlang der Sturzbahn verringert sich die kinetische Energie der Sturzkomponenten durch Kollisionen und die wirkenden Reibungskräfte. Die Reibungskräfte können entlang der Sturzbahn innerhalb kurzer Distanzen stark variieren. Das Ende des Bewegungsablaufs ist in der Regel weniger ein gradueller Prozess, sondern die Sturzkomponenten kommen eher abrupt zum Stillstand.
Um die zwischen den Sturzkomponenten und der Hangoberfläche wirkenden Reibungskräfte zu charakterisieren, leiten KIRKBY & STATHAM (1975) einen dynamischen Reibungswinkel (*dynamic angle of friction*) anhand von Laborversuchen ab. Der Winkel steht in Beziehung zur Oberflächenrauhigkeit, die als Variation der Höhe senkrecht zur Hangoberfläche innerhalb einer bestimmten Hanglänge definiert werden kann. Der dynamische Reibungswinkel $\phi'_{\mu d}$ berechnet sich mit (KIRKBY & STATHAM 1975)

$$\tan \phi'_{\mu d} = \tan \phi_0 + \frac{k \cdot d}{d_*} \tag{4.1}$$

wobei ϕ_0 der interne Reibungswinkel des Materials ist (zwischen $20,3^\circ$ und $33,8^\circ$), k eine Konstante (etwa zwischen 0,25 und 0,8), d der durchschnittliche Blockdurchmesser des Haldenmaterials (m) und d_* der Durchmesser der

Sturzkomponente (m). Für ein bestimmtes Verhältnis von Haldenmaterial und Sturzkomponente (d/d_*) ist der dynamische Reibungswinkel konstant. Sobald sich einer der beiden Parameter ändert, wird auch der Reibungswinkel größer bzw. kleiner. Die Konstante k - die Steigung der Gerade - erlaubt Rückschlüsse auf die Sortierung der Halde. Je kleiner k, desto geringer ist die Sortierung (Kirkby & Statham 1975).

Zur Abschätzung der Reichweite einzelner Sturzkomponenten existieren viele unterschiedliche, sowohl prozessbasierte als auch empirische Verfahren. Empirische Ansätze basieren meist auf statistischen Zusammenhängen zwischen topographischen Faktoren und der Auslaufdistanz beobachteter Sturzereignisse. Oft angewendete Verfahren wie der Fahrböschungswinkel (Heim 1932, z.B. Toppe 1987), das Geometrische Gefälle (Meissl 1998) oder der Schattenwinkel (Hungr & Evans 1988; Meissl 1998) stützen sich auf die Beobachtung, dass der vertikale und horizontale Versatz der Sturzmasse in einem charakteristischen Verhältnis zueinander steht (vgl. Abbildung 4.1).

Der durch diese beiden Strecken aufgespannte Winkel ist zwar nicht konstant, weist aber für Bewegungen ähnlichen Typs einen eingeschränkten charakteristischen Wertebereich auf. Steinschlag und Blockschlag weisen beispielsweise unter normalen Randbedingungen, d.h. bei einer Sturzbahn ohne Steilstufen mit mittleren bis starken Rauhigkeits- und Dämpfungseigenschaften, Pauschalgefällswerte (Geometrische Gefälle) von 30° bis 38° auf (Heinimann

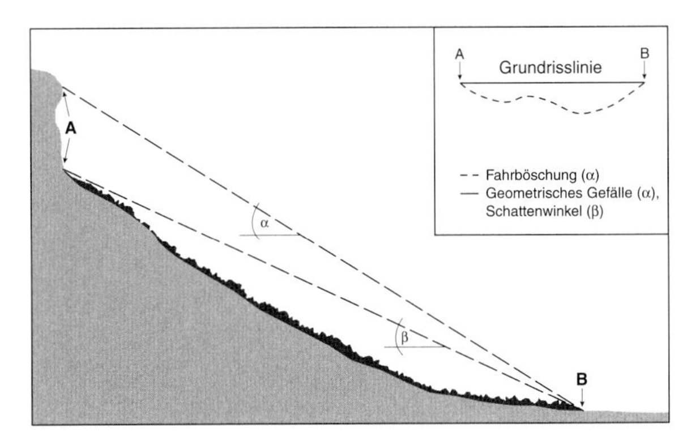

Abb. 4.1: Fahrböschung, Geometrisches Gefälle und Schattenwinkel (zusammengestellt nach Meissl (1998), verändert).

et al. 1998). Für Schattenwinkel gibt DORREN (2003) nach dem Vergleich mehrerer Studien einen Bereich von 22° bis 30° an. Da bei diesen Verfahren weder der Prozessverlauf noch die Ausprägung der Sturzbahn näher betrachtet wird, liefern diese Winkel nur eine erste Näherung der Auslaufdistanz. Die Anwendung dieser Verfahren ist aber dann sinnvoll, wenn nur schlecht aufgelöste digitale Höhenmodelle zur Verfügung stehen. Prozessbasierte Modelle simulieren dagegen den Bewegungsablauf und berücksichtigen auch die Ausprägung der Sturzbahn in einigen Aspekten. Auf die Vielzahl an Modellen wurde schon in Abschnitt 4.1 hingewiesen, das in dieser Arbeit verwendete Modell wird in Abschnitt 4.3.4 näher erläutert.

4.3 Modellierung

4.3.1 Modellaufbau

Zur Modellierung von Steinschlag und Felssturz wird ein einfaches Dispositionsmodell zur Ausscheidung potentieller Abbruchgebiete mit einem Prozessmodell gekoppelt, dass simultan den Prozessweg, die Bewegungsart (Fallen oder Gleiten) und die Geschwindigkeitsentwicklung und damit die Reichweite des Prozesses bestimmt. Einen Überblick über die Modellkomponenten gibt Abbildung 4.2, ein schematisches Bahnprofil zeigt Abbildung 4.8.
Zur Ausscheidung potentieller Ablösegebiete wird aus dem DHM die Neigung in Fallrichtung abgeleitet und ein einfacher Grenzwert angesetzt. Ausgehend

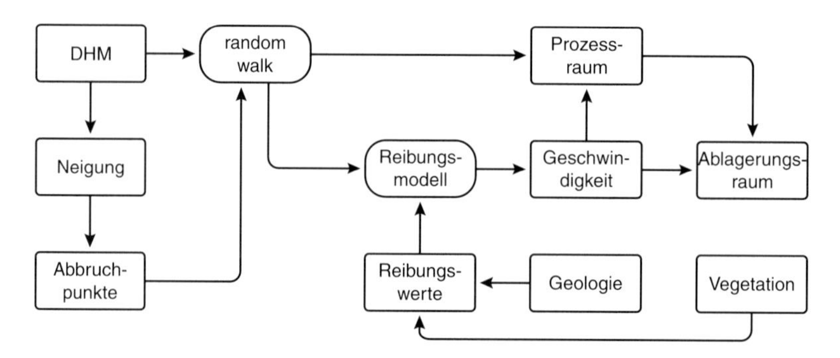

Abb. 4.2: Schematische Darstellung der Vorgehensweise zur Modellierung von Steinschlag und Felssturz.

von diesen Startzellen wird der Prozessweg mit dem *random walk* Verfahren aus den Höheninformationen des DHMs abgeleitet (Modul `Rock HazardZone`, Wichmann 2004a). Sobald eine Rasterzelle dem Prozessweg hinzugefügt ist, wird mit dem Reibungsmodell die lokale Geschwindigkeit berechnet. Dazu wird ein Datenlayer mit räumlich verteilten Reibungswerten benötigt. Dieser Datenlayer wird durch eine Verschneidung der Geologischen Karte mit der Karte der Vegetationsbedeckung und anschließender Reklassifikation bereitgestellt. Zu Beginn der Bewegung wird Freier Fall modelliert. Sobald die Neigung in Fallrichtung unter einen Grenzwert sinkt, kommt es zum Aufschlag. Den Energieverlusten beim Aufprall wird dadurch Rechnung getragen, dass die zur Verfügung stehende Energie um einen bestimmten Prozentsatz reduziert wird. Auf der Halde wird Gleiten simuliert. Sobald die Geschwindigkeit auf Null absinkt wird die Berechnung dieser Trajektorie abgebrochen. Ein Abbild des kompletten Prozessraums entsteht durch die wiederholte Berechnung von *random walks* (Monte Carlo Simulation), wobei sich die Länge (Reichweite) der einzelnen Trajektorien aus der Geschwindigkeitsentwicklung entlang der jeweiligen Bahnprofile ergibt. Innerhalb des Prozessraums werden die Rasterzellen, auf denen die Geschwindigkeit auf Null abgesunken ist, gesondert als Ablagerungspunkte ausgewiesen. Abbruch- und Ablagerungspunkte können anschließend für die Zonierung des Prozessraumes in Erosions-, Transit- und Ablagerungsgebiete genutzt werden. Die genaue Funktionsweise der einzelnen Teilmodule wird in den nächsten Abschnitten beschrieben.

4.3.2 Startpunkte

Stürze treten im Lahnenwiesgraben in allen steilwandbildenden Gesteinen auf. Die meisten Wände finden sich im Hauptdolomit (Kramermassiv, Stepbergeck, Nordflanke Hirschbühelrücken, Windstierlkopf, Großer Zunderkopf, Brünstelskopf und Schafkopf) und im Plattenkalk (Hirschbühelrücken, Vorderer Felderkopf, Kleiner Zunderkopf, Herrentisch und Grubenkopf). Einige Wände finden sich auch in den Kalkbänken der Kössener Schichten (unterhalb der Plattenkalkfläche am Felderkopf). Aufgrund des deutlichen Einflusses der Hangneigung können Abbruchgebiete durch einen Grenzwert der Hangneigung ausgeschieden werden. Bei der Wahl des Grenzwertes sollte berücksichtigt werden, dass die aus dem DHM ermittelte Neigung nicht immer mit der tatsächlichen Neigung im Gelände übereinstimmt. Die Neigung kann durch unterschiedliche Verfahren aus dem DHM abgeleitet werden. Für die Ausscheidung potentieller Abbruchgebiete ist die Neigung einer Rasterzelle in Richtung des größten Gefälles von Interesse:

$$S_{D8} = \max_{i=1,8} \frac{z - z_i}{h\phi(i)} \tag{4.2}$$

wobei z die Höhe (m) der betrachteten Rasterzelle ist, z_i die Höhen (m) der acht benachbarten Rasterzellen, h die Kantenlänge (m) einer Rasterzelle und $\phi(i) = 1$ für die vier direkt benachbarten Rasterzellen und $\phi(i) = \sqrt{2}$ für die diagonalen Nachbarn (Wilson & Gallant 2000).
Grunder (1984) und Toppe (1987) wählen eine Neigung von 30° als untere Grenze für potentielle Startgebiete, van Dijke & van Westen (1990) schlagen 60° vor (vgl. auch Tabelle 4.1). Um der großflächigen Verbreitung von Steinschlag im Lahnenwiesgraben gerecht zu werden, hat sich ein Grenzwert von 40° als zweckmäßig erwiesen. Der Wert passt zu den Ergebnissen von Menéndez Duarte & Marquínez (2002), die aktive Halden unter Kalksteinwänden mit Neigungen zwischen 40° und 60° finden. In Verbindung mit Informationen aus der geologischen Karte (Festgestein) verwenden auch Dorren & Seijmonsbergen (2003) einen Grenzwert von 40°. Die Häufigkeitsverteilung der Hangneigung im Untersuchungsgebiet zeigt Abbildung 4.3.

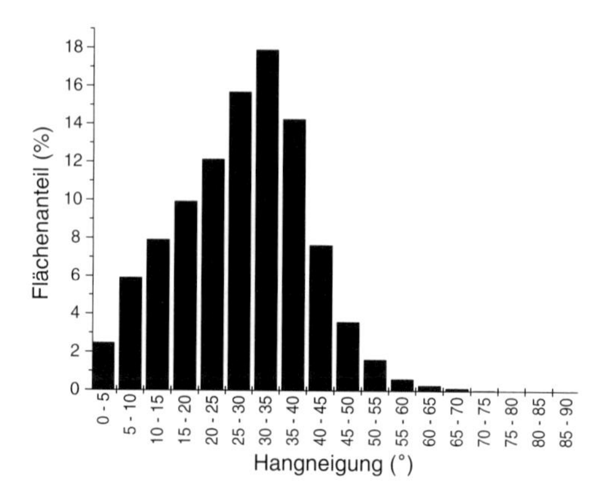

Abb. 4.3: Flächenanteile der Neigungsklassen im Lahnenwiesgraben.

Bei dem angesetzten Grenzwert werden 13,9% der Einzugsgebietsfläche als potentielle Abbruchgebiete ausgeschieden (vgl. Abbildung 4.4). Neben den Steilwänden werden so auch sehr stark geneigte Hänge erfasst, Sturzhalden (beispielsweise in den Karen) weisen dagegen Hangneigungen unterhalb des Grenzwertes auf (etwa 20° bis 40°).

Eine Validierung der ausgeschiedenen Startgebiete kann anhand einer Karte mit kartierten Abbruchgebieten erfolgen. Für den Lahnenwiesgraben liegt eine derartige Karte nicht in der benötigten Genauigkeit vor. Neben einigen Detailkartierungen stehen drei verschiedene Karten zur Verfügung, die ungenaue bzw. unvollständige Angaben zu Abbruchgebieten beinhalten. Zum Einen ist dies die Lockermaterialkarte von KELLER (in Vorb.), zum Anderen sind es zwei Karten die im Rahmen dieser Arbeit erstellt wurden. Letztere weisen die in der TK25 verzeichneten Felsregionen sowie mittels stereoskopischer Luftbildauswertung aufgenomme Steilstufen aus. Um eine flächendeckende Validierung durchführen zu können, wurden diese drei Datensätze kombiniert. Die entsprechende Karte enthält so die kartierte Gesamtfläche (Anstehend/Felsregion/Steilstufe) und gesondert kodiert diejenigen Rasterzellen, die in allen drei Datensätzen übereinstimmend ausgewiesen sind (vgl. Abbildung 4.4). Die insgesamt kartierte Fläche hat einen Flächenanteil von 17% am Einzugsgebiet. Die Rasterzellen, die in allen drei Datensätzen übereinstimmend ausgewiesen sind, nehmen nur 3% der Einzugsgebietsfläche ein.

Die Validierung der Ergebnisse erfolgt anhand einer Kontingenztabelle, aus der die bezüglich der kartierten Anbruchzellen normalisierte Gesamtgenauigkeit berechnet werden kann. Die Auswertungen für die beiden durch die Überlagerung der Kartierungen entstandenen Kategorien zeigen die Tabellen 4.2 und 4.3. Im Falle der insgesamt kartierten Fläche reproduziert das Modell nur 51% der Rasterzellen korrekt. Da die Wahrscheinlichkeit, eine Rasterzelle des kartierten Abbruchgebiets zufällig herauszugreifen, bei 17% liegt, wird die Vorhersage durch das Modell um den Faktor 3 verbessert. Allerdings ist davon auszugehen, dass ein Teil der Ungenauigkeit auf die zur Validierung herangezogenen Datensätze zurückzuführen ist. Unter anderem sind nicht alle in der Lockermaterialkarte ausgewiesenen Flächen (Anstehendes) aufgrund geringer Neigungen auch Abbruchgebiete. Die in allen drei Karten übereinstimmend ausgewiesenen Abbruchgebiete können als relativ sicher angesehen werden. Von diesen Rasterzellen werden durch das Modell immerhin 83% erfasst.

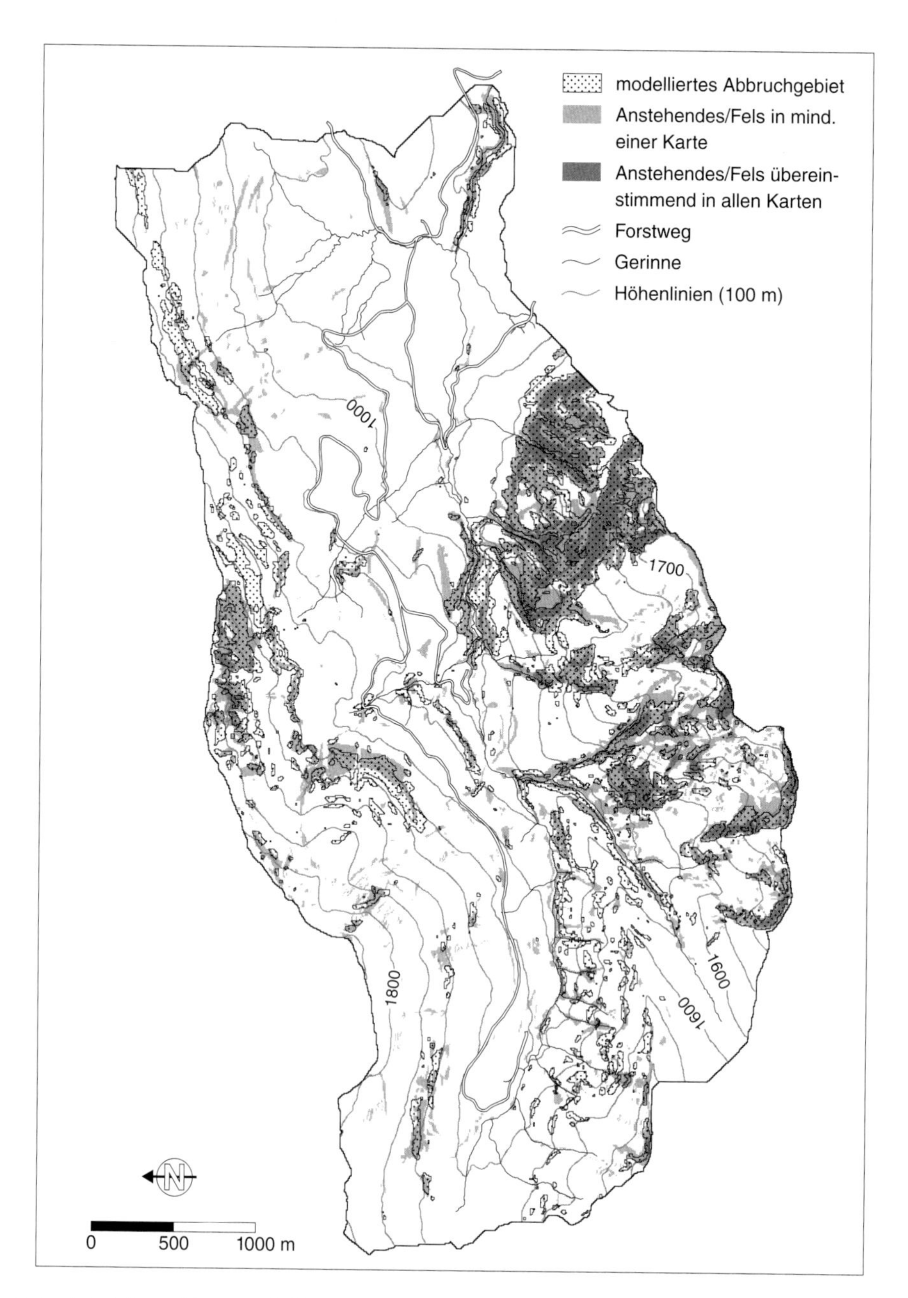

Abb. 4.4: Dispositionsmodellierung von Steinschlag und Felssturz im Lahnenwiesgraben und kartierte Abbruchbereiche (weitere Erläuterungen im Text).

Tab. 4.2: Kontingenztabelle der Dispositionsmodellierung von Abbruchgebieten mit Anzahl der Rasterzellen und der bezüglich der kartierten Anbruchzellen normalisierten Genauigkeiten (alle kartierten Gebiete).

	Abbruchgebiet kartiert	kein Abbruchgebiet kartiert	Summe
Abbruchgebiet modelliert	58451	33579	92030
kein Abbruchgebiet modelliert	55364	516062	571426
Summe (Rasterzellen)	113815	549641	663456
Abbruchgebiet modelliert	0,51	0,06	0,57
kein Abbruchgebiet modelliert	0,49	0,94	1,43
Summe (normalisiert)	1,00	1,00	2,00

Tab. 4.3: Kontingenztabelle der Dispositionsmodellierung von Abbruchgebieten mit Anzahl der Rasterzellen und der bezüglich der kartierten Anbruchzellen normalisierten Genauigkeiten (übereinstimmend kartierte Gebiete).

	Abbruchgebiet kartiert	kein Abbruchgebiet kartiert	Summe
Abbruchgebiet modelliert	18451	73579	92030
kein Abbruchgebiet modelliert	3825	567601	571426
Summe (Rasterzellen)	22276	641180	663456
Abbruchgebiet modelliert	0,83	0,11	0,94
kein Abbruchgebiet modelliert	0,17	0,89	1,06
Summe (normalisiert)	1,00	1,00	2,00

Die Strenge des statistischen Zusammenhangs zwischen zwei Karten mit zwei Kategorien (Abbruchgebiet/kein Abbruchgebiet) kann mit Hilfe des ϕ -Koeffizienten (BURT & BARBER 1996) bestimmt und direkt aus der Kontingenztabelle berechnet werden. Der Koeffizient weist in diesem Fall Werte zwischen $[-1, +1]$ auf und beträgt für die komplette Kartierung 0,49. Betrachtet man nur die übereinstimmend kartierte Fläche, sinkt der Koeffizient auf 0,37. Grund hierfür ist die im Vergleich zur kompletten Kartierung höhere Anzahl

Tab. 4.4: Kontingenztabelle der Dispositionsmodellierung von Abbruchgebieten mit Anzahl der Rasterzellen und der bezüglich der kartierten Anbruchzellen normalisierten Genauigkeiten (Abbruchgebiete der Detailkartierungen).

	Abbruchgebiet kartiert	kein Abbruchgebiet kartiert	Summe
Abbruchgebiet modelliert	4977	3264	8341
kein Abbruchgebiet modelliert	787	654428	655115
Summe (Rasterzellen)	5764	657692	663456
Abbruchgebiet modelliert	0,86	0,005	0,865
kein Abbruchgebiet modelliert	0,14	0,995	1,135
Summe (normalisiert)	1,00	1,00	2,00

der als Abbruchgebiet modellierten aber eben nicht kartierten Rasterzellen. Die Werte deuten insgesamt auf einen mittleren bis starken Zusammenhang zwischen Hangneigung und Abbruchgebiet hin.

Betrachtet man alle kartierten Flächen die nicht vom Modell erfasst worden sind, so weisen diese zu 68% eine Neigung zwischen 30° und 40° auf. Reduziert man den Grenzwert auf 30° (z.B. GRUNDER 1984; TOPPE 1987) werden aber 46% der Einzugsgebietsfläche als Abbruchgebiet klassifiziert. In diesem Fall würden auch die Sturzhalden als Abbruchgebiete ausgeschieden.

Eine genauere Validierung der Ergebnisse, wenn auch nicht für das gesamte Einzugsgebiet, erlauben die angefertigten Detailkartierungen (Abbildung 4.12 ff). Die entsprechende Kontingenztabelle zeigt Tabelle 4.4. Die in diesen Karten aufgenommenen Abbruchgebiete werden zu 86% korrekt reproduziert. Wie den Detailkarten zu entnehmen ist, werden die steileren und höheren Wände (z.B. in den Karen) besser erfasst als kleinere Anbrüche. Oft sind die modellierten Anbruchgebiete gegenüber den kartierten aber nur leicht versetzt (Lageungenauigkeiten, Qualität DHM) oder die Gebiete werden stärker generalisiert ausgewiesen. Eine Berechnung der Übereinstimmung der Karten kartiert/modelliert ist daher zur Validierung nur begrenzt sinnvoll. Ein ϕ -Koeffizient von 0,72 verdeutlicht aber den dominierenden Einfluss der Hangneigung. Versuche, die Ausweisung der modellierten Abbruchgebiete durch weitere Faktoren wie Vegetationsbedeckung oder Geologie zu ver-

bessern, waren erfolglos. Auf den positiven wie auch negativen Einfluss der Vegetation wurde schon in Abschnitt 4.2.1 hingewiesen. Auch durch die Einarbeitung geologischer Informationen konnte das Modellergebnis nicht weiter verbessert werden. Über dem Schwellenwert von 40° kommen im Lahnenwiesgraben in der Regel nur Festgesteine vor. Eine weitere Differenzierung der Festgesteine ist mit den in der Geologischen Karte verzeichneten Informationen nicht möglich. Kleinere Abbruchgebiete können schon aufgrund der Auflösung des DHMs nicht erfasst werden.
Abbildung 4.4 zeigt die insgesamt relativ großflächige Ausscheidung von Abbruchgebieten im Lahnenwiesgraben. Neben aktiven Abbruchgebieten werden auch potentielle Abbruchgebiete ausgeschieden, die momentan durch eine geringe Aktivität (z.B. Vegetationsbewuchs) gekennzeichnet sind. Es lässt sich festhalten, dass durch die Wahl eines geeigneten Grenzwertes der Hangneigung die räumliche Verbreitung der Abbruchgebiete gut reproduziert werden kann. Die Fehler bei der Modellierung der Prozessräume halten sich in Grenzen, da die Abbruchgebiete in der Regel erfasst werden und nur in ihrer Ausdehnung geringfügig unter- bzw. überschätzt werden.

4.3.3 Prozessweg

Herabstürzende Steine und Blöcke fallen, springen, rollen und gleiten. In einigen Fällen war es möglich, den Weg künstlich ausgelöster Steine zu verfolgen. An den ersten Aufschlag schließt sich oft eine Reihe von Sprüngen an, wobei vor allem in der Luft rotierende Steine deutliche Richtungswechsel bei den Kontaktreaktionen mit der Haldenoberfläche vollführen. Die Sturzbahnen stimmen in diesen Fällen sehr selten mit der direkten Falllinie überein. Bevor die Steine abgelagert werden, geht die Bewegung oft in Rollen über. Auf sehr locker gelagertem Haldenmaterial sinken die Steine beim Aufprall zum Teil leicht ein und rutschen noch eine kurze Distanz. Die Bewegungsart wird neben der Hangneigung stark von der Blockgröße und -form und der Beschaffenheit der Hangoberfläche gesteuert. Modelliert wird der Prozessweg mit dem in Abschnitt 2.3.2 beschriebenen rasterbasierten *random walk*. Der Ansatz eignet sich sehr gut, die mehr oder weniger chaotische Bewegung der Blöcke entlang der Sturzbahn nachzuvollziehen. Durch eine entsprechende, auf das in Abschnitt 4.3.4 beschriebene Reibungsmodell abgestimmte Parameterwahl wird versucht, der starken Variabilität im Bewegungsablauf Rechnung zu tragen.

Von jeder Startzelle aus werden 1000 Iterationen (*walks*) berechnet. Das Grenzgefälle, unterhalb dessen das Modell seitliche Ausbreitung zulässt, wird aus theoretischen Überlegungen auf den gleichen Wert gesetzt, wie der Neigungsgrenzwert für den Aufprall nach dem Freien Fall (65°, vgl. Abschnitt 4.3.4). Beim ersten Aufschlag kann somit schon ein Verspringen der Sturzkomponente weg von der direkten Falllinie stattfinden. Um auf der Halde spontane Richtungswechsel zu ermöglichen, wird keine Persistenz modelliert (Persistenzfaktor = 1) und ein relativ hoher Ausbreitungsexponent gewählt.

Die Abbildungen 4.5 und 4.6 zeigen die Modellergebnisse in zwei Teilgebieten bei unterschiedlichen Ausbreitungsexponenten. Die Beispiele wurden jeweils von einer Startzelle des Abbruchgebiets berechnet. Die in den Karten dargestellten Werte zeigen an, wie häufig eine Rasterzelle im Laufe der Modellierung als Prozessweg ausgewählt wurde (Durchgangshäufigkeiten). Mit zunehmend höheren Ausbreitungsexponenten nimmt die seitliche Ausbreitung zu und die modellierte Prozessfläche wird größer. Höhere Ausbreitungsexponenten resultieren allerdings in geringeren Reichweiten, worauf gleich noch ausführlicher eingegangen wird.

Eine deutliche Vergrößerung der Prozessfläche zeigt sich bei Werten zwischen 1,1 und 1,6. Oberhalb eines Wertes von 1,6 werden die Unterschiede immer

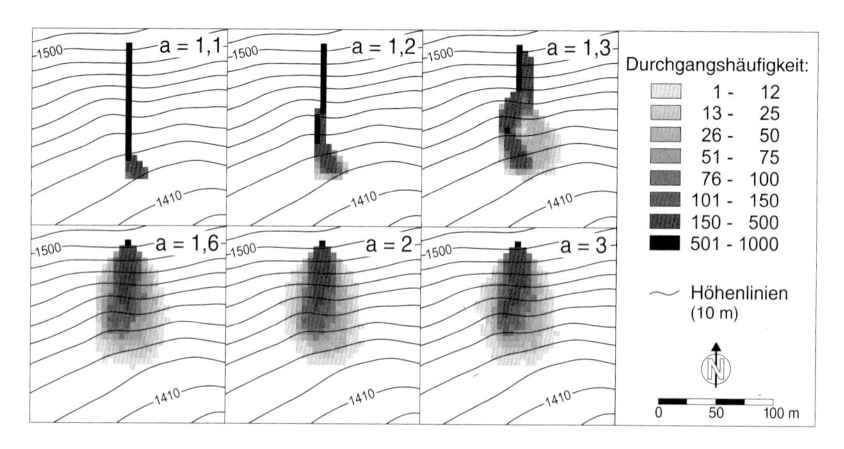

Abb. 4.5: Modellierungsergebnisse mit unterschiedlichen Ausbreitungsexponenten a an der Steilwand unterhalb des Vorderen Felderkopfes (zur Lage siehe (a) in Abbildung 4.7). Weitere Erläuterungen im Text.

geringer. Der Ausbreitungsexponent beeinflusst die Grenzwertfunktion des *mfdf*-Kriteriums so, dass bei einem hohen Wert auch noch diejenigen Rasterzellen potentielle Sprungkandidaten sind, zu denen im Vergleich zum größten lokalen Gefälle relativ geringe Gefälle bestehen (vgl. Abbildung 2.3). In den hier dargestellten Beispielen ergeben sich ab einem Wert von 2 keine großen Veränderungen mehr, da dann fast alle aufgrund der Topographie zulässigen Nachfolger angesprungen werden. Auf gestreckten oder horizontal konkaven Hängen fallen die Unterschiede größer aus. Mit einem Ausbreitungsexponenten von 2 werden im gesamten Untersuchungsgebiet gute Ergebnisse erzielt. GAMMA (1996) gibt für die Modellierung von Steinschlag Ausbreitungsexponenten zwischen 1,5 und 2 an.

Nach der Kalibrierung an einzelnen Startzellen wurden die Ergebnisse an ganzen Wänden und den zugehörigen Halden überprüft. Bei einem Ausbreitungsexponenten größer als 2 werden die Prozessräume zum Teil überschätzt, bei kleineren Werten werden die beobachteten Ablagerungsräume oft nicht komplett abgebildet. Weitere Ergebnisse der Prozesswegsimulation sind den Karten in den nachfolgenden Abschnitten zu entnehmen. Die zur Modellie-

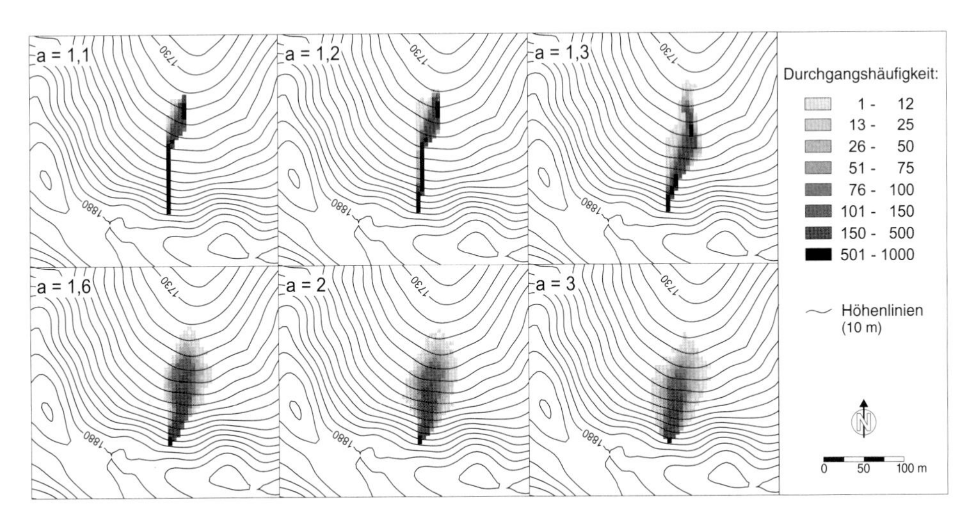

Abb. 4.6: Modellierungsergebnisse mit unterschiedlichen Ausbreitungsexponenten a an einer Steilwand im Roßkar (zur Lage siehe (g) in Abbildung 4.7). Weitere Erläuterungen im Text.

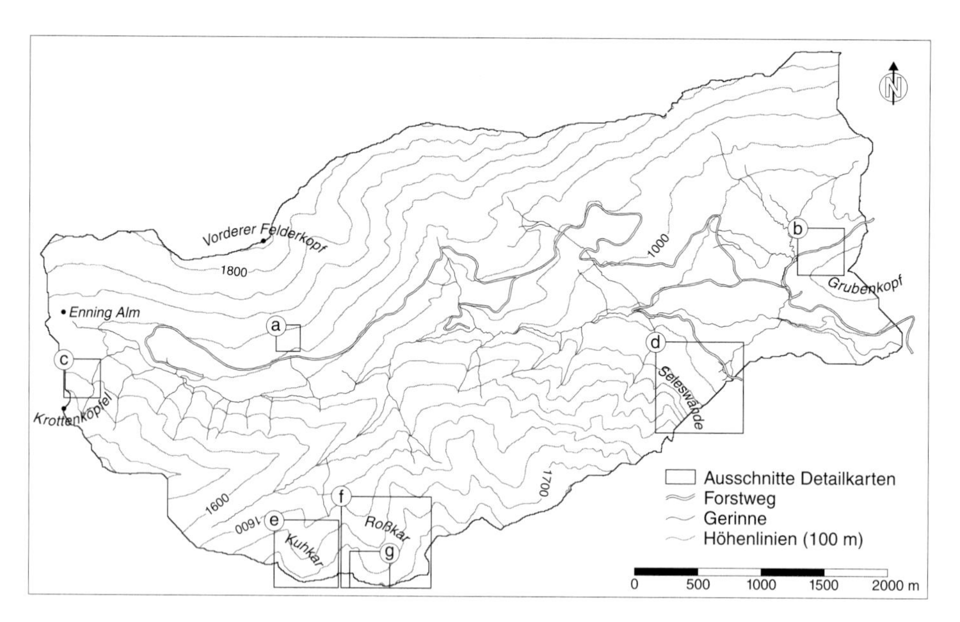

Abb. 4.7: Lage der Detailkarten zur Validierung der Modellergebnisse für Steinschlag und Felssturz: (a) Abbildungen 4.5 und 4.19, (b) Abbildung 4.21, (c) Abbildung 4.18, (d) Abbildung 4.15, (e) Abbildung 4.23, (f) Abbildung 4.12, (g) Abbildung 4.6.

rung von Steinschlag und Felssturz verwendeten *random walk* Parameter sind in Tabelle 4.5 zusammengefasst.

Bevor auf die Kalibrierung des Reichweitenmodells eingegangen wird, muss noch erwähnt werden, dass die Parameterwahl für den *random walk* einen Einfluss auf die modellierte Reichweite hat. Wie in den Abbildungen 4.5 und 4.6 ersichtlich ist, verringert sich die Reichweite bei größeren Ausbreitungsexponenten. Bei größeren Werten werden häufig auch Nachbarn angesprungen, zu denen relativ geringe Neigungen bestehen. In diesen Fällen ist die Profillinie der Trajektorie (anhand derer die Geschwindigkeitsentwicklung berechnet wird) abgeflacht und es werden geringere Geschwindigkeiten erzielt. Der Effekt wird zusätzlich dadurch verstärkt, dass keine Persistenz modelliert wird. Die Parameterkombination führt dazu, dass in der Regel keine der Trajektorien der direkten Falllinie folgt. Bevor eine Kalibrierung des Reichweitenmodells erfolgen kann, muss demnach das Prozessmodell kalibriert werden.

Tab. 4.5: *Random walk* Parameter zur Modellierung der Prozesswege von Steinschlag und Felssturz.

Grenzgefälle	Persistenzfaktor	Ausbreitungsexponent	Iterationen
65°	1	2	1000

4.3.4 Reichweite

Für eine möglichst exakte Berechnung der Reichweite des Sturzvorgangs werden sehr viele Parameter benötigt. Dies würde für einige Parameter bedeuten, dass bei der Modellierung größerer Räume Annahmen getroffen werden müssten. Aus diesem Grund wird hier auf eine möglichst einfach zu kalibrierende Modellvorstellung zurückgegriffen, die nur einige Aspekte des Bewegungsablaufs nachbildet. Dem Modell liegen Ansätze von SCHEIDEGGER (1975) zu Grunde, die auch VAN DIJKE & VAN WESTEN (1990), MEISSL (1998) und DORREN & SEIJMONSBERGEN (2003) in ihren Modellen verwenden. Der Bewegungsablauf ist dabei in Freien Fall, Aufschlag und Gleiten auf der Halde unterteilt. Eine schematische Darstellung des Berechnungsvorgangs zeigt Abbildung 4.8. Die Berechnung der Geschwindigkeit erfolgt parallel mit der Bestimmung des Prozesswegs im SAGA-Modul `Rock HazardZone` (WICHMANN 2004a).
Nach dem Ablösen der Sturzmasse wird solange Freier Fall modelliert, bis im Prozessweg die erste Rasterzelle mit einer Neigung unter 65° ermittelt wird. Auf dieser Rasterzelle wird die bis dahin erreichte Fallgeschwindigkeit aufgrund der Energieverluste beim Aufschlag reduziert. Eine exakte mathematische Beschreibung des sich anschließenden Sturzvorgangs auf der Halde ist schwierig, sogar wenn die große Zufallskomponente der Anordnung stürzender und schon abgelagerter Steine zueinander ignoriert wird. Es wird die vereinfachende Annahme getroffen, dass die unterschiedlichen Bewegungsarten im Mittel durch die Simulation von Gleiten über eine rauhe Oberfläche abgebildet werden können (KIRKBY & STATHAM 1975). Diesen Ansatz wählen auch SCHEIDEGGER (1975), VAN DIJKE & VAN WESTEN (1990) und MEISSL (1998). Im Folgenden werden die einzelnen Modellkomponenten des Reibungsmodells näher erläutert.

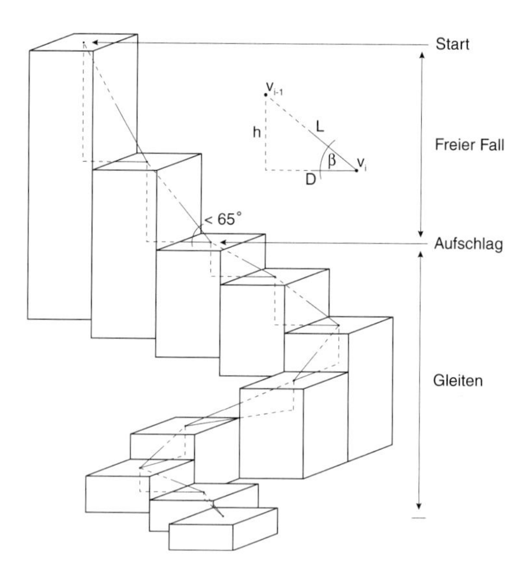

Abb. 4.8: Schematische Darstellung der Geschwindigkeitsberechnung entlang der Prozessbahn.

Kirkby & Statham (1975) leiten ein prozessbasiertes Steinschlagmodell ab und vergleichen die Ergebnisse mit Laborexperimenten. Das Modell berechnet zuerst die am Wandfuß erreichte Fallgeschwindigkeit v (m/s) mit

$$v = \sqrt{2 \cdot g \cdot h} \tag{4.3}$$

wobei g die Erdbeschleunigung (9,81 ms^{-2}) ist und h die Fallhöhe (m). Die Sturzmasse behält nach dem ersten Aufprall die zur Hangoberfläche parallele Komponente der Fallgeschwindigkeit bei. Die Anfangsgeschwindigkeit v_a (m/s) für die anschließende Bewegung auf dem Sturzhang berechnet sich dann nach

$$v_a = \sqrt{2 \cdot g \cdot h \cdot \sin \beta} \tag{4.4}$$

wobei β die Hangneigung (°) ist.
Durch den Aufprall der Sturzmasse auf der Halde wird der Großteil der kinetischen Energie vernichtet. Meissl (1998) testet den Ansatz von Kirkby & Statham (1975), verwirft ihn aber aufgrund unzureichender Ergebnisse.

Zum Teil werden viel zu kleine, zum Teil aber auch viel zu große Reichweiten modelliert. In ihrem Modell *Sturzgeschwindigkeit* verwendet sie daher einen anderen Ansatz und reduziert die Geschwindigkeit nach dem Aufprall um 75%. Sie folgt damit Beobachtungen von BROILLI (1974), der für Felsblöcke von etwa 0,3 m^3 Größe Energieverluste von 75 bis 85% angibt, die er auf der Grundlage gemessener Geschwindigkeiten ermittelt hat. Die Anfangsgeschwindigkeit v_i (m/s) auf dem Sturzhang ergibt sich bei MEISSL (1998) dann nach

$$v_i = r\sqrt{2 \cdot g \cdot h_f} \tag{4.5}$$

wobei r der Anteil der unverbrauchten Geschwindigkeit (hier $1 - 0,75 = 0,25$) ist und h_f die Höhendifferenz (m) zwischen Startpunkt und Wandfuß (Fallhöhe). Da BROILLI (1974) aber Energieverluste angibt, wird hier der physikalisch korrektere Weg nach SCHEIDEGGER (1975) gewählt und somit nicht die Geschwindigkeit, sondern die Energie (Fallhöhe) reduziert:

$$v_i = \sqrt{2 \cdot g \cdot h_f \cdot K} \tag{4.6}$$

wobei K der Anteil der unverbrauchten Energie ist ($K \leq 1$, bei 75% Energiereduktion = 0,25, ein Wert, den auch SCHEIDEGGER (1975) vorschlägt) und h_f die Fallhöhe (m).
Die große Diskrepanz zwischen den drei Ansätzen soll anhand von zwei Abbildungen verdeutlicht werden. Abbildung 4.9a veranschaulicht den großen Wertebereich der Energiereduktion bei dem Ansatz von KIRKBY & STATHAM (1975). Je nach der Neigung der Aufschlagzelle ergeben sich sehr unterschiedliche Werte der Geschwindigkeitsreduktion. Abbildung 4.9b zeigt für alle drei Ansätze die Anfangsgeschwindigkeit auf der Halde bei unterschiedlichen Fallhöhen. Da in dieser Arbeit der Aufschlag auf der Halde bei einer Neigung kleiner als 65° modelliert wird (s.u.), ist der Verlauf der Kurve nach KIRKBY & STATHAM (1975) für diesen Wert dargestellt. Die Abbildung zeigt, dass die Ansätze sehr unterschiedliche Ergebnisse liefern: Beispielsweise ergibt sich bei einer Fallhöhe von 25 m nach KIRKBY & STATHAM (1975, Gleichung 4.4) eine Anfangsgeschwindigkeit von 21,1 m/s, nach dem Ansatz von MEISSL (1998, Gleichung 4.5) dagegen von nur 5,5 m/s. Der Ansatz von SCHEIDEGGER (1975, Gleichung 4.6) liefert einen Wert von 11,1 m/s. Um mit dem Ansatz von KIRKBY & STATHAM (1975) den gleichen Wert wie MEISSL (1998)

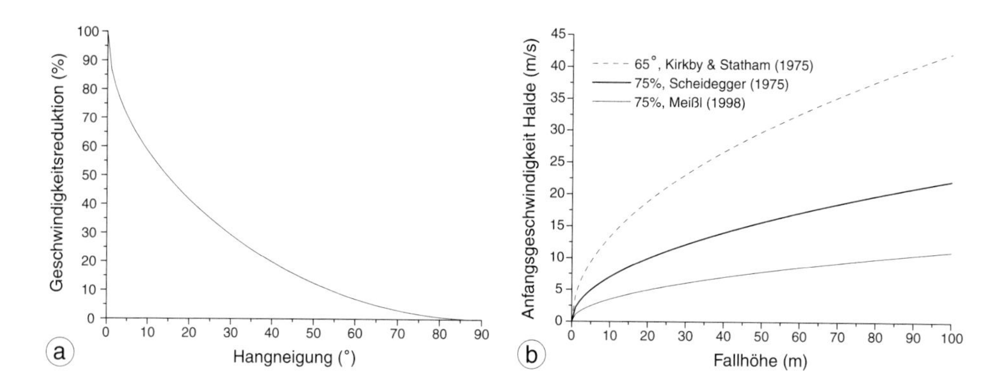

Abb. 4.9: Vergleich der Modelle zur Berechnung der Anfangsgeschwindigkeit auf der Halde nach dem ersten Aufprall. (a) Geschwindigkeitsreduktion in Abhängigkeit der Neigung der Aufschlagszelle nach KIRKBY & STATHAM (1975). (b) Anfangsgeschwindigkeit auf der Halde bei unterschiedlichen Fallhöhen und Modellansätzen.

zu erhalten, müsste die Rasterzelle des DHMs, auf der der Aufprall modelliert wird, eine Neigung von 3,5° aufweisen. Dieser Wert erscheint sehr niedrig. Auch die Neigung von 14,5°, mit der die Geschwindigkeit nach SCHEIDEGGER (1975) durch Gleichung 4.4 erreicht würde, liegt weit unter dem gewählten Grenzwert für den Aufschlag auf der Halde.
Im Modul `Rock HazardZone` (WICHMANN 2004a) sind alle drei Ansätze implementiert. Je nach Ansatz werden vom selben Startpunkt aus unterschiedliche Reichweiten erzielt. Der Ansatz von MEISSL (1998) resultiert in den geringsten und der von KIRKBY & STATHAM (1975) in den größten Reichweiten. Die sehr starke Abhängigkeit der Anfangsgeschwindigkeit von der Neigung der Aufschlagzelle bei dem Ansatz von KIRKBY & STATHAM (1975) erschwert die Kalibrierung des Modells. Die Geschwindigkeiten sind meist sehr hoch,

so dass unrealistisch hohe Gleitreibungswerte verwendet werden müssten, um die im Gelände beobachteten Reichweiten abzubilden. Der Ansatz wird daher in dieser Arbeit - auch wenn so ein weiterer Modellparameter hinzukommt (Energiereduktion) - verworfen und die Anfangsgeschwindigkeit auf dem Sturzhang nach SCHEIDEGGER (1975, Gleichung 4.6) berechnet.
Um die Anfangsgeschwindigkeit auf der Halde nach Gleichung 4.6 berechnen zu können, muss die Stelle des Aufpralls im Prozessweg ermittelt werden. Für das Aufprallkriterium finden sich in der Literatur verschiedene Ansätze. Beispielsweise verwendet MEISSL (1998) entweder einen separaten Rasterdatensatz mit entsprechend kodierten Wandfußpixeln oder sie modelliert den Aufprall auf der ersten Rasterzelle im Prozessweg, die nicht mehr dem Abbruchgebiet angehört. Um die Modellanwendung flexibler zu gestalten, wird im Modul `Rock HazardZone` (WICHMANN 2004a) als Aufprallkriterium ein Grenzwert der Hangneigung verwendet (65°, vgl. Abbildung 4.8). Der Wert liegt leicht unter dem theoretischen Bereich für Freien Fall (70° bis 90°). Bei der Auflösung des verwendeten DHMs (5 m) wird mit diesem Wert an allen höheren Steilwänden Freier Fall über mehrere Rasterzellen simuliert. Bei geringeren Wandhöhen (Neigungen $< 65°$) erfolgt der Aufschlag auf der nächsten unterhalb der Abbruchstelle gelegenen Rasterzelle.
Die weitere Bewegung der Sturzmasse auf der Halde wird als Gleiten simuliert (*worst case*; beim Bewegungsvorgang Rollen wird ein großer Teil der Energie aufgrund der Rotation verbraucht). Die auf einer Rasterzelle wirkende Reibungskraft F_{reib} ($\mathrm{kg \cdot ms^{-2}}$) kann mit dem COULOMB'schen Gesetz berechnet werden:

$$F_{reib} = \mu \cdot m \cdot g \cdot \cos\beta \tag{4.7}$$

wobei μ der Reibungskoeffizient ist, m die Masse der Sturzkomponente (kg), g die Erdbeschleunigung ($\mathrm{ms^{-2}}$) und β die mittlere Neigung (°).

Um die Geschwindigkeitsentwicklung berechnen zu können, wird die Sturzbahn durch eine Serie von Dreiecken abgebildet, die jeweils die Mittelpunkte der Rasterzellen verbinden (vgl. Abbildung 4.8). Die Energiebedingung der Sturzkomponente am Punkt *(i-1)* ist

$$E_{kin} + E_{pot} = \frac{1}{2} \cdot m \cdot v^2_{(i-1)} + m \cdot g \cdot h \tag{4.8}$$

Am Punkt i gilt

$$E_{kin} + E_{reib} = \frac{1}{2} \cdot m \cdot v^2_{(i)} + \mu_i \cdot m \cdot g \cdot \cos \beta \cdot L_i \tag{4.9}$$

wobei

E_{kin}	=	kinetische Energie (J)
E_{pot}	=	potentielle Energie (J)
E_{reib}	=	Reibungsenergie (J)
v_i	=	Geschwindigkeit auf Element i (m/s)
$v_{(i-1)}$	=	Geschwindigkeit auf Vorgänger (m/s)
m	=	Masse der Sturzkomponente (kg)
g	=	Erdbeschleunigung (9,81 ms^{-2})
h	=	Höhendifferenz zwischen $(i-1)$ und i (m)
μ_i	=	Gleitreibungskoeffizient (-)
β	=	Hangneigung zwischen $(i-1)$ und i (°)
L_i	=	Hanglänge zwischen $(i-1)$ und i (m)

Nach dem Energieerhaltungssatz können die beiden Energiebedingungen gleichgesetzt werden und man erhält die auf der Rasterzelle i erreichte Geschwindigkeit (SCHEIDEGGER 1975; VAN DIJKE & VAN WESTEN 1990):

$$v_i = \sqrt{v^2_{(i-1)} + 2 \cdot g \cdot (h - \mu_i \cdot D)} \tag{4.10}$$

wobei D die Horizontaldistanz (m) zwischen $(i-1)$ und i ist. Sobald der Ausdruck unter der Wurzel in Gleichung 4.10 negativ wird (die Geschwindigkeit also auf 0 m/s abgesunken ist), ist die maximale Auslaufdistanz erreicht und die Berechnung der Sturzbahn endet. Die Kalibrierung der Gleitreibungskoeffizienten wird weiter unten ausführlich beschrieben. Der für ein Hangsegment verwendete Gleitreibungswert μ_i ergibt sich aus dem arithmetischen Mittel der Werte auf *(i-1)* und i.

Die Modellparameter (Neigungsgrenzwert für Freien Fall, Energiereduktion, Gleitreibungswerte) müssen kalibriert werden, so dass die Modellergebnisse mit den Geländebefunden übereinstimmen. Für Steinschlag- und Felssturzmodelle stehen hierzu verschiedene Methoden zur Verfügung (SPANG & SÖNSER 1995, zitiert nach MEISSL 1998):

- Fußabdruck-Kriterium: Die Parameter werden so angepasst, dass die berechneten Sturzbahnen die selben Aufschlagstellen wie die realen Bahnen aufweisen.
- Ähnlichkeits-Kriterium: Die berechneten Sturzbahnen sollen den realen möglichst ähnlich sein.
- Reichweiten-Kriterium: Die berechneten Stürze sollen die selbe Reichweite wie die realen Stürze aufweisen.
- Laufzeit-Kriterium: Der berechnete Sturz soll die gleiche Zeit wie der reale Sturz in Anspruch nehmen.

Der Anspruch der exakten Wiedergabe des Sturzvorgangs nimmt vom ersten zu den beiden letzten Kriterien ab. Beim Reichweite- und Laufzeit-Kriterium ist der exakte Verlauf des Vorgangs nicht von Bedeutung, hier geht es nur um die Übereinstimmung des Endergebnisses. Eine exakte Nachbildung des Sturzvorgangs ist nur möglich, wenn sehr genaue Daten über den Verlauf vorliegen (z.B. beobachtete Ereignisse oder künstlich ausgelöste Stürze, am Besten mit Videoaufzeichnung; Vermessungen mit hoher Genauigkeit). Bei wiederholt künstlich ausgelösten Stürzen sollten sich ähnliche Ergebnisse reproduzieren lassen. Dies ist aber aufgrund unregelmäßiger Blockformen, komplexer Hanggeometrien und stark wechselnder Oberflächenbeschaffenheit selten der Fall. In der vorliegenden Untersuchung kommt zur Modellkalibrierung nur das Reichweiten-Kriterium in Frage. Das Ähnlichkeits-Kriterium wird insofern beachtet, als dass nicht einzelne Sturzbahnen, sondern das Sturzgebiet als Ganzes abgebildet wird. Letzteres beinhaltet die korrekte Modellierung der Prozesswege.

Der Neigungsgrenzwert für den Freien Fall (65°) wurde, wie oben erläutert, so gesetzt, dass Freier Fall über längere Strecken nur an höheren Steilwänden simuliert wird. Für die Energiereduktion beim Aufprall wurden die Angaben von BROILLI (1974) und SCHEIDEGGER (1975) übernommen (75%). Um der

Oberflächenrauhigkeit Rechnung zu tragen, wurden unterschiedliche Gleitreibungskoeffizienten für verschiedene geologische Materialien und Oberflächenbedeckungen bestimmt. Das Vorgehen wird im Folgenden näher erläutert.

Da das Größenverhältnis von Sturzkomponente zu bereits abgelagertem Haldenmaterial einen Einfluss auf die Reichweite hat (vgl. Abschnitt 4.2.2), wäre es grundsätzlich sinnvoll, die Gleitreibungswerte für unterschiedliche Blockgrößen zu kalibrieren. Hierfür liegen aber zu wenige Informationen vor und auch in der Literatur finden sich zu dieser Problematik keine konkreten Angaben. In der vorliegenden Arbeit muss daher über verschiedene Blockgrößen integriert werden. Da keine direkten Beobachtungen aktueller Ereignisse vorliegen, wurden die Gleitreibungswerte anhand der im Gelände vorgefundenen Ablagerungen kalibriert. Außerdem war es an ausgewählten Hängen in begrenztem Rahmen möglich, Versuche mit künstlich ausgelösten Steinen durchzuführen. Trotz der geringen Anzahl der Versuche konnten einige interessante Beobachtungen gemacht werden. Steine von ähnlicher Größe und Form erzielen bei gleichem Ort der Auslösung sehr unterschiedliche Reichweiten. Hauptgrund sind die je nach Kleinrelief und Bewegungsart mehr oder weniger deutlich voneinander abweichenden Sturzbahnen. Die größten Reichweiten konnten bei Steinen beobachtet werden, die sich springend hangab bewegen und dabei schnell um ihre Längsachse rotieren. Hier treten die größten Beschleunigungen auf. Rollende und gleitende Steine können viel leichter durch Kleinrelief und Vegetationsbewuchs gebremst werden.

Die Neigungen der Sturzhalden sind direkt am Wandfuß meist etwas geringer als weiter unterhalb. Kleinere Steine bleiben hier schon oft liegen. Falls die Steine aber noch während des Falls auf Vorsprüngen in der Wand auftreffen, können sie diese Abschnitte überspringen und schlagen erst weiter hangab das erste Mal auf der Halde auf. Dann werden in der Regel größere Reichweiten erzielt. Auch die Oberflächenbeschaffenheit der Halde spielt eine große Rolle. In locker gelagertem Haldenmaterial sinken die Steine oft regelrecht ein und bleiben mehr oder weniger sofort liegen. Bei dichter gelagertem Material springen oder rollen die Steine weiter. Stellen mit rudimentärer Bodenbildung (lückenhafte Vegetation) federn den Aufprall ab, so dass die Steine leicht weiterspringen oder weiterrollen können. In tief eingeschnittenen Runsen (z.B. Murbahnen) befindet sich in der Regel aufgrund der Ausspülung der feineren Korngrößen recht grobes Material, so dass die Steine durch die Kontaktreaktionen mit größeren Blöcken schnell gebremst werden.

Hinsichtlich der Vegetationsbedeckung konnten nur Erfahrungen mit den Klassen vegetationsfrei, lückenhafte Vegetation, Grasbewuchs und Krummholz gesammelt werden. Die Effekte der beiden erstgenannten Klassen wurden schon erläutert. Bei Grasbewuchs kommt es stark auf die Größe der Steine und die Wuchshöhe des Grases an. In dichtem und hohem Gras werden kleinere Steine schnell gebremst, größere Steine können aber auch hier erhebliche Geschwindigkeiten erreichen. Kontaktreaktionen mit Krummholz bremsen selbst größere und schnelle Steine deutlich ab. Oft reicht schon das Streifen eines Astes, um einen springenden und um die Längsachse rotierenden Stein so zu kippen, dass eine Änderung der Bewegungsart eingeleitet wird. In der Regel ist der Bewuchs so dicht, dass die Steine schon nach wenigen Metern zum Stillstand kommen.

Der Einfluss von Wald ist sehr schwierig zu fassen (vgl. Abschnitt 4.2.2). Die Dichte des Bewuchses variiert stark, so dass schwer eingeschätzt werden kann, ob und wann ein Stein an einem Stamm aufprallt. Dennoch konnten an vielen Stellen im Untersuchungsgebiet derartige Zeugen gefunden werden. Abbildung 4.10 zeigt einen großen Block unterhalb der Seleswände. Die Sturzbahn bis zur Ablagerungsstelle ist deutlich an den Aufschlagspuren im Waldboden

Abb. 4.10: Nach der Kollision mit mehreren Bäumen gestoppter Block unterhalb der Seleswände. Die Lage des Blocks (x) kann Abbildung 4.15 entnommen werden (Foto: V. Wichmann).

und der Schneise der umgeknickten Bäume zu erkennen. Letztendlich reichten zwei Bäume mit relativ geringen Stammdurchmessern aus, um den Block zu stoppen. Einschlagspuren am Stamm lassen sich in Abbildung 4.11 erkennen. Der Block wurde durch den Baum noch in sehr steilem Gelände oberhalb der ehemaligen Pflegeralm (vgl. Abbildung 3.1) gebremst. Abbildung 4.22 macht deutlich, dass in seltenen Fällen Steine auch in sehr lückenhaftem Wald durch Kontaktreaktionen gestoppt werden können.

Die gewonnenen Erkenntnisse wurden soweit wie möglich bei der Kalibrierung der Reibungswerte berücksichtigt, in dem die bezüglich der Oberflächenbeschaffenheit der Hänge zur Verfügung stehenden Daten (Vegetationskarte, Geologische Karte) genutzt wurden. Die Herkunftsgebiete des Sturzmaterials können nachträglich nicht genau bestimmt werden, so dass die Kalibrierung daher in der Regel nur mit den vom Dispositionsmodell gelieferten Anbruchgebieten durchgeführt werden konnte. Einzelne im Gelände nachvollziehbare Stürze (frische Abbrüche und Ablagerungen) dienten dann der Verifikation der Ergebnisse. Erste Anhaltspunkte für die zu bestimmenden Reibungswerte finden sich in der Literatur (z.B. van Dijke & van Westen 1990; Dorren & Seijmonsbergen 2003) und lassen sich durch Abschätzungen des dynamischen Reibungswinkels $\phi'_{\mu d}$ (Gleichung 4.1, Kirkby & Statham 1975)

Abb. 4.11: Durch die Kollision mit einem Baum gestoppter Block am Hang oberhalb der ehemaligen Pflegeralm (Foto: V. Wichmann).

gewinnen. Um flächenverteilte Reibungswerte abzuleiten, bietet es sich an, die Informationen der Vegetationskarte und der Geologischen Karte zu kombinieren. Informationen aus der Geologischen Karte wurden nur in Bereichen ohne Vegetation und zum Teil bei lückenhafter Vegetation berücksichtigt. In allen anderen Fällen wurde die Vegetationsbedeckung als maßgebend eingeschätzt. Aufgrund der Ergebnisse der Sturzversuche, wurden die Reibungswerte bei lückenhafter Vegetation leicht reduziert, so dass hier höhere Reichweiten modelliert werden. Die kalibrierten Gleitreibungskoeffizienten sind in Tabelle 4.6 aufgeführt. Die Werte gleichen im Wesentlichen den von van Dijke & van Westen (1990) und Dorren & Seijmonsbergen (2003) verwendeten Koeffizienten.

Eine ausführliche Diskussion der Modellergebnisse erfolgt in Abschnitt 4.4, so dass an dieser Stelle nur Ergebnisse der Modellierungen im Roßkar und an den Seleswänden vorgestellt werden (zur Lage vgl. Abbildung 4.7). Abbildung 4.12 zeigt die Modellergebnisse im Roßkar, einen Überblick über die Geländesituation gibt das Foto in Abbildung 4.13. Die linke Karte in Abbildung 4.12

Tab. 4.6: Gleitreibungskoeffizient μ für unterschiedliche Materialien bzw. Bodenbedeckungen (die Werte in Klammern beziehen sich auf Standorte mit lückenhafter Vegetation) und die entsprechenden Klassen der Geologischen Karte bzw. der Karte der Vegetationsbedeckung.

Material / Bodenbedeckung	μ	(μ)	Klassen der Geologie und Vegetation
Fluviales Material	0,5	(0,45)	Bachschuttkegel, Talfüllung, Post- und Spätglazialer Schotter
Moränenmaterial	0,5	(0,45)	Lokal- und Fernmoräne
Hangschutt	0,8	(0,7)	Hangschutt
Mergel	0,45	(0,4)	Allgäuschichten, Kössener Schichten
Kalk	0,8	(0,7)	Doggerkalk, Aptychenschichten, Radiolarit, Plattenkalk
Dolomit	0,8	(0,7)	Hauptdolomit
Grasbewuchs	0,6		Wiese, Weide
Krummholz	0,9		Krummholz
Sträucher	0,65		Sträucher, Büsche, Jungwuchs
Wald	1,4		Misch- und Nadelwald

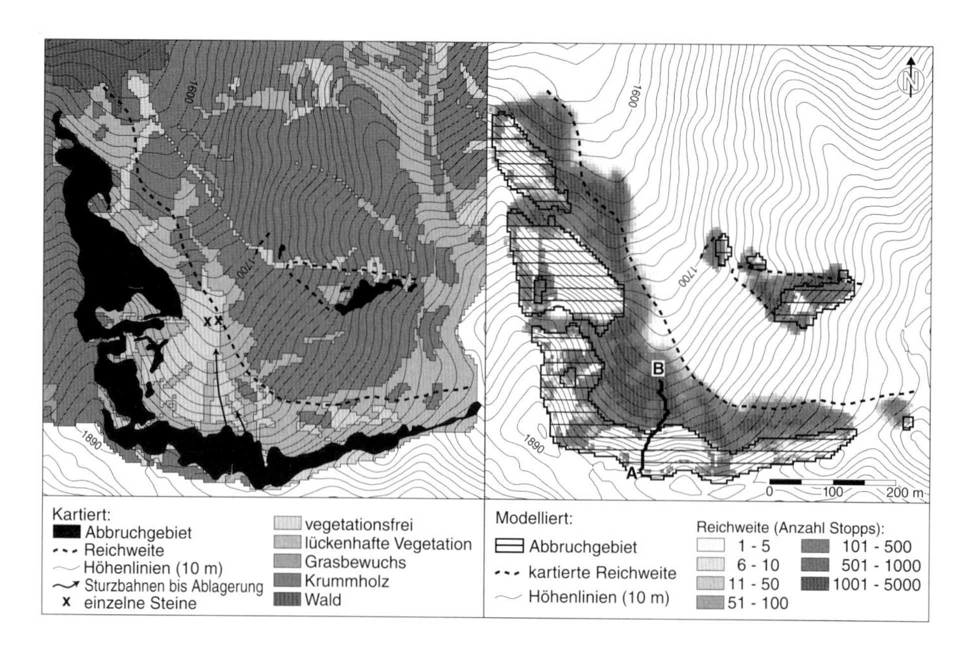

Abb. 4.12: Ergebnisse der Steinschlag- und Felssturzmodellierung im Roßkar (zur Lage siehe (f) in Abbildung 4.7). A - B: Sturzbahn des Diagramms in Abbildung 4.14.

zeigt die im Gelände kartierten Abbruchgebiete und die maximal beobachtete Reichweite (gestrichelte Linie). Maximale Reichweiten konnten nicht mit aller Sicherheit bestimmt werden, bei der Kartierung musste daher generalisiert werden. Zusätzlich sind zwei im Gelände nachvollziehbare Sturzbahnen größerer Blöcke eingetragen und einzelne, recht frisch abgelagerte Steine. Die rezent zu beobachtenden Reichweiten decken die gesamten Halden im Roßkar ab.

In der rechten Karte sind die modellierten Abbruchgebiete und die modellierten Ablagerungspunkte (Anzahl der modellierten Stopps) dargestellt. Die Abbruchgebiete werden sehr gut wiedergegeben, nur kleinere Details der Kartierung und der schmale und niedrige Grat zum Kramerspitz im Osten werden nicht erfasst. Die modellierten Reichweiten nähern sich gut an die Linie der maximal beobachteten Reichweiten an. Nur an einer Stelle werden die Reichweiten deutlich überschätzt. In diesem Fall war die Kartierung im Krummholz

Abb. 4.13: Blick von Norden in das Roßkar (Foto: G. Tinhofer).

erschwert, dennoch scheint entweder das DHM an dieser Stelle zu große Neigungen aufzuweisen (das Gebiet ist in den Luftbildern stark abgeschattet) oder der Reibungswert für die Klasse Krummholz zu gering zu sein. Letzterer führt an anderen Stellen allerdings zu guten Resultaten. Ähnlich wie bei der Klasse Wald ist es auch bei Krummholz nicht möglich, unterschiedliche Bewuchsdichten aus der Vegetationskartierung abzuleiten. Die Reibungswerte können daher nur Näherungen sein. Für einen Fehler im DHM spricht aber, dass die Reichweiten auch mit anderen Verfahren (z.B. Fahrböschung) an dieser Stelle überschätzt werden. Unterschätzt werden die Reichweiten nur auf der oberen Verflachung des Roßkars auf etwa 1720 m ü. NN. Hier beträgt der maximale Fehler etwa 30 m. Aufgrund der geringen Neigung der Verflachung werden die Steine im Modell zu stark abgebremst.

Die modellierten Ablagerungen pro Rasterzelle zeigen, dass in der Regel am Wandfuß nur wenige und im mittleren Haldenabschnitt die meisten Prozessbahnen enden. Maximale Reichweiten werden wiederum nur von wenigen Ab-

brüchen erreicht. Im Hinblick auf die Integration über verschiedene Blockgrößen scheinen die Ergebnisse durchaus realistisch. An einigen Stellen kommen Steine sogar schon im modellierten Abbruchgebiet zum Stillstand. Auch dies ist keineswegs unrealistisch, da die Felswände immer wieder zwischengelagerte Stufen aufweisen (vgl. Abbildung 4.13).
Das Profil der in der rechten Karte eingezeichneten Sturzbahn (A - B) ist in Abbildung 4.14 dargestellt. Die Profillinie entspricht nicht der direkten Falllinie, sondern dem modellierten Pfad (*random walk*). Der erste Aufschlag findet aufgrund der relativ geringen Neigung schon auf der Rasterzelle direkt unterhalb der Abbruchzelle und damit noch innerhalb der Felswand statt. Freier Fall wird daher nur vom Abbruchpunkt bis zur nächsten Rasterzelle im Prozessweg modelliert. Die Geschwindigkeit nimmt nach dem Aufschlag noch deutlich zu, maximal werden 21,6 m/s erreicht. Der Wert liegt in dem in der Literatur angegebenen Bereich (vgl. Abschnitt 4.2.2). Der leicht unruhige Verlauf der Geschwindigkeitsentwicklung (kurze Beschleunigungs- und Bremsphasen) resultiert aus Neigungsänderungen und den lokalen Reibungswerten entlang der Sturzbahn.
Die Ergebnisse der Modellierung an den Seleswänden zeigt Abbildung 4.15, einen Überblick über die Geländesituation gibt das Foto in Abbildung 4.16. In der linken Karte ist nur die Felswand der Seleswände als Abbruchgebiet kartiert, die anderen Areale wurden nicht aufgenommen (die weiße Fläche liegt außerhalb des Untersuchungsgebiets). Die Steilwand wird durch das Dispo-

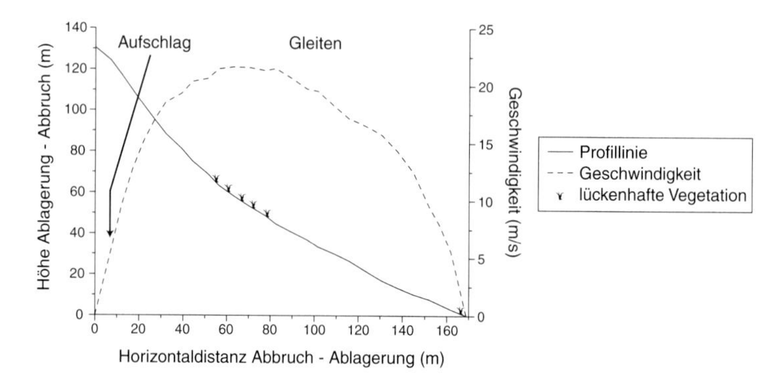

Abb. 4.14: Hangprofil und Geschwindigkeitsentwicklung für eine Startzelle im Roßkar. Die Lage des Profils (A - B) kann Abbildung 4.12 entnommen werden.

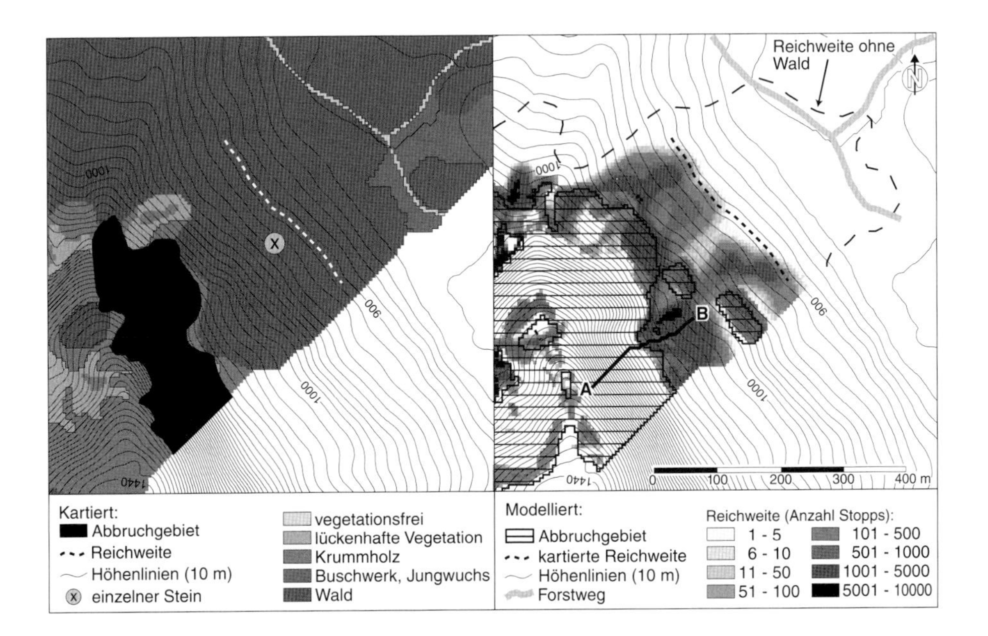

Abb. 4.15: Ergebnisse der Steinschlag- und Felssturzmodellierung an den Seleswänden (zur Lage siehe (d) in Abbildung 4.7). A - B: Sturzbahn des Diagramms in Abbildung 4.17.

sitionsmodell komplett erfasst, die Ausdehnung wird allerdings leicht überschätzt. Die modellierte Abbruchfläche erstreckt sich fast bis zum Grat und im nördlichen Teil wird zusätzlich ein Teil der sehr steilen Halde ausgewiesen (vgl. die kleine Skizze in Abbildung 3.7 zur Problematik der Repräsentation sehr steiler Wände im DHM). Die Ablagerungsräume befinden sich fast vollständig unter Wald, was die Kartierung maximaler Reichweiten erschwert hat. Größere unbewachsene Sturzhalden treten nicht auf (vgl. Vegetationskartierung).

Mit dem Reibungswert für die Klasse Wald werden die beobachteten Reichweiten gut angenähert. Die großen Reichweiten können durch vereinzelt aufgefundene Steine belegt werden (vgl. die Markierung (x) in der linken Karte und das Foto in Abbildung 4.10). Um den Einfluss des Waldes einschätzen zu können, wurden auch Simulationen ohne Waldbedeckung gerechnet. Die Reichweiten sind dann deutlich höher, so dass der Forstweg an mehreren Stel-

Abb. 4.16: Blick von Nordwesten auf die Seleswände (obere Kante durch gestrichelte Linie gekennzeichnet). Der Pfeil markiert den Pegel Burgrain (3D-Ansicht: Orthophoto (© BLVA, Az.: VM 1-DLZ-LB-0628) über DHM drapiert).

len innerhalb des Ablagerungsraumes liegt (vgl. lang gestrichelte Linie in der rechten Karte).

Die Geschwindigkeitsentwicklung entlang der in Abbildung 4.15 eingetragenen Sturzbahn (A - B) ist in Abbildung 4.17 dargestellt. Aufgrund der hohen Felswand wird der erste Aufschlag erst nach einer Distanz von etwa 75 m modelliert. In der Natur beträgt die Distanz zwischen Grat und Halde etwa 80 m. Die unrealistisch weite Flugphase ist das Resultat der sehr großen Neigung, die Steilwand selbst ist im DHM nur schlecht abgebildet (vgl. Abschnitt 3.2). In der Realität wäre ein herabfallender Stein schon mehrmals in der Wand aufgeschlagen, aber Versuche, die Grenzneigung für den Freien Fall zu erhöhen, lieferten unzufriedenstellende Ergebnisse. In diesem Fall würde schon im sehr steilen Bereich des Profils Gleiten simuliert, was wiederum zu viel zu hohen Geschwindigkeiten und zu unrealistisch großen Reichweiten führen würde. Mit den hier verwendeten Parameterwerten wird kurz vor dem Aufschlag eine Geschwindigkeit von 60,1 m/s erreicht. Durch den Aufprall wird die Geschwindigkeit auf 31,3 m/s reduziert, anschließend steigt sie noch

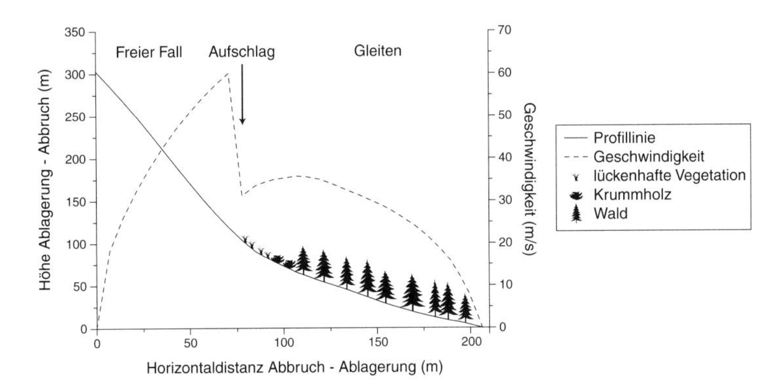

Abb. 4.17: Hangprofil und Geschwindigkeitsentwicklung für eine Startzelle der Seleswände. Die Lage des Profils (A - B) kann Abbildung 4.15 entnommen werden.

einmal auf 35,9 m/s an. Diese Werte bewegen sich in durchaus realistischen Bereichen (vgl. Abschnitt 4.2.2).

4.3.5 Prozessraumzonierung

Die Gliederung der Prozessräume in Erosions-, Transit- und Ablagerungsbereiche kann alleine durch die bisher beschriebenen Modellausgaben durchgeführt werden. Ein spezielles Teilmodul ist hierzu (im Gegensatz zur Murmodellierung, vgl. 5.3.6) nicht erforderlich. Alle vom Dispositionsmodell ausgewiesenen Flächen können direkt als Erosionsgebiete klassifiziert werden. Allerdings überschneiden sich diese Flächen zum Teil mit den modellierten Ablagerungsräumen. Analysiert man diese Gebiete genauer, dann zeigt sich, dass die Gebiete Hangneigungen nahe dem Grenzwert von 40° (Dispositionsmodell) aufweisen. Ein Teil der modellierten Ablagerungspunkte kann daher auf die Parameterwahl für den *random walk* zurückgeführt werden. Da als Grenzgefälle eine Neigung von 65° gewählt wurde, wird in diesen Gebieten schon direkt nach dem Abbruch eine seitlich Ausbreitung weg von der direkten Falllinie modelliert. Dabei kann es vorkommen, dass auch Zellen angesprungen werden, zu denen nur eine geringe Höhendifferenz besteht. Dies resultiert in niedrigen Geschwindigkeiten und damit verkürzten Reichweiten. Die Ergebnisse sind, wie im vorherigen Abschnitt schon angesprochen, nicht

unplausibel. Innerhalb der Wände treten immer wieder Verflachungen auf, auf denen sich Material akkumulieren kann. Es ist aber davon auszugehen, dass diese Akkumulationen aufgrund der hohen Neigungen relativ leicht remobilisiert werden können (sekundärer Steinschlag). Auch ohne eine detaillierte Sedimentbilanz kann deshalb davon ausgegangen werden, dass sich die Fehler bei der Klassifizierung dieser Flächen als Erosionsgebiete in Grenzen halten.
Die Ablagerungsräume entsprechen allen Rasterzellen, die als Haltepunkte modelliert wurden. Obwohl das Modell so kalibriert wurde, dass die maximale Ausdehnung der Sturzhalden erfasst wird, werden auch die höher gelegenen Abschnitte der Halden als Ablagerungsraum abgebildet. Die Integration über verschiedene Blockgrößen bei der Reichweitenmodellierung scheint daher gerechtfertigt. Die Ablagerung beginnt auf der Halde in der Regel sofort und nur in Ausnahmefällen erst nach wenigen Rasterzellen. Diese geringen Reichweiten dürften vor allem Steinschlag und Blockschlag zuzuschreiben sein. Die räumliche Trennung der Abbruch- und Ablagerungsgebiete ist in Regionen mit geringer Vegetationsbedeckung am Deutlichsten (z.B. in den Karen im Kramermassiv). Die großflächigsten Überschneidungen treten bei unter Wald oder Krummholz liegenden Abbruchgebieten auf, da hier aufgrund der höheren Reibungswerte auch schon bei größeren Neigungen abgelagert wird.
Die Transitgebiete können als diejenigen Flächen des Prozessraums definiert werden, die weder Erosions- noch Ablagerungsraum sind. Diese Gebiete, in denen nur ein Durchtransport des Materials stattfindet, machen nur einen sehr geringen Flächenanteil aus. Die Ausweisung von Transitgebieten macht eher bei der Modellierung von Einzelereignissen Sinn, bei denen sich die Abbruch- und Ablagerungsräume selten überschneiden. Die Ergebnisse der Prozessraumzonierung werden im nächsten Abschnitt näher erläutert.

4.4 Modellergebnisse und Modellvalidierung

Bevor die Modellierung des gesamten Einzugsgebiets vorgestellt wird, sollen die Modellergebnisse noch anhand weiterer Detailkarten erläutert werden. Abbildung 4.18 zeigt die Modellergebnisse für Steinschlag und Felssturz auf dem Lawinenhang westlich des Roten Grabens. Die modellierten Abbruchgebiete sind (wie in den folgenden Karten auch) nur für die Bereiche dargestellt, für die eine Kartierung vorliegt. Eine Ausnahme stellen die kleineren Abbruchgebiete im Nordwesten dar, die im Gelände nicht aufgenommen wurden. Hier

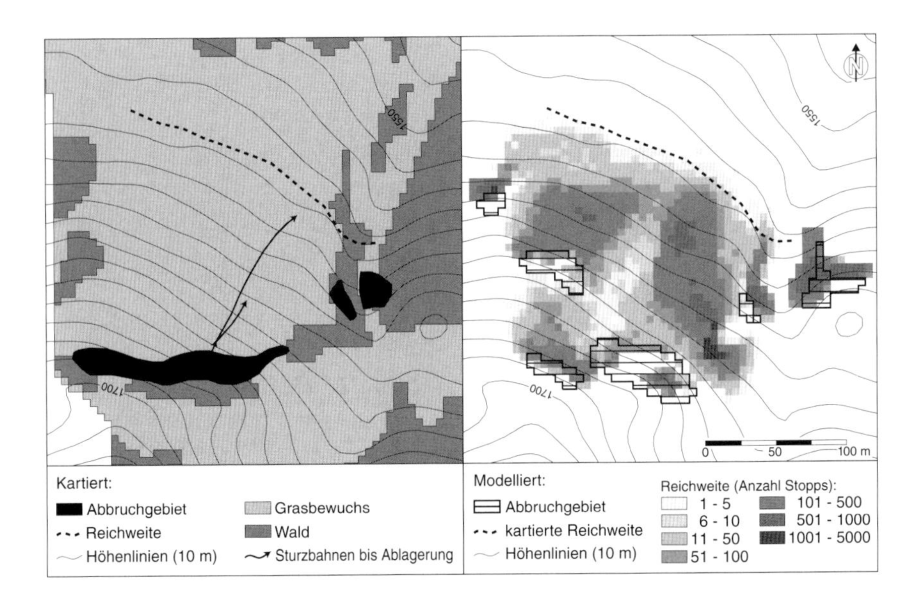

Abb. 4.18: Ergebnisse der Steinschlag- und Felssturzmodellierung auf dem Lawinenhang westlich des Roten Grabens (zur Lage siehe (c) in Abbildung 4.7).

handelt es sich um sehr steile und vegetationsfreie Stellen (Lawinenschurf). Diese Flächen können durchaus Steinschlagmaterial liefern und werden vom Modell auch als Startgebiet erfasst. Die anderen, im Gelände kartierten Abbruchgebiete werden vom Modell im Wesentlichen erfasst, nur der Grat zum Krottenköpfel wird nicht durchgehend abgebildet.

Die Kartierung maximaler Reichweiten konnte nur generalisierend vorgenommen werden, da klassische Sturzhalden auf dem Hang nicht vorhanden sind. Der Sturzhang ist bis auf wenige Stellen vollständig mit Gras bewachsen. Das kartierte Prozessareal wird vom Modell gut reproduziert, die Anzahl der modellierten Stopps pro Rasterzelle zeigt aber, dass nur wenige Steine die maximalen Reichweiten erzielen. In der linken Karte sind zwei Trajektorien von Sturzversuchen dargestellt. Hier wurden bei mehreren Versuchen im Gelände von der selben Abbruchstelle aus sehr unterschiedliche Reichweiten erzielt.

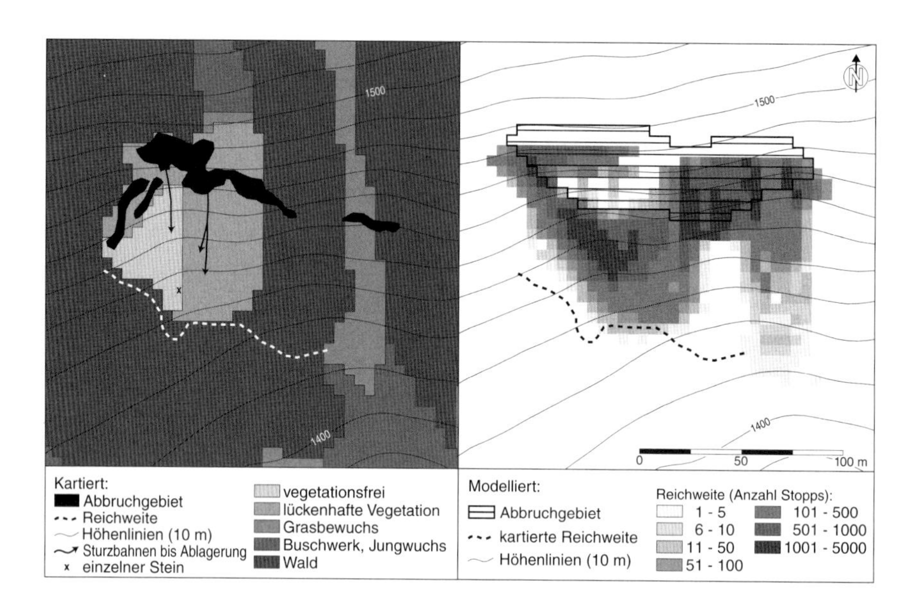

Abb. 4.19: Ergebnisse der Steinschlag- und Felssturzmodellierung an der Steilwand unterhalb des Vorderen Felderkopfes (zur Lage siehe (a) in Abbildung 4.7).

Die Modellergebnisse an der Steilwand unterhalb des Vorderen Felderkopfes sind in Abbildung 4.19 dargestellt. Einen Eindruck des linken Teils der Sturzhalde vermittelt das Foto in Abbildung 4.20. Die Abbruchgebiete werden vom Modell vollständig erfasst, wenn auch stärker generalisiert als in der Kartierung. Das Prozessareal wird vom Modell aufgrund der Bewaldung zum Teil unterschätzt. Der Übergang zwischen mehr oder weniger vegetationsfreier Halde und der Bewaldung ist in der Vegetationskartierung zu scharf. In der Realität ist der Übergang (Jungwuchs, vgl. Abbildung 4.20) weniger deutlich. Die Bäume stehen im östlichen Teil der Karten sehr licht und der Boden ist fast überall mit Gras bewachsen, so dass einzelne Steine hohe Reichweiten erzielen können. Die Reichweiten werden an dieser Stelle vom Modell mit dem Reibungswert für Wald deutlich unterschätzt. Der Einfluss der hohen Reibungskoeffizienten für Wald zeigt sich auch in der Überschneidung von Abbruchgebiet und Ablagerungsraum. In der linken Abbildung sind Sturzbahnen von jüngeren Ablagerungen eingezeichnet. Diese decken sich gut mit der modellierten Ablagerungshäufigkeit.

Abb. 4.20: Linker Teil der Steilwand unterhalb des Vorderen Felderkopfes und zugehörige Sturzhalde (vgl. Abbildung 4.19, Foto: V. Wichmann).

Schlechtere Modellergebnisse wurden am Grubenkopf erzielt (Abbildung 4.21). Einen Eindruck über die Geländesituation vermittelt das Foto in Abbildung 4.22. Das schmale Felsband liegt mehr oder weniger vollständig unter Wald und wird durch den Grenzwert der Hangneigung nur teilweise erfasst. Die Wandhöhe nimmt nach Westen merklich ab, so dass der westliche Abschnitt im DHM nicht mehr als Steilstufe abgebildet ist. Die Reichweiten werden generell deutlich unterschätzt. Sicher spielt hier der recht lückenhafte Waldbewuchs eine Rolle, zudem wurden aber bei der Kartierung maximaler Reichweiten auch sehr alte Ablagerungen berücksichtigt. Über die Situation (Waldbedeckung?) zur Zeit der Ablagerung dieser Steine liegen keine Informationen vor, heute ist die Wand recht inaktiv. Frischere Ablagerungsspuren konnten nur sehr vereinzelt und auch nur mit geringeren Reichweiten beobachtet werden.

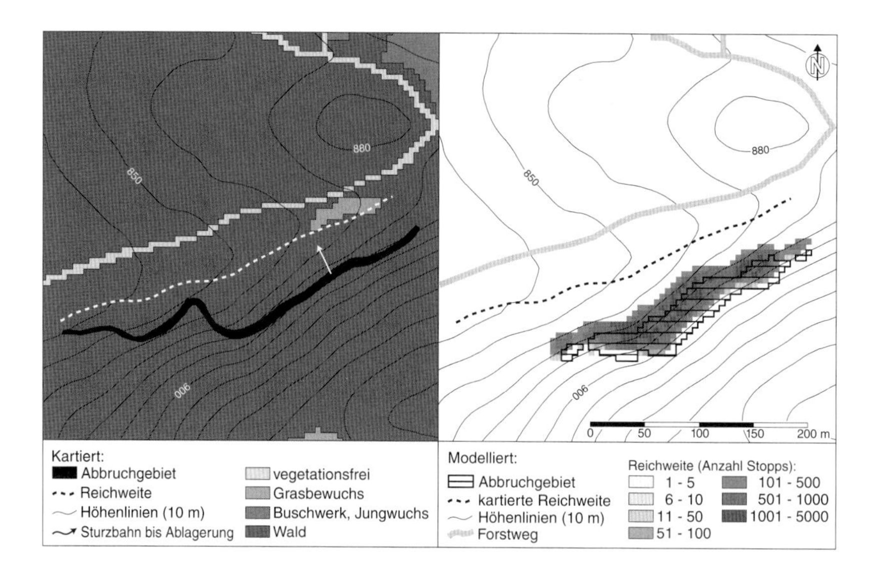

Abb. 4.21: Ergebnisse der Steinschlag- und Felssturzmodellierung am Grubenkopf (zur Lage siehe (b) in Abbildung 4.7).

Abb. 4.22: Mittlerer Teil der Steilwand am Grubenkopf, der Pfeil markiert einen durch die Kollision mit einem Baum abgelagerten Block (vgl. Sturzbahn in Abbildung 4.21, Foto: V. Wichmann).

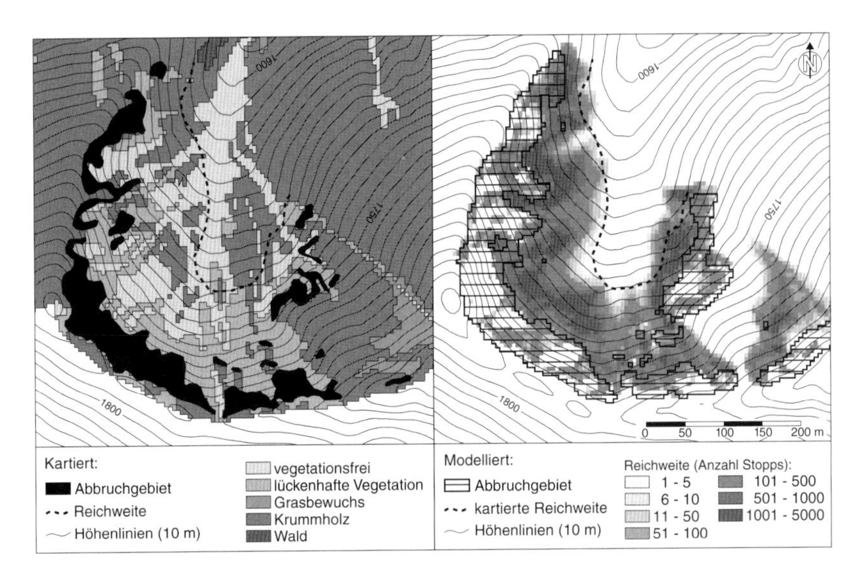

Abb. 4.23: Ergebnisse der Steinschlag- und Felssturzmodellierung im Kuhkar (zur Lage siehe (e) in Abbildung 4.7).

Abbildung 4.23 zeigt die Modellergebnisse im Kuhkar. Das Foto in Abbildung 4.24 vermittelt einen Eindruck über die natürlichen Gegebenheiten. Bis auf wenige Details werden die Abbruchgebiete vom Modell gut erfasst. Auch die modellierten Reichweiten stimmen gut mit den kartierten überein. Letztere wurden im südöstlichen Abschnitt der Karte nicht aufgenommen. Im Vergleich zu den mehr oder weniger unbewachsenen Haldenabschnitten verkürzt der Bewuchs durch Krummholz die Reichweiten deutlich. An einigen Stellen überlagern sich die Abbruch- und Ablagerungsgebiete, was im Gelände aber aufgrund der zerklüfteten und zum Teil bewachsenen Felswände nachvollziehbar ist (vgl. Abbildung 4.24).

Die Modellergebnisse für den Lahnenwiesgraben sind in Abbildung 4.25 in Form der Prozessraumzonierung dargestellt. Der potentiell durch Sturzprozesse betroffene Flächenanteil des Einzugsgebiets beträgt insgesamt 24,8%. Den weitaus größten Flächenanteil (56,1%) nehmen davon die Erosionsgebiete ein, die sich weiter in reine Erosionsgebiete (19,8%) und in Erosions- und Ablagerungsgebiete (36,3%) differenzieren lassen. Da sich die Ablagerungsräume in der Regel direkt an die Abbruchgebiete anschließen, machen die

Abb. 4.24: Blick von Norden in das Kuhkar (Foto: G. Tinhofer).

Transitgebiete nur einen sehr geringen Flächenanteil (2,0%) aus. Die reinen Ablagerungsräume nehmen 41,9% der Prozessfläche ein und besitzen demnach eine geringere Ausdehnung, als die insgesamt als Abbruchgebiet klassifizierten Flächen. Die Flächenanteile der Prozessbereiche sind in Tabelle 4.7 zusammengefasst.

Tab. 4.7: Flächenanteile der Prozessraumbereiche von Steinschlag und Felssturz. Die Summe von 100% entspricht einem Flächenanteil am Einzugsgebiet von 24,8%.

Prozessbereich	Flächenanteil
Erosion	19,8%
Erosion und Ablagerung	36,3%
Transit	2,0%
Ablagerung	41,9%
Summe	100%

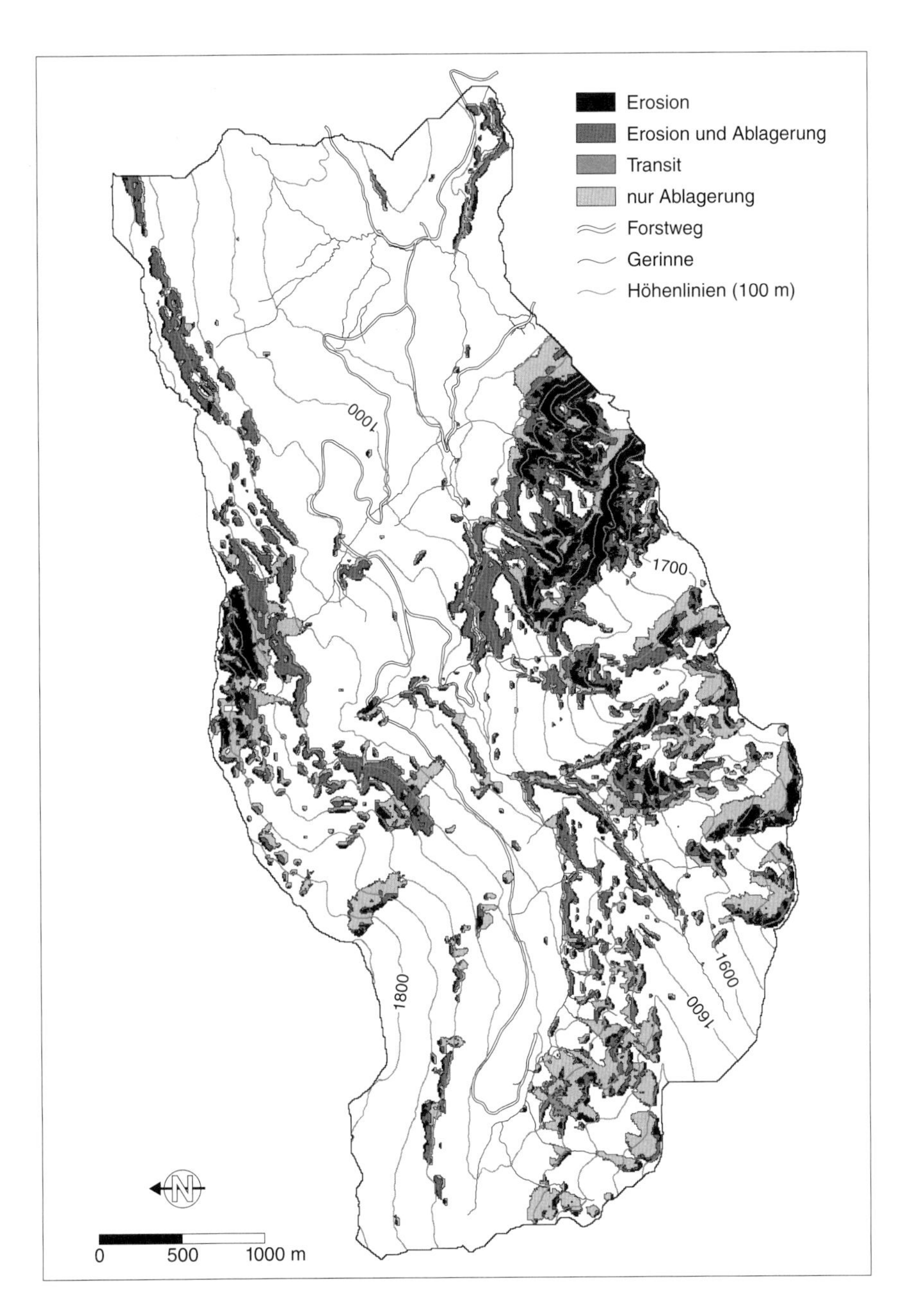

Abb. 4.25: Ergebnisse der Prozessraumzonierung von Steinschlag und Felssturz im Lahnenwiesgraben.

Die räumliche Verbreitung der Sturzprozesse im Lahnenwiesgraben wird von den Modellen gut reproduziert. Auf den südexponierten Hängen wird die Steilstufe im Westen des Einzugsgebiets oberhalb des Forstwegs und des Stichwegs zur Enning Alm abgebildet. Hier treten aufgrund der Waldbedeckung nur geringe Reichweiten auf. Auch die Steilstufe oberhalb der ehemaligen Pflegeralm wird gut erfasst, entlang der Lawinenschneisen erstrecken sich die Prozessräume relativ weit hangabwärts und treffen an einer Stelle sogar auf den Forstweg. Im oberen Einzugsgebiet des Brünstle- und des Herrentischgrabens werden die schroffen Felstürme im Hauptdolomit aufgrund der hohen Neigungen als reine Erosionsgebiete ausgewiesen (vgl. Abbildung 4.26). Die steilen Hänge im Plattenkalk und die bis zum Schafkopf verlaufende Steilstufe im Hauptdolomit sind hingegen sowohl Abbruch- als auch Ablagerungsraum. Die Reichweiten sind aufgrund der Waldbedeckung in der Regel recht gering, größere Reichweiten werden nur in den weniger bewachsenen höheren Lagen erreicht.

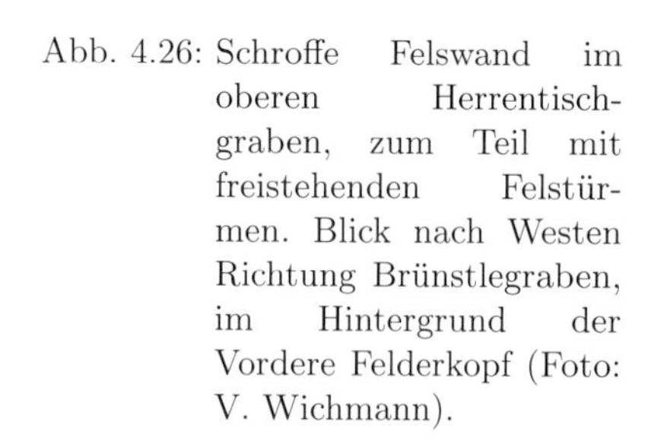

Abb. 4.26: Schroffe Felswand im oberen Herrentischgraben, zum Teil mit freistehenden Felstürmen. Blick nach Westen Richtung Brünstlegraben, im Hintergrund der Vordere Felderkopf (Foto: V. Wichmann).

Im Osten des Einzugsgebiets wird neben dem Felsband am Grubenkopf die schluchtartig ausgeprägte Gerinnestrecke oberhalb der Pegelanlage korrekt als Prozessraum ausgewiesen. Die Reichweiten sind hier sehr gering, da das Material in der Regel spätestens im Hauptgerinne abgelagert wird. Die größte zusammenhängend als Prozessraum ausgeschiedene Fläche liegt im östlichen Teil des Kramermassivs (vgl. Abbildung 4.27). Als reine Ablagerungsbereiche werden hier vor allem die unbewachsenen Halden ausgeschieden. Die unter Wald liegenden Abbruchgebiete sind in der Regel gleichzeitig auch Ablagerungsraum. Die Prozessbahnen konzentrieren sich zum Teil in den steilen, episodisch wasserführenden Gerinnen, so dass diese als Steinschlagrinnen fungieren und höhere Reichweiten erzielt werden. In den westlich davon ausgebildeten Karen ist die Trennung von Erosions- und Ablagerungsräumen wieder deutlicher. Die steilen Karwände grenzen sich klar von den darunter liegenden Halden ab. Unterhalb werden die steilen Gerinneeinhänge entlang des tief eingeschnittenen Stepberggrabens gut abgebildet. Auf den nach Süden aus-

Abb. 4.27: Blick nach Süden auf den östlichen Teil des Kramermassivs. Links die Seleswände, zentral der Königsstand (Foto: V. Wichmann).

gerichteten Hängen des Hirschbühelrückens wird die Steilstufe, die auch vom Wanderweg gekreuzt wird, korrekt erfasst. Aufgrund der Waldbedeckung sind die Reichweiten hier gering. Die vielen kleinen Steilwände auf der Nordflanke des Hirschbühelrückens weisen je nach Vegetationsbedeckung mehr oder weniger große Prozessräume auf. Einige der Ablagerungsräume werden vom Wanderweg gekreuzt.
Die Ergebnisse der Prozessraumzonierung ermöglichen Aussagen über die Materialverlagerung durch Sturzprozesse im Lahnenwiesgraben. In Verbindung mit Modellierungsergebnissen anderer Prozesse können so Prozessraumüberschneidungen ermittelt oder auch weiterreichende Analysen, wie die von Materialübergabepunkten, durchgeführt werden.

4.5 Diskussion

Die Modellergebnisse spiegeln die Gegebenheiten im Lahnenwiesgraben gut wieder. Sowohl die Abbruchgebiete als auch die Ablagerungsräume werden weitest gehend korrekt erfasst. Im Detail ergeben sich einige Unsicherheiten, die kurz zusammengefasst werden sollen. Die Wahl eines Grenzwertes der Hangneigung zur Ausscheidung von Abbruchgebieten spiegelt die natürlichen Gegebenheiten nur eingeschränkt wieder. Kleinere Abbruchgebiete können aufgrund der Auflösung des DHMs nicht erfasst werden. Auch Abbruchgebiete unter Wald sind schwer zu erfassen, da hier in der Regel die Qualität des DHMs geringer ist.
Die räumliche Auflösung des Höhenmodells spielt auch bei der Berechnung der Sturzbahnen eine Rolle. Das Kleinrelief ist im DHM nicht abgebildet, kann in der Realität aber deutliche Richtungswechsel herabstürzender Steine bedingen. Diese Unsicherheit wird durch die Berechnung von *random walks* minimiert. Durch die Monte Carlo Simulation werden die Sturzbahnen samt seitlicher Ausbreitung gut erfasst. Das Reibungsmodell liefert in den meisten Fällen korrekte Reichweiten. Die Verwendung eines Grenzwertes, um den Übergang von Freiem Fall zu gleitender Bewegung festzulegen, hat sich als praktikabel erwiesen, aber auch hier hat die Qualität des DHMs großen Einfluss auf die Ergebnisse. Der angesetzte Wert von 65° sollte nicht ohne Weiteres auf andere Auflösungen übertragbar sein. Als sinnvoll hat sich die Verwendung flächenverteilter Reibungswerte erwiesen. Ein einheitlicher Reibungswert für das gesamte Gebiet würde zu unbrauchbaren Ergebnissen

führen. Im Detail hat sich aber gezeigt, dass die Ableitung der Werte aus der Geologischen Karte und der Karte der Vegetationsbedeckung mit Fehlern behaftet sein kann. Besonders in Gebieten mit Waldbewuchs fehlen nötige Informationen wie Stammdurchmesser oder Bestandesdichte, um entsprechend differenzierte Reibungskoeffizienten ableiten zu können. Oftmals sind aber auch die Kartierungen zu ungenau.

Die dargestellten Modellausgaben erlauben keine Rückschlüsse auf Magnitude und Frequenz von Ereignissen. Detaillierte Massenbilanzen können mit dem Modell erst dann berechnet werden, wenn diese Informationen verfügbar sind. In diesem Fall wäre auch eine Kalibrierung der Reichweite auf unterschiedliche Blockgrößen sinnvoll (vgl. Abschnitt 6.2.3). Sind die Abbruchvolumina bekannt, so können diese dem Modul `Rock HazardZone` (Wichmann 2004a) in Form eines Rasterdatensatzes flächenverteilt zur Verfügung gestellt werden. In diesem Fall wird auch die Massenverlagerung und die damit verbundene Reliefveränderung modelliert.

Neben den dargestellten Modellausgaben können noch weitere Informationen für spezielle Fragestellungen genutzt werden. Beispielsweise kann der horizontale und vertikale Versatz für die Berechnung der Massenverlagerung (in Meter-Tonnen) verwendet werden. Das Modell eignet sich auch für die Gefahrenzonierung, allerdings sollten hier andere Maßstäbe bei der Reichweitenkalibrierung angesetzt werden. In der Regel werden sogenannte *worst case* Szenarien, beispielsweise ohne Waldbedeckung, berechnet. Einige Einsatzmöglichkeiten des Modells und weitere Funktionen des Moduls werden in Abschnitt 6 vorgestellt.

Die zur Modellierung von Steinschlag und Felssturz herangezogenen Methoden vereinen und erweitern die Vorteile existierender Modelle für den regionalen Maßstab. Da die Ausweisung der Startgebiete gesondert von der weiteren Prozessmodellierung erfolgt, und die Startpunkte dem Modul `Rock HazardZone` (Wichmann 2004a) nur als Rasterdatensatz zur Verfügung gestellt werden müssen, können auch andere Quellen (z.B. Felsregionen aus topographischen Karten) genutzt werden. Die Anwendung des Modells ist so nicht auf die Ausscheidung der Abbruchgebiete über einen Grenzwert der Hangneigung beschränkt, wenngleich sich die Methode anbietet, da ein DHM in jedem Fall für die weiteren Modellierungen benötigt wird.

Eine Modellierung der Prozesswege von Steinschlag und Felssturz mit *random walk* und Monte Carlo Simulation wurde bislang noch nicht durchgeführt.

Die Ergebnisse haben gezeigt, dass sich das Verfahren gut eignet, um die Trajektorien einzelner Stürze und auch das gesamte Prozessareal abzubilden. Die Unvorhersehbarkeit, auf welchem Weg sich ein Stein oder Gesteinspaket hangabwärts bewegt, deckt sich gut mit dem empirisch-probabilistischen Charakter des Modellansatzes. So kann der Einfluss des Kleinreliefs auf plötzliche Richtungswechsel zumindest indirekt nachvollzogen werden. Die Modelle von VAN DIJKE & VAN WESTEN (1990) und DORREN & SEIJMONSBERGEN (2003) verwenden nur einen *single flow direction* Ansatz zur Modellierung der Prozesswege. Eine seitliche Ausbreitung des Prozesses weg von der Falllinie kann so nicht modelliert werden. Der Einsatz von hydrologisch orientierten *multiple flow direction* Algorithmen ermöglicht zwar die Simulation einer seitlichen Ausbreitung, kann aber nicht so fein an das Verhalten der Prozesse bei unterschiedlichen Neigungsverhältnissen angepasst werden wie der *random walk*. Durch die drei Parameter des *random walk* (Grenzgefälle, Ausbreitungsexponent und Persistenzfaktor) kann die Stärke der seitlichen Ausbreitung sehr gut gesteuert werden, ohne dass hierzu weitere Analysen (z.B. der Wölbungsverhältnisse wie bei GRUNDER & KIENHOLZ 1986 oder bei MEISSL 1998) nötig sind.

Der zur Modellierung der Reichweite verwendete Ansatz basiert im Wesentlichen auf Gleichungen von SCHEIDEGGER (1975) und wurde durch die rasterbasierte und an den *random walk* gekoppelte Berechnung in die Fläche übertragen. Im Gegensatz zu stärker physikalisch orientierten Ansätzen (z.B. DESCOEUDRES & ZIMMERMANN 1987; ZINGGELER et al. 1991), die auch andere Bewegungsarten berücksichtigen, zeichnet sich der Ansatz durch eine relativ einfache Handhabung hinsichtlich der Kalibrierung aus. Die wenigen benötigten Daten erleichtern die Anwendung des Modells auf größere Räume, ohne dass durch allzu große konzeptionelle Vereinfachungen unrealistische Ergebnisse erzielt werden. VAN DIJKE & VAN WESTEN (1990) verwenden ebenfalls SCHEIDEGGERS (1975) Gleichungen, verzichten aber auf die Modellierung von Freiem Fall. Das Modell *Sturzgeschwindigkeit* von MEISSL (1998) arbeitet ebenfalls mit Gleichungen von SCHEIDEGGER (1975), allerdings wird beim ersten Aufschlag nach dem Freien Fall nicht die Energie, sondern die Geschwindigkeit reduziert. Der erste Aufschlag wird bei MEISSL (1998) zudem nicht über einen Grenzwert der Hangneigung ermittelt, sondern ist auf die erste Rasterzelle im Prozessweg, die nicht dem Abbruchgebiet angehört, festgelegt. So kann ein Aufschlag der Sturzblöcke im Wandbereich nicht modelliert werden und somit auch nicht das Verlassen der direkten Falllinie bei der Berechnung des Prozesswegs. Das Modell *Sturzgeschwindigkeit* wurde von MEISSL (1998) zur Modellierung von Felsstürzen entwickelt und arbeitet mit einem konstanten Reibungswert. Die Ergebnisse der vorliegenden Arbeit haben gezeigt, dass durch die Verwendung räumlich verteilter Reibungswerte die tatsächlichen Auslaufdistanzen wesentlich besser abgebildet werden können. Durch die Kopplung der Reibungswerte an die lokale Vegetationsbedeckung bzw. Geologie kann die Oberflächenbeschaffenheit der Hänge zumindest in einigen Aspekten berücksichtigt werden.

Die Zonierung des Prozessareals anhand der Modellergebnisse in Abbruch-, Transit- und Ablagerungsbereiche ist ein in der Literatur bislang nicht näher betrachteter Aspekt. Es konnte gezeigt werden, dass eine derartige Zonierung der Prozessareale auch ohne die Berechnung der tatsächlichen Massenverlagerung (Massenbilanz) möglich ist. In diesem Zusammenhang ist erneut der Einsatz des *random walk* von Vorteil, da durch die bei jeder Iteration unterschiedlich verlaufenden Trajektorien nicht nur das gesamte Prozessareal abgebildet wird, sondern im Endeffekt eine große Zahl an Einzelereignissen simuliert wird. Diese haben je nach Verlauf der Trajektorie sehr unterschiedliche Reichweiten bzw. Ablagerungspunkte. Aus diesem Grund werden nicht nur die maximal möglichen Reichweiten als Ablagerungspunkte modelliert, sondern die kompletten Sturzhalden als Ablagerungsraum ausgeschieden.

Letztendlich entscheiden neben dem Datenbedarf und dem Aufwand der Parametrierung auch die Handhabbarkeit und die für eine Modellierung benötigte Rechenzeit über die Einsatzmöglichkeiten eines Modells. Dies gilt in besonderem Maße für die Bearbeitung größerer Raumeinheiten (beispielsweise ganzer topographischer Kartenblätter). Die Einbindung des Modells in ein GIS erleichtert die Arbeit, da die Eingangsdaten nicht weiter aufbereitet werden müssen, als es für die Haltung im GIS ohnehin von Nöten ist. Die von DORREN & SEIJMONSBERGEN (2003) angewendeten Modelle wurden beispielsweise mit MATLAB umgesetzt und müssen die Eingangsdaten aus einem GIS importieren und die Modellergebnisse wiederum exportieren. Die Rechenzeit des hier vorgestellten Modells ist aufgrund der Programmierung des Moduls in C++ im Vergleich zu Modellen, die über Skriptsprachen in Geographische Informationssysteme eingebunden sind (z.B. Modell *Sturzgeschwindigkeit*, MEISSL 1998, Arc/Info AML), sehr kurz. Grundsätzlich verlängert sich die Rechendauer mit höherer räumlicher Auflösung und größeren Auslaufdistanzen. Aufgrund der hohen räumlichen Auflösung der Eingangsdaten besteht das Einzugsgebiet des Lahnenwiesgrabens im Modell aus der verhältnismäßig großen Zahl von 663 456 Rasterzellen. Die Modellierung von 1000 Iterationen von jeder der 92 030 ausgewiesenen Startzellen führt zu insgesamt 92 030 000 Modelldurchläufen für den Lahnenwiesgraben. Auf einem Rechner mit einem 1-GHz-Prozessor und 512 MB Arbeitsspeicher werden hierzu etwa 30 Minuten benötigt. Unter der eher pessimistischen Annahme, die Verhältnisse im Lahnenwiesgraben träfen für das gesamte Kartenblatt Oberammergau (Blatt 8432 im Maßstab 1 : 25000) zu, und die Eingangsdaten würden in der gleichen Auflösung zur Verfügung stehen, würde eine Modellierung des gesamten Gebiets (etwa 138 km^2) nur gut vier Stunden in Anspruch nehmen (Anmerkung: Für die Modellierung der Sturzgefahr im Bschlaber Tal (72 km^2, Lechtaler Alpen) mit dem Modell *Sturzgeschwindigkeit* gibt MEISSL (1998) eine Rechendauer von etwa viereinhalb Stunden an. Ein Vergleich der Rechenzeiten wird allerdings durch die Verwendung unterschiedlicher Computerhardware und einer anderen räumlichen Auflösung des DHMs erschwert. Der von MEISSL verwendete Rechner arbeitet langsamer, dafür verwendet sie ein DHM mit 50 m Rasterweite. Bei dieser Auflösung wird das Gebiet durch 28 800 Rasterzellen repräsentiert. Mit der in der vorliegenden Arbeit verwendeten Auflösung von 5×5 m würde die Anzahl der Rasterzellen um den Faktor 100 größer sein).

5 Muren

5.1 Einführung und Forschungsstand

Ein Murgang ist ein schnell fließendes Gemisch aus Lockermaterial, Luft und unterschiedlichen, meist jedoch eher geringen Anteilen von Wasser. Im Gegensatz zu Hochwasserabflüssen mit fluvialem Geschiebetrieb, wo das Wasser die treibende Kraft für die Kornbewegung ist und der Großteil der Feststoffe in Sohlnähe transportiert wird, weisen Murgänge hohe bis sehr hohe Geschiebekonzentrationen auf. Die Feststoffe (Korngrößen von Ton bis hin zu Blöcken) sind in der Murfront mehr oder weniger gleichmäßig über die Abflusstiefe verteilt. Dieses Wasser-Feststoff-Gemisch besitzt Fließeigenschaften, die sich sowohl vom Verhalten reinen Wassers als auch von dem trockenen Schuttmaterials unterscheiden (RICKENMANN 1991). Murgänge sind instationäre Zweiphasenströmungen, deren Erscheinungsbild und Fließcharakteristik maßgebend von der Feststoffzusammensetzung und -konzentration beeinflusst ist. Entsprechend ihrer Zusammensetzung werden viskose und granulare Murgänge unterschieden. Bei letzteren sind die feinen kohäsiven Kornfraktionen von untergeordneter Bedeutung.

Unmittelbar hinter der Murfront tritt meist die größte Abflusstiefe auf, dahinter nimmt die Abflusstiefe mehr oder weniger kontinuierlich ab. Ein Murgangereignis kann aus mehreren solcher Wellen oder Murschübe bestehen. Weitere charakteristische Merkmale sind das enorme Erosionsvermögen, der Transport von sehr großen und oft in der Murfront konzentrierten Gesteinsblöcken sowie die Ausbildung von seitlichen Schuttwällen (*Levées*). Im Gegensatz zum fluvialen Geschiebetrieb kommt es zu einer unsortierten Ablagerung des Schutts, wobei steilere Kegel gebildet werden, die eine unruhige Oberfläche aufweisen. Muren kommen mehr oder weniger *en bloc* und relativ ruckartig zum Stillstand.

Murgänge können sowohl nach ihrem Entstehungsort als auch nach dem maßgebenden Auslösemechanismus klassifiziert werden. In der Regel werden Murgänge durch bodenmechanische Instabilitäten oder durch progressive Erosion infolge hoher Oberflächenabflüsse ausgelöst. Die Auslösung kann sowohl am Hang als auch im Gerinne stattfinden. Die Klassifizierungsansätze spiegeln den wechselhaften Charakter von Murgängen wieder: Betrachtet man den Murgang im Hinblick auf den intensiven Geschiebetransport, dann stehen die Auslösung im Gerinne und die Auslösung durch progressive Erosion im Vordergrund. Die Auslösung an einem Hang oder infolge bodenmechanischer Instabilitäten basiert eher auf der Vorstellung, Murgänge seien eine verflüssigte Rutschung (TOGNACCA 1999).

Anlässlich der Murkatastrophen in der Schweiz im Jahre 1987 wurden von ZIMMERMANN (1990) vier Murtypen nach der Lage und den Merkmalen ihrer Anrisszonen abgegrenzt (vgl. Tabelle 5.1). Eine derartige Klassifikation führt zwar naturgemäß zu starken Vereinfachungen, kann aber bei der Identifikation und Beurteilung von potentiellen Anrisszonen helfen. Auf die unterschiedlichen Bedingungen, die zur Auslösung von Hang- oder Talmuren führen, wird in Abschnitt 5.2.1 eingegangen. Die Bewegungsform nach der Auslösung unterscheidet sich bei Hang- und Talmuren nicht weiter. Der Prozessverlauf nach der Auslösung wird in Abschnitt 5.2.2 näher erläutert.

Für die Modellierung von Murgängen stehen heute zahlreiche Modelle zur Verfügung. Bisher existiert aber noch kein umfassender Ansatz, mit dem alle Aspekte in einem Modell abgebildet werden können. Um das räumliche Auftreten von Murgängen zu simulieren wurden zahlreiche, meist empirisch-statistische, Ansätze entwickelt. Bei diesen Ansätzen wird versucht, das Auftreten von Murgängen durch die Auswertung der naturräumlichen Rahmenbedingungen vorherzusagen. Ein Dispositionsmodell für Hangmuren wurde von RIEGER (1999) mittels Parameter- und Klassengewichtung durch die Anwendung bivariater Methoden entwickelt. MARK (1992) und MARK & ELLEN (1995) berechnen mit Hilfe einer logistischen Regression (Logit) Wahrscheinlichkeiten für das Auftreten von Murgängen. Ein vergleichbares Modell wurde von JÄGER (1997) für die Vorhersage von Rutschungen verwendet. Die grundlegende Annahme dieser Ansätze besteht darin, dass die natürlichen Gegebenheiten, die in der Vergangenheit zur Auslösung eines Prozesses geführt haben, auch in Zukunft für die Prozessinitiierung maßgebend sind. Dies impliziert, dass die natürlichen Verhältnisse über einen längeren Zeitraum als konstant angesehen werden können.

ZIMMERMANN et al. (1997) bestimmen potentielle Anrisspunkte von Hang- und Talmuren über regelbasierte Verfahren (vgl. Tabelle 5.1). Neben der lokalen Einzugsgebietsgröße und der Neigung wird dazu die potentiell verfügbare Materialmenge beurteilt (vgl. auch HEINIMANN et al. 1998). Physikalisch basierte Ansätze wurden bisher kaum umgesetzt, da über die Rahmenbedingungen des Prozessverlaufs in der Regel zu wenig bekannt ist. Beispielswei-

Tab. 5.1: Anrisszonen von Hang- und Talmuren und Regeln zu deren Ausweisung (zusammengestellt nach ZIMMERMANN et al. 1997).

Hanganrisszonen	Gerinneanrisszonen
Typ 1: Diese Anrisszonen liegen im steilen, wenig konsolidierten Lockermaterial (Moränen oder glaziale Talverfüllungen). Der Anbruchmechanismus besteht in einer Übersättigung des Lockermaterials mit nachfolgendem Abgleiten (Hanginstabilität). In vielen Fällen kann rückschreitende Erosion beobachtet werden. Der Oberflächenabfluss ist von untergeordneter Bedeutung. In Permafrostgebieten können sich flachgründige Rutschungen in der Auftauschicht ereignen. **Modell:** offener Schutt, Hangneigung zwischen 27° und 38°, hydrol. Einzugsgebiet $> 0,5$ ha.	**Typ 3:** Hier handelt es sich um steile Felscouloirs, die mit Moränenmaterial gefüllt sind. Der Anbruch erfolgt vor allem über eine Instabilität der Bachsohle. **Modell:** Grenzneigung als Funktion der Einzugsgebietsgröße, gewichtete geschieberelevante Fläche > 1 ha.
Typ 2: Diese Zone liegt im Kontaktbereich von steilen Felswänden und Schutthalden. In den Felswänden wird das Wasser konzentriert und gelangt anschließend in die Schutthalden. Als Anbruchsmechanismen kommen Hangstabilität oder Instabilität der Bachsohle in Frage. In vielen Fällen kann progressive Erosion beobachtet werden. **Modell:** offener Schutt, Hangneigung $> 25°$, hydrol. Einzugsgebiet $> 0,5$ ha, Fels oberhalb der Anrisszone.	**Typ 4:** Murganganrisse in steilen Gerinnen durch die plötzliche Mobilisierung von größeren Geschiebemengen. Häufig sind solche Anrisse auf den Bruch einer kurzen Verklausung oder einer anderen Abflussbehinderung zurückzuführen. **Modell:** siehe Typ 3

se entwickelten aber BOVIS & DAGG (1988) ein konzeptionelles Modell zur Auslösung von Murgängen in Gerinnen. Das Modell basiert auf einer Stabilitätsanalyse des im Gerinne akkumulierten Materials. Generell können auch Hangstabilitätsmodelle für flachgründige Rutschungen (z.B. MONTGOMERY & DIETRICH 1994; DUAN & GRANT 2000; LIENER 2000) dazu verwendet werden, um daraus entstehende Murgänge vorherzusagen.
Es existieren unterschiedliche Ansätze, um verschiedene Aspekte der Murgangbewegung zu simulieren (z.B. Reichweite und Ausbreitung). Die Modelle

benötigen in der Regel nur relativ wenige und durch Geländeanalysen ableitbare empirische Parameter. Das Modell von PRICE (1976) simuliert die Evolution eines ganzen Schwemmkegels mit Hilfe von stochastisch gesteuerten Prozessen. Ein einfaches empirisches Modell zur Berechnung der Reichweite und des Volumens von Murgängen aus *zero order basins* wurde von BENDA & CUNDY (1990) entwickelt. Der Murgang kommt in dem Modell zum Stillstand, sobald die Gerinneneigung unter 3,5° fällt oder wenn ein Vorfluter mit einem seitlichen Einfallswinkel von über 70° erreicht wird. Das Gesamtvolumen des Ereignisses wird abgeschätzt, indem für alle Gerinneabschnitte mit einer Neigung größer als 10° eine mittlere Erosionsrate von 8 m^3/m angenommen wird. Um die Reichweite von Hangmuren aus flachgründigen Rutschungen zu bestimmen, verwenden MARK & ELLEN (1995) ein von CANNON (1993) entwickeltes Modell. Das anfänglich zur Verfügung stehende Volumen wird anhand empirisch abgeleiteter Raten entlang des Prozesswegs vermindert. Der Massenverlust ist von der Neigung und dem hydraulischen Radius abhängig. Die Simulation endet, sobald alles Material verbraucht ist.

Nach den schweren Unwettern in der Schweiz im Jahre 1987 wurde dort die Forschung zu Murgängen, insbesondere hinsichtlich des Gefahrenpotentials, intensiviert. Dabei wurden vor allem praktikable Lösungen gesucht, mit denen die wesentlichen Aspekte von Murgängen abgebildet werden können. Für die Erstellung von großflächigen Gefahrenhinweiskarten wird der Einsatz des Pauschalgefälles beschrieben, auf das schon in Abschnitt 4.2.2 eingegangen wurde (HEINIMANN et al. 1998). In diesem Fall wird das die Reichweite bestimmende Gefälle zusätzlich von der lokalen Einzugsgebietsgröße abhängig gemacht, um auch die zu erwartende Abflussmenge einzubeziehen. Die Methode hat jedoch den Nachteil, dass starke Gefällswechsel nicht berücksichtigt werden. Das Pauschalgefälle ist daher vor allem für grobe Abschätzungen der Reichweite geeignet.

RICKENMANN & KOCH (1997) und KOCH (1998) vergleichen verschiedene empirische und hydraulische Modellansätze und kommen zu dem Schluss, dass unter anderem mit einem relativ einfachen, ursprünglich für Fließschneelawinen entwickelten Modell, eine gute Übereinstimmung der berechneten mit den gemessenen Geschwindigkeiten erzielt werden kann. Das Modell ist außerdem in der Lage, das Anhalten des Prozesses bei Gefällen größer als Null zu simulieren. Die Anwendung des Modells auf die Murgänge von 1987 beschreibt unter anderem RICKENMANN (1990, 1991). GAMMA (1996, 2000) und ZIM-

MERMANN et al. (1997) koppeln dieses Modell mit einem *random walk* um Ausbreitung und Reichweite von Murgängen berechnen zu können. In dem *dfwalk*-Modell von GAMMA (2000) ist auch ein einfacher Auflandungsansatz implementiert, mit dem das Ausbrechen von Murgängen aus dem Gerinne simuliert werden kann. Das gleiche Reichweitenmodell wurde von WICHMANN et al. (2002) in Verbindung mit einem auf Vektorzügen basierenden Trajektorienmodell zur Modellierung von Hangmuren verwendet.
Numerische Modelle, die zur Abbildung einer Murgangwelle bzw. eines Murganghydrographen entwickelt wurden, beschreiben den Murgang als hydraulischen Prozess. Die Erhebung der benötigten physikalischen Parameter ist in der Regel sehr aufwändig. Beispielsweise werden detaillierte Angaben zur Gerinnegeometrie und den Materialeigenschaften benötigt. Die Ansätze gleichen im Wesentlichen hydraulischen Modellen zur Simulation des stationären oder instationären Abflusses von Reinwasser, wobei besonders die Wahl einer geeigneten Beziehung für den Fließwiderstand im Vordergrund steht. Bei den meisten vorgeschlagenen Modellen bleibt der Geschiebetransport unberücksichtigt, auch ein Anwachsen der Murfront infolge Materialaufnahme kann nicht simuliert werden (RICKENMANN 1991). Viele dieser Modelle wurden auf größere Schlammströme (z.B. TAKAHASHI et al. 1987) oder auf Wasser-Geschiebe-Wellen nach Dammbrüchen (z.B. SCARLATOS & SINGH 1986) angewendet. Alpine Murgänge weisen dagegen andere Dimensionen auf und ereignen sich in steilen Wildbachgerinnen. RICKENMANN (1991) weist darauf hin, dass mit diesen Modellen das Anhalten eines Murgangs bei einem Gefälle größer als Null nicht modelliert werden kann. Außerdem stehen über die Randbedingungen des Fließverhaltens bei diesen komplizierten Modellen meist nicht genug Informationen zur Verfügung. Ein bekanntes zweidimensionales hydraulisches Modell, mit dem sowohl Reinwasserabflüsse als auch Murgänge simuliert werden können, ist FLO-2D (O'BRIEN et al. 1993). Einige Arbeiten konzentrieren sich speziell auf das Ablagerungsverhalten von Murgängen auf dem Kegel (zweidimensionale Betrachtung). Beispielsweise verwenden MIZUYAMA et al. (1987) dazu ein instationäres Abflussmodell, an das verschiedene Formeln des Sedimenttransportes gekoppelt sind.

5.2 Grundlagen zum Prozessablauf

5.2.1 Prozessdisposition

Eine direkte Beobachtung der Entstehung von Murgängen ist schwierig, da sie in der Regel in schwer zugänglichen Regionen ausgelöst werden. Es fehlen daher sowohl qualitative Beschreibungen als auch quantitative Daten über den Entstehungsprozess (TOGNACCA 1999). Aufgrund der komplexen Verhältnisse in den Anrissgebieten und den vielfältigen Wechselwirkungen zwischen den auslösenden Faktoren ist auch eine detaillierte Analyse der stummen Zeugen nach einem Ereignis sehr schwierig. Dies gilt im Besonderen für Murgänge die in Gerinnen anreißen.

Die Unterscheidung von Hang- und Talmuren, also eine Klassifizierung hinsichtlich des Entstehungsortes, bietet den Vorteil, dass verschiedene Ereignisse relativ einfach dem einen oder dem anderen Typ zugeordnet werden können (vgl. Tabelle 5.1). Hinsichtlich der an der Entstehung beteiligten physikalischen Mechanismen ist eine solche Klassifizierung aber wenig aussagekräftig. Hierzu ist eine Klassifizierung in Bezug auf die maßgebende Ursache der Auslösung besser geeignet, die entweder in bodenmechanischen Instabilitäten oder progressiver Erosion begründet sein kann. Die zentrale Rolle von Wasser ist in beiden Fällen offensichtlich.

Bei der Auslösung durch bodenmechanische Instabilität spielen Parameter, die nicht primär von der Größe und Beschaffenheit des Einzugsgebiets abhängig sind (z.B. Bodenart, Bodenaufbau), eine wesentliche Rolle. Dagegen sind hinsichtlich der hydraulischen Belastung auch einzugsgebietsspezifische Parameter wie der Oberflächenabfluss von Bedeutung. Bodenmechanische Instabilitäten werden entweder durch eine Zunahme der auf den Boden wirkenden Spannungen (Zunahme der Belastung) oder durch eine Verminderung der inneren Scherfestigkeit des Bodens (Abnahme des Widerstands) ausgelöst. Zum Teil treten auch beide Ursachen zusammen auf. Die progressive Schwächung der inneren Scherfestigkeit ist in der Regel ein relativ lang andauernder Prozess und kann verschiedene Ursachen haben: Die chemische und physikalische Verwitterung, aber auch die Ausschwemmung von Körnern aus einem durchlässigen Boden, schwächen nach und nach das Gefüge. Die Veränderung der chemischen Struktur eines bindigen Bodens vermindert die Kohäsion. Einen Sonderfall stellt das Auftauen von Permafrost dar.

Eine Zunahme der Belastung und die eventuelle Destabilisierung des Bodens ist eng an die hydrologischen Rahmenbedingungen geknüpft. Diese können zu einem Anstieg des Grundwasserspiegels, zum Aufbau von Porenwasserdrücken oder dem Abbau der kapillaren Spannungen infolge einer eindringenden Wasserfront führen. Plötzliche Belastungen können aber auch durch Rutschungen, Steinschlag, Wasserfluss, Erdbeben oder Windstöße (Vibration von Baumwurzeln) entstehen (TOGNACCA 1999).

Nicht jede destabilisierte und rutschende Masse geht in einen Murgang über. Der Deformationsgrad einer sich bewegenden Masse kann als Unterscheidungskriterium zwischen Rutschung und Murgang herangezogen werden (IVERSON et al. 1997). Die Bewegung einer Rutschung ist eher steif, die eines Murgangs eher fluidähnlich und von großen Deformationen in der ganzen sich bewegenden Masse begleitet. Ein Murgang kann aus einer mechanischen Instabilität hervorgehen, wenn eine teilweise oder vollständige Verflüssigung der Masse infolge des Anstiegs der Porenwasserdrücke stattfindet. Damit eine rutschende Masse ein fluidähnliches Verhalten aufweisen kann, muss sie aber eine gewisse Distanz zurücklegen (TOGNACCA 1999). Hierzu darf der Hang unterhalb der Anrisszone nicht zu flach sein.

Die Entstehung von Murgängen infolge progressiver Erosion ist an eine mehr oder weniger plötzliche Belastung einer Hangpartie oder eines Bachbettes durch Oberflächenabfluss gebunden. Hohe Abflüsse können bei Starkregenereignissen oder dem plötzlichen Ablaufen aufgestauten Wassers (z.B. infolge Gerinneblockade) auftreten. Die durch den Oberflächenabfluss hervorgerufene hydraulische Belastung der oberen Lockermaterialschichten führt zu deren Erosion. Der anfänglichen fluvialen Destabilisierung der Oberfläche folgt ein rascher Übergang von intensivem Geschiebetransport über hyperkonzentrierten Abfluss hin zu einer vollständig ausgebildeten Murgangbewegung (TOGNACCA 1999). Die Abflussverhältnisse und die Lagerungstabilität im Gerinne sind vom Gefälle, der Rauhigkeit, der Durchlässigkeit der Untergrunds, der Luftaufnahme und den Interaktionen zwischen Oberflächen- und Grundwasser abhängig. Die Fließbedingungen und Kräfteverhältnisse sind bei steilen Gefällen sehr komplex und nur zum Teil erforscht und bekannt (TOGNACCA 1999).

In der Literatur finden sich zahlreiche Versuche, Niederschlagsschwellenwerte für die Murauslösung über empirische Beziehungen aus Niederschlagsintensität und -dauer zu definieren (z.B. CAINE 1980; ZIMMERMANN et al. 1997).

Eine Übertragbarkeit der Ergebnisse auf andere Regionen ist in der Regel aber nicht zulässig. Im Rahmen dieser Arbeit werden die auslösenden Niederschläge nicht betrachtet.
Die zur Murauslösung führenden physikalischen Mechanismen sind aufgrund der hohen räumlichen Variabilität der maßgebenden Parameter sehr schwer in ein Modell zur Abschätzung der Grunddisposition zu integrieren. Bei vielen Modellen wird daher versucht, für die verschiedenen Parameter Indikatoren aus einfacher zu gewinnenden Daten abzuleiten. Bei der Murauslösung können sowohl Parameter am Punkt (vor allem im Hinblick auf die Stabilität) als auch einzugsgebietsspezifische Parameter (vor allem im Hinblick auf die hydrologischen Rahmenbedingungen) eine Rolle spielen. Eine Auswahl von Indikatoren, die in anderen Arbeiten (vgl. Abschnitt 5.1) zur Modellierung der Murdisposition herangezogen wurden, soll hier kurz vorgestellt werden:

- **Reliefparameter:** Die Höhe ü. NN hat selbst keinen direkten Einfluss auf die Entstehung von Murgängen, allerdings verändern sich mit der Höhe andere naturräumliche Parameter (hypsometrischer Formenwandel). Sie kann daher als Indikator für andere, höhenabhängige Attribute herangezogen werden (z.B. Niederschlagsverhältnisse).

  Die Exposition beeinflusst unter anderem die räumliche Niederschlagsverteilung und den Bodenwasserhaushalt. Der Einfluss wird in der Literatur (z.B. Beyer & Schmidt 2000) allerdings kontrovers diskutiert: Die Bodenfeuchte kann auf einem südexponierten Hang aufgrund höherer Verdunstung erniedrigt sein, gleichzeitig kann dort aber auch je nach den vorherrschenden Windrichtungen mehr Niederschlag fallen. Ein unmittelbarer Zusammenhang mit der Murtätigkeit ist ähnlich wie beim Faktor Höhe nicht ableitbar (Rieger 1999).

  Die Hangneigung beeinflusst die Murentstehung in zweierlei Hinsicht: Eine hohe Reliefenergie im Einzugsgebiet oberhalb eines Muranrisses hat in der Regel kürzere Konzentrationszeiten des Oberflächenabflusses zur Folge. Aber auch am Anrisspunkt selbst muss die Hangneigung groß genug sein, damit eine Hanginstabilität auftreten kann. Nach Corominas et al. (1996) schwanken die Neigungswinkel von Muranrissen im Bereich zwischen 20° und 40°, liegen aber in den meisten Fällen über 25°. Bei Anrissen im Gerinne können geringere Neigungen vorherrschen. Das Grenzgefälle für die Murentstehung kann in Abhängigkeit von der Einzugsgebietsgröße (als Indikator für den Abfluss) variieren. Mit zunehmendem Abfluss nimmt die erforderliche Mindestneigung ab (TAKAHASHI 1980). Auf diesen Zusammenhang wird noch in Abschnitt 5.3.3 näher eingegangen.

- **Geologie:** Gesteinsart und tektonische Rahmenbedingungen bestimmen Art und Menge des verfügbaren Lockermaterials (RIEGER 1999). Die Art des Lockermaterials hat wiederum einen Einfluss auf bodenmechanische Parameter wie die Wasserwegigkeit des Substrats oder die Kohäsion.

- **Boden:** Neben den die Stabilität beeinflussenden bodenmechanischen Parametern hat vor allem die Bodendichte (Porosität) einen Einfluss auf die Entstehung von Muren. Locker gelagerte Böden sind besonders anfällig, da sich hier schneller kritische Porenwasserdrücke aufbauen können (IVERSON et al. 2000).

- **Vegetation:** Der Einfluss der Vegetation ist vielfältig (z.B. Interzeption, Infiltrationsrate, Wasserspeicherverhalten des Bodens, stabilisierende Wirkung des Wurzelsystems). Eine intakte Vegetationsdecke schützt vor Erosion, allerdings kann selbst dichter Bewuchs (z.B. Krummholz, Wald) die Entstehung von Muren nicht vollständig verhindern. Die höchste Anrissgefahr besteht auf weit gehend vegetationsfreien Flächen.

Im Rahmen dieser Arbeit wurden noch weitere Indikatoren untersucht. Die Ergebnisse werden in Abschnitt 5.3.2 näher erläutert.

5.2.2 Prozessverlauf

Muren folgen nach der Auslösung in der Regel schon existierenden Tiefenlinien (Runsen und Gerinnen). Sie können auf Hängen und Kegeloberflächen aber auch deutliche Richtungswechsel vollführen, da sie sich durch den Aufbau von *Levées* ihr eigenes Bett schaffen (COSTA 1984). Murablagerungen bestehen oft aus Serien mehrerer Murschübe, die in Abständen von wenigen Sekunden bis zu mehreren Stunden nacheinander abgehen.
Grundsätzlich lassen sich neben dem hydrologischen Einzugsgebiet drei Prozessbereiche differenzieren, die allerdings bei Talmuren im Gelände oft nicht so deutlich abgrenzbar sind wie bei Hangmuren. Die Anrisszone geht häufig fließend in die Transitzone über, die eine Übergangsform zwischen Erosions- und

Akkumulationsgebiet darstellt. Aufgrund der lateralen Entwässerung kann es entlang der Murbahn zur Ablagerung von *Levées* kommen, während in der Mitte des Gerinnes weiter erodiert wird. *Levées* bilden sich vor allem in flacheren Profilstrecken und wenn der Murgang nicht in einem tief eingeschnittenen Gerinne verläuft. Bei kleineren Hangmuren bleibt die Vegetationsdecke im Bereich der Transitzone oft unbeschädigt (LEHMANN 1993). Im Anschluss an die Transitzone findet sich das Akkumulationsgebiet, in dem der Murgang zum Stillstand kommt. Die Form der Ablagerungen wird durch die Kornzusammensetzung und den Wassergehalt des Murgangs bestimmt. Die Murzunge kann sehr mächtig und damit deutlich von der Umgebung abgegrenzt, oder aber eher weitflächig und geringmächtig ausgebildet sein. Typisch ist die sehr unruhige, wellige Oberfläche der Ablagerungen, die durch mehrere nacheinander folgende Murschübe entsteht. In der Regel weisen Murablagerungen keine Schichtung oder Korngrößensortierung auf, so dass sie, nicht zuletzt auch aufgrund ihrer Neigung, deutlich von Schwemmkegeln abgrenzbar sind (COSTA 1984).

Die Fließgeschwindigkeit von Muren variiert je nach Charakter des bewegten Schutts und der Gerinnegeometrie. Als Einflussfaktoren nennt COSTA (1984) die Korngrößenzusammensetzung, die Konzentration und Sortierung des Schutts, sowie Form, Neigung, Breite und Windungsgrad des Gerinnes. Beobachtete Fließgeschwindigkeiten liegen in einem Bereich von 0,5 bis etwa 20 m/s.

Die Reichweite von Murgängen wird stark durch den Tongehalt beeinflusst. Der Tongehalt von Murgängen ist in der Regel zwar sehr gering (nicht mehr als wenige Prozent), aber höhere Tongehalte reduzieren die Durchlässigkeit (und damit die Entwässerung), erhöhen den Porenwasserdruck und führen so zu größeren Reichweiten (COSTA 1984). Die Reichweiten von Muren können im Extremfall viele Kilometer betragen. Zum Stillstand kommen Murgänge in Gebieten mit relativ geringer Neigung oder beim Austritt aus einer Tiefenlinie (beispielsweise auf einen Kegel). Im letzteren Fall nimmt die Ausbreitung zu, die Fließtiefe ab und die Front gelangt zum Stillstand, sobald die inneren Reibungskräfte zu hoch werden. Die innere Reibung kann auch dann zunehmen, wenn aus den Poren Wasser, Ton oder feiner Schluff austritt. Die Rate des Austritts ist eine Funktion der Sortierung. Murgänge, die im Gerinne zum Stehen kommen, bilden temporäre Ablagerungen, die durch nachfolgende Murschübe oder Hochwasserabflüsse wieder ausgeräumt werden können.

Kurz vor der Ablagerung müssen die Geschwindigkeiten relativ gering sein, da auch niedrige Vegetation im Gerinne oder auf dem Kegel in der Lage ist, Murgänge mit grobem Material abzulenken und selbst relativ unbeschadet zu bleiben (COSTA 1984).

Der Fließvorgang von Muren ist zu komplex (insbesondere weil die Materialzusammensetzung zu variabel ist), um mit einem einzigen einfachen Fließgesetz immer zutreffend charakterisiert werden zu können (RICKENMANN 1991). Zwei oft verwendete Ansätze sind derjenige der Bingham-Flüssigkeit und das Coulomb-viskose Modell (in der englischsprachigen Literatur als *viscoplastic* bezeichnet, GAMMA 2000). Demnach erhöht eine hohe Sedimentkonzentration die Viskosität und die Scherfestigkeit des fließenden Wasser-Sediment-Gemischs. Selbst bei diesen relativ einfachen rheologischen Modellen sind die Parameter nicht konstant, sondern variieren beträchtlich in Abhängigkeit von Festkörperkonzentration, Korngrößenzusammensetzung und den Eigenschaften des beteiligten Feinmaterials. Die Modelle können gewisse Eigenschaften von Murgängen erklären (z.B. den sogenannten *plug flow*, bei dem die Masse als nur schwach gescherter Körper auf der gesamten Breite des Gerinnes fließt), sind aber nur zur Modellierung von laminaren Murgängen im Viskositätsregime geeignet. Rheologische Modelle für das Kollisionsregime besitzen einen wesentlich komplexeren Aufbau (GAMMA 2000).

Die Verwendung von physikalischen Modellen wird durch die aufwändige Parametrierung und oft ungenaue Datenlage erschwert. Die Anwendung solcher Modelle auf größere Gebiete ist daher nicht möglich. Aufgrund der Ähnlichkeit mit Fließschneelawinen verwendet RICKENMANN (1990, 1991) zur Modellierung der Reichweite und Geschwindigkeit von Murgängen eine von KÖRNER (1976, 1980) bzw. PERLA et al. (1980) weiterentwickelte Form des Lawinenmodells von VOELLMY (1955). Dieses Modell wurde mittlerweile auch von anderen Autoren (ZIMMERMANN et al. 1997; GAMMA 2000; WICHMANN et al. 2002; WICHMANN & BECHT 2004a, 2004b, 2005) erfolgreich zur Modellierung der Auslaufdistanz von Murgängen herangezogen und wird auch in dieser Arbeit verwendet (vgl. Abschnitt 5.3.5).

5.3 Modellierung

5.3.1 Modellaufbau

Die Modellierung der Muren erfolgt durch die Kopplung von Dispositions- und Prozessmodellen. Für Hang- und Talmuren wurden zwei unterschiedliche Ansätze zur Ausscheidung potentieller Anrisspunkte verwendet. Prozessweg und Reichweite werden hingegen mit den selben Methoden, allerdings mit unterschiedlichen Parameterwerten, berechnet.
Eine schematische Darstellung der Vorgehensweise zur Modellierung der Hangmuren zeigt Abbildung 5.1. Potentielle Anrisspunkte werden mit der CF-Methode ausgeschieden (Modul `CF-Dispomodell`, HECKMANN 2004a). Die hierzu benötigten Datensätze können bis auf die Vegetationskartierung aus dem DHM abgeleitet werden (auf die Verwendung von Datensätzen, die als Indikatoren für die Materialzusammensetzung herangezogen werden können, wird in Abschnitt 5.3.2 näher eingegangen). Aus Hangneigung und lokaler Einzugsgebietsgröße kann der CIT Index berechnet werden. Die durch das CF-Modell ausgewiesenen Anrisspunkte werden anschließend an das Prozessmodell (Modul `DF HazardZone`, WICHMANN 2004b) übergeben. Der Prozessweg wird anhand der Höheninformation aus dem DHM mit der *random walk* Methode bestimmt. Sobald eine Rasterzelle dem Prozessweg hinzugefügt wird, kann mit dem Reibungsmodell die lokale Geschwindigkeit berechnet werden. Die hierzu benötigten Reibungswerte werden vereinfachend durch eine Schätz-

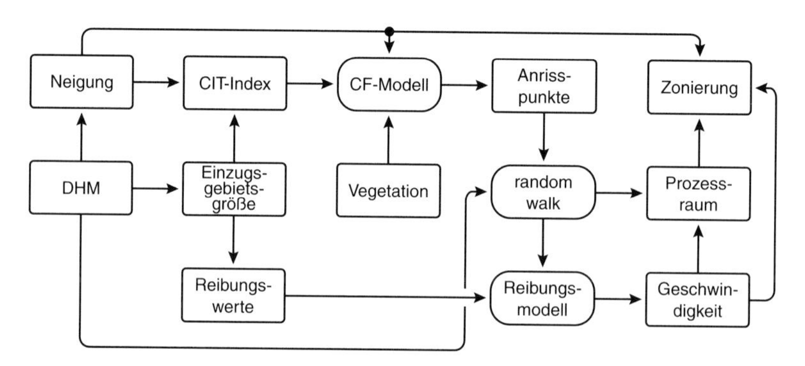

Abb. 5.1: Schematische Darstellung der Vorgehensweise zur Modellierung von Hangmuren.

funktion aus der lokalen Einzugsgebietsgröße abgeleitet (vgl. Abschnitt 5.3.5 und Abbildung 5.16). Der auf diesem Weg ausgewiesene Prozessraum kann anhand empirisch ermittelter Grenzwerte der lokalen Geschwindigkeit und Hangneigung weiter in Erosions-, Transit- und Ablagerungsbereiche untergliedert werden (Prozessraumzonierung).

Die Vorgehensweise zur Modellierung der Talmuren ist in Abbildung 5.2 skizziert. Die Anrisspunkte im Gerinne werden über ein regelbasiertes Verfahren ausgeschieden. Die hierzu benötigten Datensätze können größtenteils aus dem DHM abgeleitet werden. Das Gerinnenetz wird mit Hilfe der Horizontalwölbung und der lokalen Einzugsgebietsgröße ausgeschieden. Zur Murauslösung bedarf es neben einem genügend hohen Abfluss (lokale Einzugsgebietsgröße) und einer ausreichend großen Neigung auch genügend mobilisierbares Lockermaterial. Das potentiell in jeder Rasterzelle des Gerinnenetzes zur Verfügung stehende Material wird durch die Berechnung einer geschieberelevanten Fläche abgeschätzt. Diese Fläche wird anschließend hinsichtlich ihrer Lieferraten in das Gerinne gewichtet, wobei die Gewichtung in Abhängigkeit von den wirkenden Prozessen erfolgt. Die Ausweisung der Anrisspunkte erfolgt mit dem Modul `DF DispoChannel` (Wichmann 2004c).

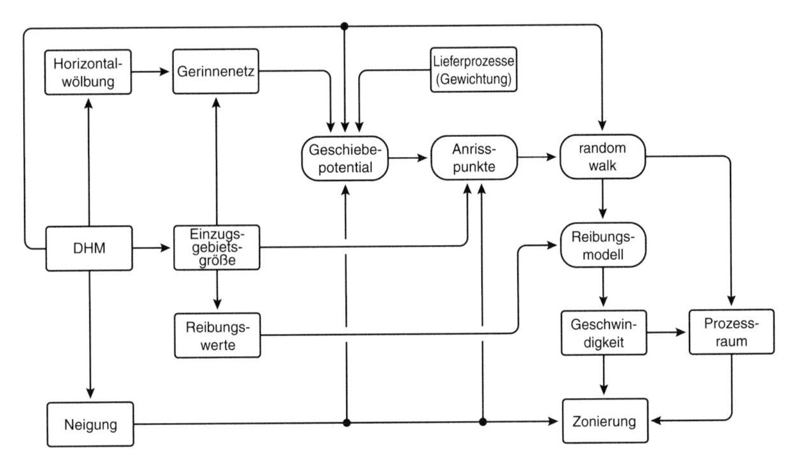

Abb. 5.2: Schematische Darstellung der Vorgehensweise zur Modellierung von Talmuren.

Die auf diesem Weg ausgewiesenen Anrisspunkte werden genutzt, um den Prozessweg mit dem *random walk* und die Reichweite mit einem Reibungsmodell zu berechnen (Modul `DF HazardZone`, WICHMANN 2004b). Das weitere Vorgehen gleicht dem der Modellierung der Hangmuren, allerdings werden zum Teil andere Parameterwerte verwendet. Endergebnis der Modellierung ist wiederum eine Zonierung der Prozessräume in Erosions-, Transit- und Ablagerungsbereiche. Die Teilmodule werden in den nächsten Abschnitten näher erläutert.

5.3.2 Startpunkte Hangmuren

Die Startpunkte von Hangmuren werden mit Hilfe der *Certainty Factor* (CF) Methode ermittelt. Die Methode wurde auf dem Gebiet der künstlichen Intelligenz zur Abschätzung der Unsicherheit in regelbasierten Verfahren entwickelt. Sie gehört zu den sogenannten *Soft Computing* Verfahren, die sich besonders für die Verarbeitung von Daten aus unterschiedlichsten Quellen eignen. Solche Datensätze weisen in der Regel eine hohe Heterogenität (z.B. Skalentypen) und eine nicht genau spezifizierbare Unsicherheit bezüglich der Datenqualität auf. Neben Ungenauigkeiten bei der Datenaufnahme entstehen letztere auch durch die sich daran anschließende Datenverarbeitung und -analyse (BURROUGH 1986). *Soft Computing* Verfahren modellieren für die unterschiedlichen Eingangsinformationen den Grad der Gewissheit, mit der eine Hypothese gestützt wird. Zu diesen Methoden gehören neben dem *Certainty Factor* beispielsweise auch die Dempster-Shafer Theorie, die *fuzzy set* Theorie und Mycin Modelle (BINAGHI et al. 1998). Das CF-Modell wurde in den Geowissenschaften beispielsweise von BINAGHI et al. (1998) und REMONDO et al. (2003) zur Abgrenzung rutschgefährdeter Gebiete, von CHEN (2003) zur Detektion von Erzvorkommen und von HECKMANN (2006) zur Ausweisung von Lawinenanrissen verwendet.

Die CF-Methode bietet dem Bearbeiter den Vorteil einer sehr transparenten Vorgehensweise, wobei sowohl Expertenwissen als auch entsprechende Eingangsdatensätze verwendet werden können. In der Regel muss bei der Anwendung statistischer Verfahren geprüft werden, ob die angestrebte Methode hinsichtlich der statistischen Verteilung der Eingangsdaten anwendbar und die ermittelte Schätzfunktion signifikant ist. Bei der Anwendung des CF-Modells kann auf derartige Tests verzichtet werden (CHEN 2003), da direkt die Ge-

wissheit des Zusammenhangs zwischen den erklärenden Variablen und dem untersuchten Phänomen ermittelt wird (und nicht eine statistische Schätzfunktion). Der CF-Faktor repräsentiert deshalb keine Wahrscheinlichkeiten, sondern quantifiziert vielmehr den Zuwachs des Zweifels oder der Gewissheit, mit der eine Hypothese angenommen werden kann, wenn bestimmte Informationen hinzugezogen werden.
In dieser Arbeit werden kartierte Anrisse von Hangmuren verwendet, um den Einfluss verschiedener Geofaktoren auf die Murgangauslösung zu untersuchen. Die kartierten Anrisse dienen als Zielmuster, das von dem Modell korrekt vorhergesagt werden soll. Zu diesem Zweck wird der Rasterdatensatz binär kodiert: Alle Muranrisse werden mit 1 kodiert, die Rasterzellen des restlichen Untersuchungsgebiets mit 0. Das Modell analysiert die Ausprägung der Geofaktoren in den kartierten Anrissgebieten und überträgt die Ergebnisse auf die Gebiete, in denen keine Muren kartiert wurden. Zukünftige Muranrisse werden demnach unter der Annahme ausgeschieden, dass sie unter den gleichen Bedingungen auftreten, die bisher zu Anrissen geführt haben. Die Verwendung von Daten, die die naturräumliche Situation zu sehr unterschiedlichen Zeitpunkten wiedergeben, ist deshalb problematisch (CLERICI et al. 2002). Auf die Auswahl der für die Vorhersage der Anrisse von Hangmuren relevanten Geofaktoren wird später eingegangen. Zuerst soll kurz das Berechnungsverfahren der CF-Methode beschrieben werden.
Der CF ist eine der *Favourability* Funktionen, die zur Kombination heterogener Datensätze vorgeschlagen werden. Die allgemeine Theorie definiert eine *Favourability* Funktion als (BINAGHI et al. 1998)

$$f_k : \begin{cases} A & \rightarrow [\min_k, \max_k] & \rightarrow [a, b] \\ A & \rightarrow [1, 2, 3, \ldots, n_k] & \rightarrow [a, b] \end{cases} \tag{5.1}$$

wobei A das Untersuchungsgebiet ist, $\min_k$ und $\max_k$ Minimum und Maximum kontinuierlicher Daten, 1, 2, 3, ..., n_k diskontinuierliche Werte und a, b der Wertebereich der *Favourability* Funktion. Nach der Transformation liegen die Werte unterschiedlicher Skalentypen im gleichen Intervall $[a, b]$ vor und können dann paarweise kombiniert werden.
Der CF gibt für jede Rasterzelle des Untersuchungsgebiets die Veränderung der Gewissheit an, mit der die Hypothese (also Muranriss) angenommen werden kann. Die Veränderung wird im Bereich nicht belegt - belegt angegeben,

der durch die a priori Wahrscheinlichkeit und die bedingte Wahrscheinlichkeit definiert ist. Die a priori Wahrscheinlichkeit $p(Y^+)$ berechnet sich nach (z.B. CHEN 2003)

$$p(Y^+) = \frac{n(Y^+)}{n} \tag{5.2}$$

wobei $n(Y^+)$ die Anzahl der Rasterzellen mit beobachteten Muranrissen ist und n die Gesamtzahl der Rasterzellen im Untersuchungsgebiet. Die a priori Wahrscheinlichkeit gibt die mittlere Häufigkeit der Muranrisse im Gesamtgebiet an und damit die Wahrscheinlichkeit, mit der bei einer zufälligen Wahl einer Rasterzelle des Untersuchungsgebietes ein kartierter Muranriss getroffen werden würde.
Die bedingte Wahrscheinlichkeit $p(Y^+ \mid L_k)$ betrachtet dagegen die mittlere Häufigkeit der Muranrisse in verschiedenen Kategorien der einzelnen Datenebenen (Geofaktoren) und berechnet sich nach (z.B. CLERICI et al. 2002)

$$p(Y^+ \mid L_k) = \frac{n(L_k Y^+)}{n(L_k)} \tag{5.3}$$

wobei $n(L_k Y^+)$ die Anzahl der kartierten Muranrisse in der Kategorie k der Datenebene L ist und $n(L_k)$ die Gesamtzahl der Rasterzellen in dieser Kategorie. Anhand der so berechneten Wahrscheinlichkeiten kann der CF-Wert für jede Kategorie der einzelnen Datenebenen berechnet werden (SHORTLIFFE & BUCHANAN 1975; HECKERMANN 1986, zitiert nach BINAGHI et al. 1998):

$$CF_{L_k} = \begin{cases} \dfrac{p(Y^+ \mid L_k) - p(Y^+)}{p(Y^+ \mid L_k) \cdot (1 - p(Y^+))} & \text{wenn} \quad p(Y^+ \mid L_k) \geq p(Y^+) \\ \\ \dfrac{p(Y^+ \mid L_k) - p(Y^+)}{p(Y^+) \cdot (1 - p(Y^+ \mid L_k))} & \text{wenn} \quad p(Y^+ \mid L_k) < p(Y^+) \end{cases} \tag{5.4}$$

Der CF nimmt Werte im Bereich $[-1, 1]$ an. Während positive Werte einen Zuwachs der Gewissheit anzeigen, bedeuten negative Werte eine Abnahme. Wenn a priori Wahrscheinlichkeit und bedingte Wahrscheinlichkeit ähnlich

hohe Werte aufweisen, hat der CF einen Wert nahe 0. In diesem Fall ist eine Bewertung der Hypothese nicht möglich (BINAGHI et al. 1998).
Der CF-Wert wird nach Gleichung 5.4 für jede Kategorie der Geofaktoren berechnet. Die anschließende Kombination der CF-Werte für jede Rasterzelle des Untersuchungsgebiets erfolgt paarweise nach der Integrationsregel (BINAGHI et al. 1998):

$$CF_{ab} = \begin{cases} CF_a + CF_b - CF_a CF_b & \text{wenn} \quad CF_a, CF_b \geq 0 \\ \dfrac{CF_a + CF_b}{1 - \min(\mid CF_a \mid, \mid CF_b \mid)} & \text{wenn} \quad CF_a \cdot CF_b < 0 \\ CF_a + CF_b + CF_a CF_b & \text{wenn} \quad CF_a, CF_b < 0 \end{cases} \tag{5.5}$$

wobei CF_{ab} der aus den zwei Datenebenen a und b kombinierte CF-Wert ist und CF_a und CF_b die entsprechenden CF_{L_k}-Werte der Datenebenen. Dabei wird wie folgt vorgegangen: Zuerst werden zwei Datenebenen miteinander kombiniert. Anschließend wird immer der so gewonnene Rasterdatensatz mit der nächsten Datenebene kombiniert, solange bis alle Datenebenen abgearbeitet sind. Die Berechnung der CF-Werte und deren Kombination wurde mit dem SAGA-Modul `CF-Dispomodell` von HECKMANN (2004a) durchgeführt.
Analog zu dem beschriebenen Verfahren kann auch ein CF berechnet werden, der die Abwesenheit einer Geofaktorenklasse im Hinblick auf die Gewissheit für einen Muranriss untersucht (CF^-). Aus beiden Faktoren kann dann ein Kontrast berechnet werden ($CC = CF^+ - CF^-$), der als Maß für den Einfluss einer Geofaktorenklasse auf Muranrisse betrachtet werden kann (CHEN 2003). Der Kontrast wird von BINAGHI et al. (1998) und REMONDO et al. (2003) nicht weiter betrachtet und auch in dieser Arbeit nicht näher analysiert.
Zur Anwendung des Modells müssen die Eingangsdatensätze entsprechend aufbereitet werden. Der Rasterdatensatz mit den kartierten Muranrissen wird wie erwähnt mit [0; 1] kodiert. Insgesamt wurden durch Geländebegehungen und Luftbildauswertungen 212 Anrisse von Hangmuren kartiert (vgl. Abbildung 5.3). Die meisten dieser Anrisse liegen auf den Schutthalden der Kare im Kramermassiv. Hier reiht sich ein Anriss an den nächsten. Kleinere Anrisse befinden sich auf der Nordflanke des Hirschbühelrückens. Auf den südexponierten Hängen treten Hanganrisse im oberen Einzugsgebiet des Herrentisch- und des Brünstlegrabens und oberhalb des Stichwegs zur Enning Alm auf.

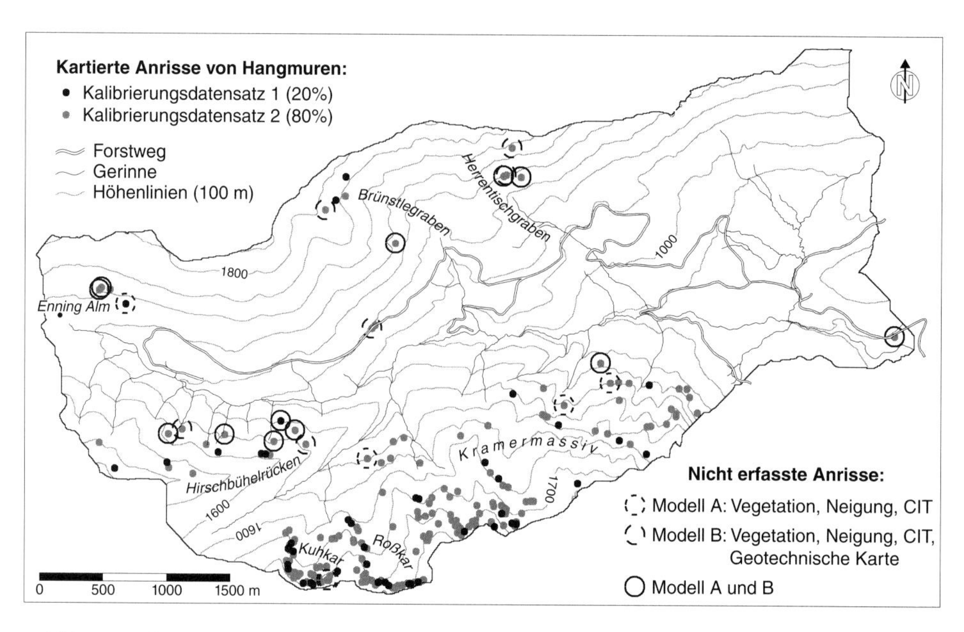

Abb. 5.3: Kartierte Anrisse von Hangmuren im Lahnenwiesgraben. Der Datensatz wurde zur Modellvalidierung zufällig in zwei Datensätze mit jeweils 20% bzw. 80% der Anrisse geteilt. Die von den Modellen A und B nicht erfassten Anrisse sind gesondert gekennzeichnet.

Im Untersuchungszeitraum 2000 bis 2004 konnten im Kramermassiv mehrere Murereignisse beobachtet werden, bei denen die meisten der kartierten Anrisse aktiv wurden. Auf den südexponierten Hängen wurden viele der Anrisse nur bei einem Ereignis im Sommer 2002 aktiv.

Die Rasterdatensätze der Geofaktoren müssen für die Verarbeitung im Modell in kategorialer Form vorliegen. Kontinuierliche Daten (z.B. die Hangneigung) müssen daher in einem ersten Schritt in sinnvolle Klassen eingeteilt werden. Dies sollte im Hinblick auf Wertebereiche, die für die Murauslösung von Relevanz sind, geschehen. Eine mehr oder weniger objektive Beurteilung der Klassifizierungsergebnisse kann mit Hilfe der *Failure Rate* (FR) Analyse (Aniya 1985) vorgenommen werden.

Die Relevanz einer Klasse für Muranrisse kann ermittelt werden, indem der Anteil dieser Klasse auf kartierten Muranrissflächen (FA) zur Fläche der Klasse im Gesamtgebiet (FG) ins Verhältnis gesetzt wird:

$$FR = \frac{FA}{FG} \tag{5.6}$$

FR-Werte > 1 zeigen an, dass die untersuchte Klasse auf Anrissen prozentual häufiger als im Gesamtgebiet vorkommt und damit für das Auftreten von Muren von Relevanz ist. Da die FR-Analyse erst nach der Klassifizierung durchgeführt werden kann, muss die Klassifizierung gegebenenfalls wiederholt werden. Dies kann ein langwieriger Prozess sein, weshalb die Auswertungen mit dem `FR-Detect` Modul von HECKMANN (2003a) durchgeführt wurden. Mit Hilfe des Moduls lässt sich der Prozess auf wenige Arbeitsschritte reduzieren. Die Rasterdatensätze wurden so klassifiziert, dass der gesamte Bereich in dem $FR > 0$ gilt (also Muranrisse überhaupt vorkommen) in 8 gleich große Klassen (*equal interval*) eingeteilt wurde. Hinzu kommen eine untere und eine obere Klasse, die die Wertebereiche $FR = 0$ abdecken. Grundsätzlich sollte die Anzahl der verwendeten Geofaktoren und deren Klassenanzahl nicht zu hoch sein, da ansonsten bei der Überlagerung der Geofaktoren zu viele sogenannte *Unique Condition Units*, UCUs (CLERICI et al. 2002, Flächen mit gleicher Geofaktorenkombination) entstehen. UCUs mit nur wenigen Rasterzellen, auf denen aber Anrisse kartiert wurden, resultieren in unrealistisch hohen bedingten Wahrscheinlichkeiten.
Eine Beurteilung der Modellgüte ist nur durch eine Validierung der Modellergebnisse möglich. Der Prozess der Validierung begleitet schon die Modellbildung, d.h. die Auswahl der relevanten Geofaktoren und deren Klassifizierung. Ohne eine Validierung kann nicht abgeschätzt werden, ob die Hinzunahme (oder das Entfernen) eines weiteren Geofaktors das Modellergebnis verbessert oder verschlechtert. Angestrebt wird ein möglichst einfaches Modell mit wenigen Geofaktoren.
Die Validierung sollte nicht nur qualitativ, sondern auch quantitativ erfolgen. Verschiedene Validierungsstrategien werden beispielsweise von CHUNG & FABRI (2003) und REMONDO et al. (2003) beschrieben. Allen Strategien ist gemeinsam, dass die Modellkalibrierung nur mit einem Teil der kartierten Muranrisse durchgeführt wird. Der andere Teil dient der Validierung der Ergebnis-

se. In dieser Arbeit wird das Untersuchungsgebiet zufällig in zwei Datensätze geteilt (SAGA-Modul `Randsplit`, HECKMANN 2003b).

Bei der Validierung wird zwischen der Erfolgs- und der Vorhersagekurve unterschieden. Die Erfolgskurve vergleicht die Modellergebnisse mit dem zur Modellerstellung verwendeten Datensatz der Muranrisse und erlaubt Rückschlüsse auf die Modellgüte (*goodness of fit*). Die Vorhersagekurve vergleicht hingegen die Modellergebnisse mit dem zurückgehaltenen Datensatz und gibt Auskunft über die Vorhersagequalität des Modells. Beide Kurven (vgl. z.B. Abbildung 5.10) zeigen den kumulierten Anteil an Muranrissen (in %) der durch x% der absteigend sortierten CF-Werte des Modells erfasst wird. Beispielsweise kann so die Aussage getroffen werden, dass 80% der Muranrisse durch die höchsten 10% der CF-Werte erfasst werden. Eine hypothetische Validierungskurve, die entlang der Hauptdiagonalen (0; 1) verläuft, entspricht einer völlig zufälligen Vorhersage. Je weiter die Kurve von der Hauptdiagonalen nach oben hin abweicht (je größer also die Steigung im ersten Abschnitt der Kurve ist), desto besser ist das Vorhersagevermögen des Modells (REMONDO et al. 2003). Die Berechnung der Erfolgs- und Vorhersagekurven wurde mit dem SAGA-Modul `SPM-Validate` (HECKMANN 2004b) durchgeführt.

Die Ausführungen in Abschnitt 5.2.1 haben gezeigt, dass Hangmuren sowohl durch eine Hanginstabilität als auch durch progressive Erosion entstehen können. Die in das Modell eingehenden Parameter bzw. Geofaktoren sollten daher möglichst für beide Mechanismen relevant sein. Die plausibelsten Ergebnisse wurden mit den Faktoren Vegetation, Hangneigung, CIT-Index und der Geotechnischen Karte erzielt. Bevor auf die Modellergebnisse näher eingegangen wird, soll noch kurz der Ausschluss anderer Faktoren und die Wahl der endgültig verwendeten Faktoren begründet werden. Um die Verwendbarkeit der Faktoren zu prüfen, wurden unter anderem für jeden Faktor die CF_{L_k}-Werte berechnet und das jeweilige Modell anhand der Erfolgskurve geprüft (vgl. Abbildung 5.4 und Tabellen 5.2 und 5.3).

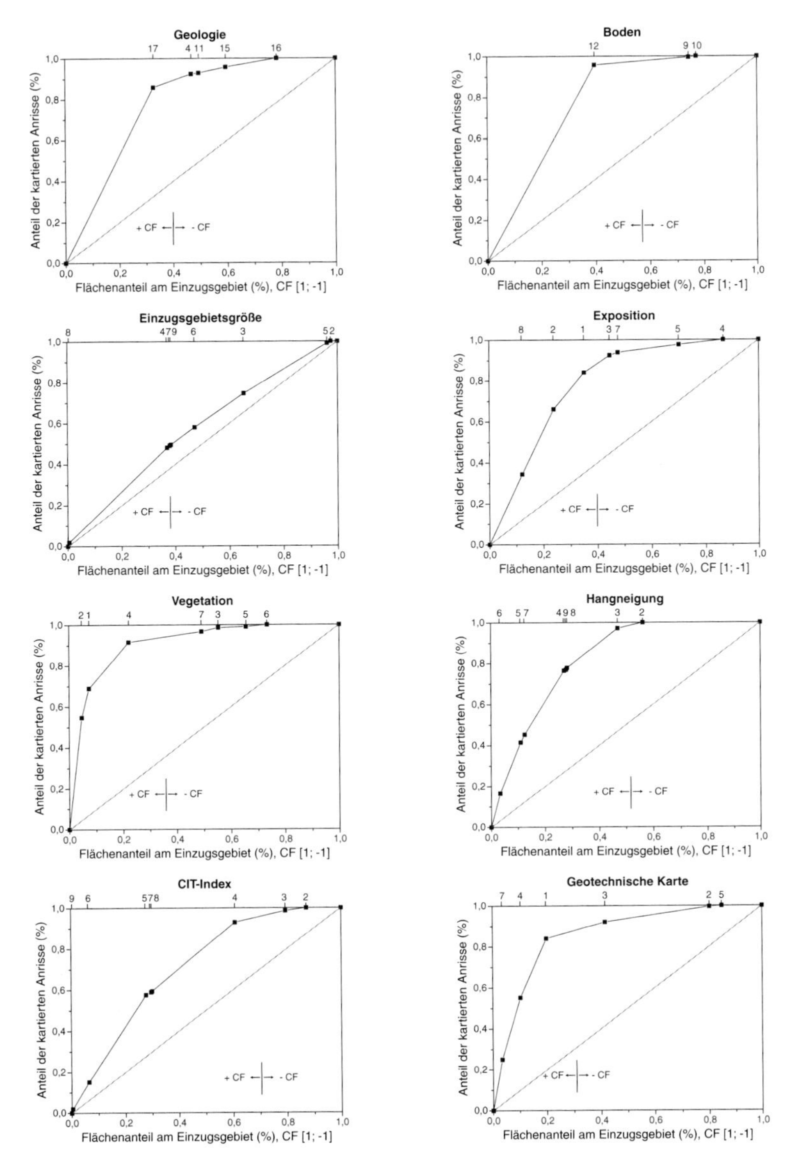

Abb. 5.4: Erfolgskurven verschiedener Geofaktoren zur Modellierung von Hanganrissen. Auf der oberen x-Achse sind die den Datenpunkten entsprechenden Geofaktorenklassen angezeichnet. Die CF-Werte sind absteigend von den höchsten zu den niedrigsten Werten sortiert. Der Übergang von positiven zu negativen CF-Werten ist jeweils zwischen den entsprechenden Klassen markiert.

Tab. 5.2: Parameter und Modellergebnisse der nicht weiter verwendeten Geofaktoren.

Geofaktor	Kategorie	Klasse	FR	$p(Y^+)$	$p(Y^+ \mid L_k)$	CF_{L_k}
Geologie	Moor u. anm. Gel.	1	0,00	0,00032	0,00000	-1,00
	Bachschuttkegel	2	0,00	0,00032	0,00000	-1,00
	Talfüllung	3	0,00	0,00032	0,00000	-1,00
	Hangschutt, Verwit.	4	0,42	0,00032	0,00013	-0,58
	Postglazialer Schotter	6	0,00	0,00032	0,00000	-1,00
	Spätglazialer Schotter	8	0,00	0,00032	0,00000	-1,00
	Lokalmoräne	9	0,00	0,00032	0,00000	-1,00
	Fernmoräne	10	0,00	0,00032	0,00000	-1,00
	Aptychenschichten	11	0,30	0,00032	0,00010	-0,70
	Bunte Hornsteinsch.	12	0,00	0,00032	0,00000	-1,00
	Doggerkalk	13	0,00	0,00032	0,00000	-1,00
	Allgäuschichten	14	0,00	0,00032	0,00000	-1,00
	Kössener Schichten	15	0,28	0,00032	0,00009	-0,72
	Plattenkalk	16	0,15	0,00032	0,00005	-0,85
	Hauptdolomit	17	2,60	0,00032	0,00083	0,62
Boden	Braunerde	1	0,00	0,00032	0,00000	-1,00
	Braunerde-Kolluvium	2	0,00	0,00032	0,00000	-1,00
	Braunerde-Pseudogley	3	0,00	0,00032	0,00000	-1,00
	Gley	4	0,00	0,00032	0,00000	-1,00
	Gley-Kolluvium	5	0,00	0,00032	0,00000	-1,00
	KVL-Kolluvium	6	0,00	0,00032	0,00000	-1,00
	Parabraunerde	7	0,00	0,00032	0,00000	-1,00
	Pseudogley	8	0,00	0,00032	0,00000	-1,00
	Rendzina	9	0,11	0,00032	0,00003	-0,89
	Rendzina-Braunerde	10	0,06	0,00032	0,00002	-0,94
	Rendzina-Gley	11	0,00	0,00032	0,00000	-1,00
	Rohboden	12	2,42	0,00032	0,00077	0,59
Einzugs-gebiets-größe ($\ln(a)$)	0,00 - 3,50	1	0,00	0,00032	0,00000	-1,00
	3,50 - 4,56	2	0,33	0,00032	0,00010	-0,67
	4,56 - 5,63	3	0,89	0,00032	0,00028	-0,12
	5,63 - 6,69	4	1,26	0,00032	0,00040	0,20
	6,69 - 7,75	5	0,84	0,00032	0,00027	-0,17
	7,75 - 8,81	6	0,85	0,00032	0,00028	-0,11
	8,81 - 9,88	7	1,86	0,00032	0,00039	0,19
	9,88 - 10,94	8	2,79	0,00032	0,00118	0,73
	10,94 - 12,00	9	0,95	0,00032	0,00030	-0,06
	12,00 - 17,00	10	0,00	0,00032	0,00000	-1,00
Expo-sition	Nord	1	1,54	0,00032	0,00049	0,35
	Nord-Ost	2	2,73	0,00032	0,00087	0,63
	Ost	3	0,88	0,00032	0,00028	-0,12
	Süd-Ost	4	0,10	0,00032	0,00003	-0,90
	Süd	5	0,16	0,00032	0,00005	-0,84
	Süd-West	6	0,00	0,00032	0,00000	-1,00
	West	7	0,43	0,00032	0,00014	-0,57
	Nord-West	8	2,81	0,00032	0,00090	0,64

- Die Verwendung der **Geologischen Karte** führt zu unplausiblen Ergebnissen. 86% der kartierten Muranrisse liegen im Hauptdolomit, so dass diese Klasse überbewertet wird. Dies ist auch an den FR- und CF_{L_k}-Werten deutlich zu erkennen: In den meisten Klassen kommen überhaupt keine Muranrisse vor ($FR = 0$ und demnach auch $CF_{L_k} = 0$). Die anderen vier Klassen, in denen neben der Kategorie Hauptdolomit Muranrisse kartiert wurden, weisen durchgängig FR-Werte < 1 und negative CF_{L_k}-Werte auf. Aufgrund dieser Konstellation wirkt die Geologische Karte wie eine Maske, da alle Regionen außerhalb des Hauptdolomits in ihrer Gefährdung herabgesetzt werden. Dies entspricht aber weder der Kartierung noch den Erfahrungen im Gelände.

  Aufgrund der wenigen Stützpunkte der Erfolgskurve darf die Steigung der Kurve nicht als Gütekriterium herangezogen werden. Es wird lediglich deutlich, dass 86% der kartierten Muranrisse in die Kategorie Hauptdolomit fallen. Um diese zu erfassen, müssten 33% des Einzugsgebiets als murgefährdet ausgeschieden werden. Eine weitere Differenzierung ist mittels des Geofaktors Geologie im Lahnenwiesgraben nicht möglich. Selbst eine sinnvolle Zusammenlegung einzelner Klassen würde an diesem Ergebnis nichts ändern. Die für die Murgangentstehung ausschlaggebende Zusammensetzung und Verfügbarkeit des Lockermaterials kann nicht aus der stratigraphischen Gliederung der Karte abgeleitet werden. Bessere Ergebnisse wurden mit der Geotechnischen Karte von KELLER (in Vorb.) erzielt (s.u.). Eine Verwendung des Geofaktors Geologie wäre möglich, wenn eine bessere Verteilung der Muranrisse über verschiedene geologische Einheiten vorliegen würde. Hierzu müssten die Untersuchungen auf andere Untersuchungsgebiete ausgedehnt werden.

- Ähnliche Probleme treten bei der Verwendung der **Bodenkarte** von KOCH (2005) auf. In diesem Fall liegen fast alle kartierten Muranrisse (96%) in der Kategorie Rohboden. Nur diese Klasse hat eine $FR > 1$ und einen positiven CF_{L_k}-Wert. Die Steigung der Erfolgskurve gibt auch in diesem Fall keinen Aufschluss über die Modellgüte. Acht Anrisse befinden sich in der Kategorie Rendzina, ein einziger Anriss befindet sich in der Kategorie Rendzina-Braunerde. Aufgrund der vielen CF_{L_k}-Werte von -1 wirkt die Bodenkarte ebenfalls wie eine Maske und führt zu unplausiblen Ergebnissen. Die Kartierung von Bodentypen lässt im Gegensatz zu einer

Kartierung der Bodenarten kaum Rückschlüsse auf die für die Murgangentstehung relevanten bodenphysikalischen Parameter zu.

- Die **lokale Einzugsgebietsgröße** ist ein Indikator für die in jeder Rasterzelle verfügbare Wassermenge und kann aus dem DHM berechnet werden. Auf den Hängen (bis zu einer lokalen Einzugsgebietsgröße von 10 000 m^2) wurde der *multiple flow direction* Algorithmus von FREEMAN (1991) verwendet, anschließend entlang der Gerinne der *single flow direction* Algorithmus von O'CALLAGHAN & MARK (1984). Der Datensatz wurde vor der Reklassifizierung logarithmiert.

  Der Datensatz liefert zwar 3 Klassen mit positiven CF_{L_k}-Werten, aber die kartierten Muranrisse werden dennoch nur sehr schlecht erfasst. Der relativ hohe CF_{L_k}-Wert (0,73) der Klasse 8 erklärt sich aus deren geringer Ausdehnung (0,5% des Einzugsgebiets) und der Lage von vier kartierten Muranrissen in dieser Klasse. Trotz des geringen CF_{L_k}-Werts der Klasse 4 (0,2) fallen in diese Klasse immerhin 46% der kartierten Anrisse. Da diese Klasse aber einen recht hohen Flächenanteil am Einzugsgebiet aufweist, ist der Erkenntnisgewinn gering.

  Die Erfolgskurve verläuft annähernd parallel zur Hauptdiagonalen (0; 1), so dass die Erklärung der Muranrisse mit einer zufälligen Vorhersage zu vergleichen ist. Die ungleichmäßige Verteilung der Muranrisse auf die einzelnen Klassen führt auch zu dem physikalisch nicht zu erklärenden Phänomen, dass bei zunehmender lokaler Einzugsgebietsgröße die Klassen 4, 7 und 8 die Gefahr für Muranrisse erhöhen, die Klassen 5 und 6 diese aber verringern. Dieser Umstand könnte nur durch die Verwendung von weniger Klassen mit breiteren Intervallen behoben werden. Bessere Ergebnisse wurden mit dem CIT-Index (MONTGOMERY & DIETRICH 1989) erzielt, der eine Kombination aus lokaler Einzugsgebietsgröße und Hangneigung darstellt (s.u.).

- Die positiven CF_{L_k}-Werte der **Exposition** fallen durchweg auf die nach Norden ausgerichteten Hänge (Klassen 1, 2 und 8). Hier treten zwar die meisten der kartierten Anrisse auf, dennoch ist die Verringerung der Disposition auf den südexponierten Hängen durch negative CF_{L_k}-Werte aufgrund der dort auftretenden Anrisse nicht plausibel. Der Einfluss der Exposition auf die Entstehung von Hangmuren ist im Lahnenwiesgraben nicht eindeutig zu quantifizieren, da die Niederschlagsintensitäten und -summen der oft für die Auslösung verantwortlichen konvektiven Starkregen nicht expositionsabhängig sind. Dies zeigen auch die im Rahmen des SEDAG-Projekts durchgeführten Niederschlagsmessungen.

Um die Übertragbarkeit der Modellergebnisse zu gewährleisten, sollten Faktoren, die nicht eindeutig einer Erhöhung oder Verringerung der Disposition zugeordnet werden können, nicht zur Modellbildung herangezogen werden (vgl. auch Abschnitt 5.2.1). Dies betrifft beispielsweise auch die in anderen Arbeiten oft verwendete Höhe ü. NN, die je nach der Höhenlage und -erstreckung des untersuchten Gebietes völlig unterschiedliche Einflüsse aufweisen kann. Der Verwendung von Faktoren, die mehr oder weniger eindeutig einem physikalischen Mechanismus zugeordnet werden können, ist Vorzug zu geben.
Bevor die Modellbildung näher beschrieben wird, soll noch kurz auf die hierfür verwendeten Geofaktoren eingegangen werden. Die Modellergebnisse werden anschließend im Hinblick auf die Hinzunahme der einzelnen Faktoren untersucht.

- Die Verwendung der **Vegetationskarte** führt zu plausiblen Ergebnissen. Positive CF_{L_k}-Werte weisen die Kategorien vegetationsfrei, lückenhafte Vegetation und Krummholz auf. Die Kategorie "lückenhafte Vegetation" erklärt 55% der kartierten Anrisse, alle drei Klassen zusammen erklären 92% aller Anrisse. Die große Steigung der Erfolgskurve ergibt sich aus dem geringen Flächenanteil dieser Klassen am Einzugsgebiet (22% der Fläche erklären 92% der Anrisse). Alle anderen Klassen (Grasbewuchs und Waldbewuchs) vermindern die Anfälligkeit gegenüber Muranrissen.

  Als problematisch erweist sich (wie schon bei der Modellierung der Sturzprozesse) die Detailgenauigkeit der Vegetationskarte: Einige mehr oder weniger vegetationsfreie Runsen liegen im Wald und sind dementsprechend nicht als vegetationsfrei ausgeschieden. Der größte Anteil der durch negative CF_{L_k}-Werte erfassten Anrisse liegt mit 5% in der Kategorie Nadelwald. Die Muranrisse im Wald werden aber in der Regel durch die Hinzunahme weiterer Geofaktoren korrekt erfasst.

- Bis auf die Klassen 1, 2 und 10 weisen alle Klassen der **Hangneigung** positive CF_{L_k}-Werte auf. Der negative CF_{L_k}-Wert der Klasse 2 (25° - 30,25°)

steht im Widerspruch zu den Angaben in der Literatur. Im Lahnenwiesgraben liegen in dieser Klasse allerdings nur 6 der kartierten Anrisse, obwohl der Flächenanteil am Einzugsgebiet bei 16% liegt. Die beiden höchsten Klassen mit positiven CF_{L_k}-Werten decken den Neigungsbereich von 56,5° - 67° ab. In diese Klassen fallen nur 3 Muranrisse, die hohen CF_{L_k}-Werte ergeben sich aus dem geringen Flächenanteil am Einzugsgebiet (0,76%). Den höchsten CF_{L_k}-Wert weist die Klasse 6 auf. Durch die Klassen mit positiven CF_{L_k}-Werten werden insgesamt 97% der kartierten Anrisse erfasst. Allerdings nehmen diese Klassen zusammen auch 47% des Einzugsgebiets ein. Im Laufe der Modellbildung hat sich dennoch die Bedeutung der Hangneigung bestätigt: Ohne diesen Geofaktor würden keine Anrisse auf gestreckten Hängen modelliert, da dort keine Konzentration des Abflusses stattfindet. Anrisse durch bodenmechanische Instabilitäten würden demnach vernachlässigt. Außerdem würden beispielsweise in den Karen auch zu flache Hangbereiche als murgefährdet ausgeschieden.

- Der **CIT-Index** (MONTGOMERY & DIETRICH 1989; MONTGOMERY & FOUFOULA-GEORGIOU 1993) ist eine Variante des *Stream Power* Index und wird zur Vorhersage der Quellgebiete (*channel initiation*) von Gerinnen erster Ordnung verwendet. *Stream Power* Indices werden in zahlreichen Studien als Maß für die Erosivität von fließendem Wasser verwendet, unter anderem auch für die Vorhersage von kurzzeitig wasserführenden Rinnen (*ephemeral gullies*). Der Index bietet sich daher zur Vorhersage von Muranrissen durch progressive Erosion an. Die für die Berechnung benötigten Daten können aus dem DHM abgeleitet werden. Der CIT-Index berechnet sich nach

$$\mathrm{CIT} = a_s(\tan\beta)^2 \tag{5.7}$$

wobei a_s die spezifische Einzugsgebietsgröße (m^2m^{-1}) ist und β die Hangneigung (°). Die spezifische Einzugsgebietsgröße berechnet sich wiederum aus dem Quotienten der lokalen Einzugsgebietsgröße a und der vom Abfluss orthogonal gequerten Höhenlinienlänge l (Abflussbreite), a/l. Die Berechnung des Datensatzes der lokalen Einzugsgebietsgröße wurde schon beschrieben, die Abflussbreite wurde nach dem Ansatz von QUINN et al. (1991) berechnet. Die Ableitung der Hangneigung aus dem DHM erfolgte nach dem Verfahren von ZEVENBERGEN & THORNE (1987).

Mit der Zunahme der spezifischen Einzugsgebietsgröße hangabwärts nimmt in der Regel auch der Abfluss zu. Große Neigungen in Verbindung mit hohen Abflüssen erhöhen die Gefahr der Erosion. Dieser Zusammenhang wird durch den CIT-Index ausgedrückt, der im Gegensatz zur lokalen Einzugsgebietsgröße hangabwärts nicht kontinuierlich zunimmt. Aufgrund des großen Wertebereichs wurde der Datensatz vor der Klassifizierung logarithmiert.

Sowohl die drei niedrigsten Klassen als auch die höchste Klasse des CIT-Index weisen negative CF_{L_k}-Werte auf. Kartierte Muranrisse liegen nur in den Klassen 2 und 3 (15 Anrisse). 197 Anrisse werden durch positive CF_{L_k}-Werte erfasst. Aufgrund der relativ geringen Steigung der Erfolgskurve müssen hierzu allerdings 61% des Einzugsgebiets als murgefährdet ausgewiesen werden. Der Großteil der Anrisse liegt in den Klassen 4 (71 Anrisse) und 5 (90 Anrisse), den höchsten CF_{L_k}-Wert weist die Klasse 9 auf. Trotz dieser Defizite erhöht der Datensatz im Zusammenhang mit den anderen Geofaktoren die Vorhersagegüte des Modells.

- Die von KELLER (in Vorb.) erstellte **Geotechnische Karte** des Lahnenwiesgrabens verzeichnet die acht in Tabelle 5.3 aufgeführten Klassen. In den Klassen 6 und 8 liegen keine kartierten Muranrisse ($CF_{L_k} = -1$). Positive CF_{L_k}-Werte weisen die Kategorien Anstehendes, korngestützter Hangschutt und Sturzschutt auf. Der positive CF_{L_k}-Wert des Anstehenden kann auf die Tatsache zurückgeführt werden, dass kleinere schuttgefüllte Felscouloirs in den steilen Wänden des Kramermassivs in der Karte nicht aufgelöst sind. In diese Klasse fallen immerhin 61 der kartierten Anrisse. Sturzschutt und korngestützter Hangschutt weisen die höchsten CF_{L_k}-Werte auf. Im Gegensatz zur Geologischen Karte liefert die Geotechnische Karte bessere Ergebnisse, allerdings wirkt auch diese Karte wie eine Maske. Auf die Verwendbarkeit der Geotechnischen Karte wird später noch genauer eingegangen.

Tab. 5.3: Parameter und Modellergebnisse der verwendeten Geofaktoren.

Geofaktor	Kategorie	Klasse	FR	$p(Y^+)$	$p(Y^+ \mid L_k)$	CF_{L_k}
Vegetation	vegetationsfrei	1	5,15	0,00032	0,00164	0,81
	lückenhafte V.	2	11,72	0,00032	0,00374	0,91
	Grasbewuchs	3	0,14	0,00032	0,00004	-0,86
	Krummholz	4	1,53	0,00032	0,00049	0,35
	Buschwerk	5	0,10	0,00032	0,00003	-0,90
	Mischwald	6	0,03	0,00032	0,00001	-0,97
	Nadelwald	7	0,19	0,00032	0,00006	-0,81
Hangneigung	0,00° - 25,00°	1	0,00	0,00032	0,00000	-1,00
	25,00° - 30,25°	2	0,21	0,00032	0,00006	-0,82
	30,25° - 35,50°	3	1,01	0,00032	0,00033	0,03
	35,50° - 40,75°	4	2,07	0,00032	0,00067	0,52
	40,75° - 46,00°	5	3,24	0,00032	0,00103	0,69
	46,00° - 51,25°	6	4,73	0,00032	0,00150	0,79
	51,25° - 56,50°	7	2,55	0,00032	0,00081	0,61
	56,50° - 61,75°	8	1,85	0,00032	0,00059	0,46
	61,75° - 67,00°	9	1,92	0,00032	0,00061	0,48
	67,00° - 72,50°	10	0,00	0,00032	0,00000	-1,00
CIT-Index ($\ln(CIT)$)	-15,00 - 0,80	1	0,00	0,00032	0,00000	-1,00
	0,80 - 1,80	2	0,15	0,00032	0,00005	-0,85
	1,80 - 2,80	3	0,31	0,00032	0,00010	-0,69
	2,80 - 3,80	4	1,09	0,00032	0,00035	0,08
	3,80 - 4,80	5	1,91	0,00032	0,00061	0,47
	4,80 - 5,80	6	2,17	0,00032	0,00069	0,54
	5,80 - 6,80	7	1,47	0,00032	0,00047	0,32
	6,80 - 7,80	8	1,13	0,00032	0,00036	0,11
	7,80 - 8,80	9	3,55	0,00032	0,00150	0,79
	8,80 - 16,00	10	0,00	0,00032	0,00000	-1,00
Geotechn. Karte	Anstehendes	1	3,09	0,00032	0,00099	0,68
	Hangschutt (matrixg., fein)	2	0,18	0,00032	0,00006	-0,82
	Hangschutt (matrixg., grob)	3	0,36	0,00032	0,00012	-0,64
	Hangschutt (korngestützt)	4	4,35	0,00032	0,00139	0,77
	Moräne	5	0,06	0,00032	0,00002	-0,94
	Schotter	6	0,00	0,00032	0,00000	-1,00
	Sturzschutt	7	6,91	0,00032	0,00221	0,86
	Bachschotter	8	0,00	0,00032	0,00000	-1,00

Im Laufe der Modellbildung wurden zahlreiche Geofaktorenkombinationen getestet und die Modellergebnisse mit dem beschriebenen Verfahren validiert. An dieser Stelle sollen nur noch die letztendlich verwendeten Geofaktoren diskutiert werden. In einem ersten Schritt wurde die Veränderung der Erfolgskurve bei der Hinzunahme einzelner Geofaktoren untersucht. Die Erfolgskurven von drei Modellen, die alle mit dem kompletten Datensatz der 212 kartierten Anrisse kalibriert wurden, sind in Abbildung 5.5 dargestellt. Vegetation und Hangneigung erklären mit Abstand den größten Teil der kartierten Anrisse, die Hinzunahme der Datensätze CIT-Index und Geotechnische Karte verbessert das Modellergebnis quantitativ nur marginal. Die quantitative Validierung muss allerdings von einer qualitativen Validierung der Dispositionskarten begleitet werden, da die quantitative Validierung nur Aussagen über die Gebiete mit kartierten Anrissen liefern kann. Die Unterschiede der drei Modelle werden bei einer qualitativen Bewertung deutlicher.

Das Modell mit den Datensätzen Vegetation und Hangneigung erklärt durch positive CF-Werte 90,6% der kartierten Anrisse. Die positiven CF-Werte machen 16,7% aller CF-Werte aus (dieser Wert entspricht dem Flächenanteil des

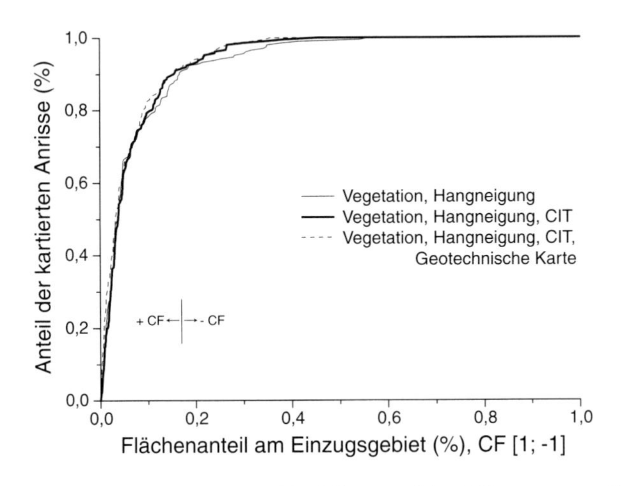

Abb. 5.5: Erfolgskurven verschiedener Modelle zur Modellierung von Hanganrissen. Die CF-Werte sind absteigend von den höchsten zu den niedrigsten Werten sortiert. Der Übergang von positiven zu negativen CF-Werten ist im Diagramm markiert.

Einzugsgebiets, der als disponiert modelliert wird). 9,4% der kartierten Muranrisse werden durch das Modell nicht erfasst. Die Hinzunahme des CIT-Index als weiteren Geofaktor verbessert das Ergebnis (vgl. Abbildung 5.5): Durch positive CF-Werte werden 91,5% der kartierten Anrisse erfasst, der Flächenanteil der modellierten Anrissflächen steigt dabei leicht auf 16,9%. Durch die Hinzunahme der Geotechnischen Karte werden zwar nicht mehr kartierte Anrisse erfasst (weiterhin 91,5%), aber die dazu ausgeschiedene Fläche sinkt auf 15,9% des Einzugsgebiets.
Die beiden letztgenannten Modelle wurden in einem zweiten Schritt genauer verglichen. Im Folgenden wird das Modell auf Basis der Karten Vegetation, Hangneigung und CIT-Index als Modell A, das Modell mit den gleichen Faktoren und der Geotechnischen Karte als Modell B bezeichnet. Die positiven CF-Werte (0 - 1) der Dispositionskarten wurden in 10 Klassen mit einer Intervallbreite von 0,1 eingeteilt, alle negativen Werte als *NoData* klassifiziert. Die Modellergebnisse sind in den Abbildungen 5.6 und 5.7 dargestellt (zur besseren Visualisierung sind die Klassen hier auf 5 reduziert). Die Anzahl der kartierten Muranrisse in jeder Klasse zeigt Abbildung 5.8, weitere Informationen wie den Flächenanteil der einzelnen Klassen enthält Tabelle 5.4. Beide Modelle erfassen 194 der kartierten Anrisse, 18 Anrisse werden nicht wiedergegeben. Zwölf der nicht erfassten Anrisse decken sich bei Modell A und B (vgl. Abbildung 5.3). Die meisten der nicht erfassten Anrisse liegen in steilen Rinnen unter Wald (Nordflanke des Hirschbühelrückens, Stichweg zur Enning Alm und Herrentischgraben). Viele der nicht erfassten Anrisse liegen aber in der Regel sehr dicht an Flächen mit positiven CF-Werten, so dass die Anrisse bei der Akzeptanz einer geringen Lageungenauigkeit als erfasst gelten können (s.u.).

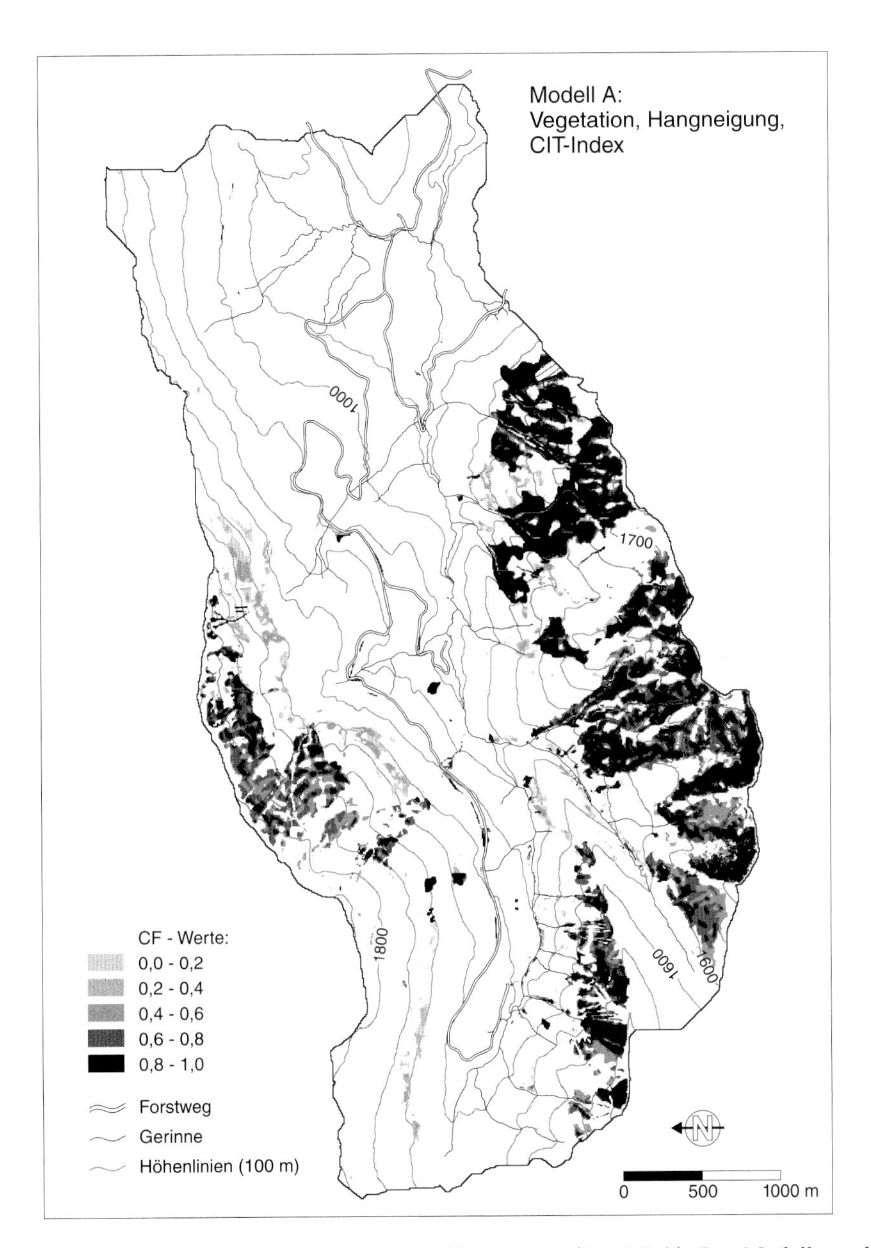

Abb. 5.6: Dispositionskarte für Anrisse von Hangmuren (Modell A). Das Modell wurde mit 100% der Anrisse unter Verwendung der Karten Vegetation, Hangneigung und CIT-Index kalibriert. Die positiven CF-Werte der Karte wurden in 5 Klassen eingeteilt, alle negativen Werte sind nicht dargestellt.

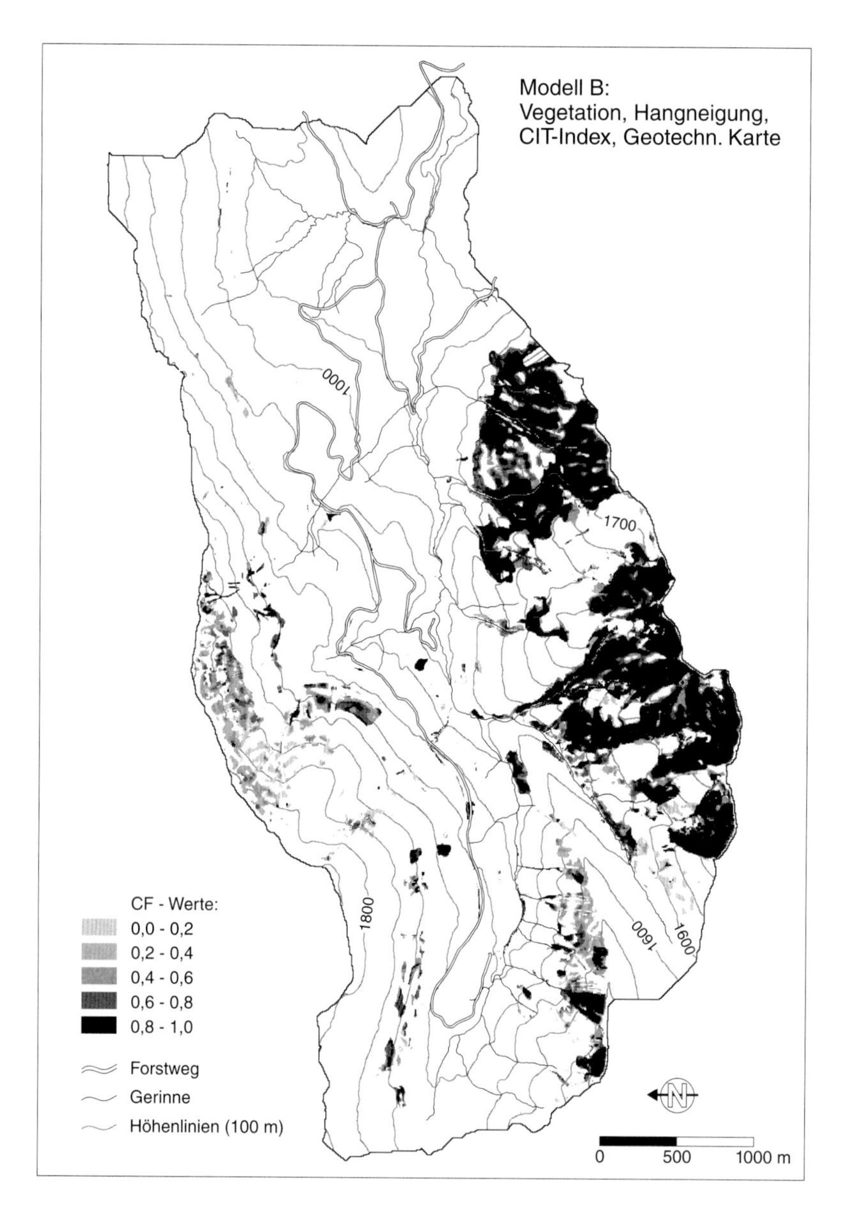

Abb. 5.7: Dispositionskarte für Anrisse von Hangmuren (Modell B). Das Modell wurde mit 100% der Anrisse unter Verwendung der Karten Vegetation, Hangneigung, CIT-Index und der Geotechnischen Karte kalibriert. Die positiven CF-Werte der Karte wurden in 5 Klassen eingeteilt, alle negativen Werte sind nicht dargestellt.

Tab. 5.4: Validierung der Modellgüte: Kartierte und erfasste Muranrisse pro CF-Klasse und Flächenanteile der Klassen am Einzugsgebiet. Die Modelle wurden mit 100% der kartierten Anrisse kalibriert.

Modell A	CF-Klasse	kart. Anrisse (Anzahl)	erf. Anrisse (%)	Fläche der Klasse (%)
• Vegetation	NoData	18	8,49	83,06
• Hangneigung	1	1	0,47	0,06
• CIT-Index	2	0	0,00	0,96
	3	3	1,42	0,44
	4	0	0,00	0,28
	5	8	3,77	2,26
	6	0	0,00	0,19
	7	6	2,83	1,13
	8	12	5,66	2,32
	9	29	13,68	4,12
	10	135	63,68	5,19
Summe:		212	100,00	100,00

Modell B	CF-Klasse	kart. Anrisse (Anzahl)	erf. Anrisse (%)	Fläche der Klasse (%)
• Vegetation	NoData	18	8,49	83,65
• Hangneigung	1	3	1,42	0,82
• CIT-Index	2	1	0,47	0,27
• Geotechnische	3	2	0,94	0,98
Karte	4	1	0,47	0,34
	5	4	1,89	0,76
	6	3	1,42	1,20
	7	2	0,94	0,97
	8	4	1,89	1,04
	9	9	4,25	1,42
	10	165	77,83	8,54
Summe:		212	100,00	100,00

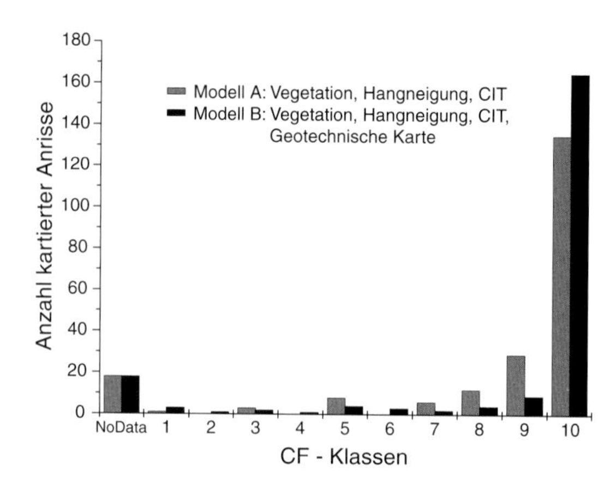

Abb. 5.8: Anzahl der kartierten Muranrisse in den CF-Klassen der Modelle A und B.

Abbildung 5.8 verdeutlicht, dass mit Modell B deutlich mehr Anrisse in der höchsten CF-Klasse (0,9 - 1,0) erfasst werden. Allein mit dieser Klasse können 77,8% der kartierten Anrisse reproduziert werden. Das Modell A erfasst in der höchsten CF-Klasse hingegen nur 63,7% der Anrisse. Durch die Verwendung der Geotechnischen Karte wird allerdings die räumliche Differenzierung der Anrissgefährdung reduziert (vgl. Abbildung 5.9 mit einem Ausschnitt aus dem Kramermassiv).

Die sehr scharfe Abgrenzung zwischen murgefährdeten und nicht murgefährdeten Gebieten bei Modell B verdeutlichen auch die CF-Werte der nicht erfassten Anrisse: Bei Modell A weisen diese im Mittel einen CF-Wert von -0,49 auf, bei Modell B einen Wert von -0,72 (vgl. Tabelle 5.5). Um gewisse Lageungenauigkeiten zu tolerieren, wurde auch die 3×3 und die 5×5 Umgebung der nicht erfassten Anrisszellen analysiert. Dies entspricht Lagefehlern von 5 bzw. 10 m. Auch hier zeigt sich die sehr scharfe Grenzziehung bei Modell B: Bei der Hinzunahme der Umgebung sinkt die Anzahl der nicht erfassten Anrisse nur leicht und die mittleren CF-Werte der nicht erfassten Anrisse sind weiter niedrig. Bei Modell A wird hingegen in der 5×5 Umgebung die Anzahl der nicht erfassten Anrisse halbiert.

Aufgrund der bisherigen Ausführungen, die die starke Übergewichtung einzelner geotechnischer Klassen und die daraus resultierende scharfe Abgrenzung

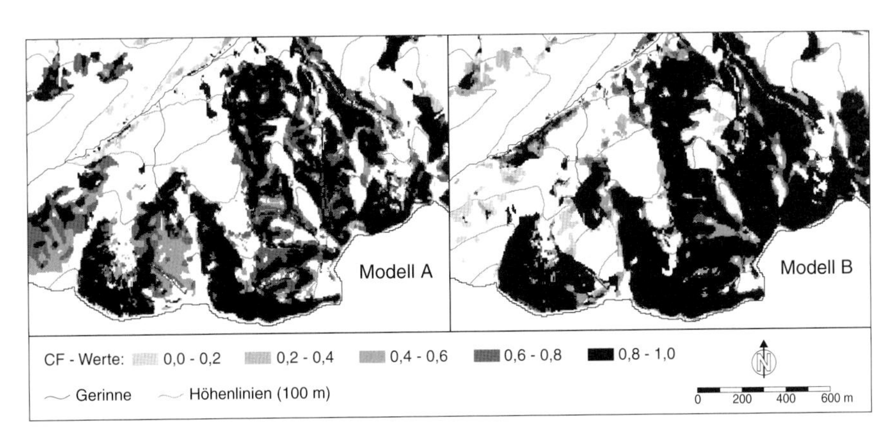

Abb. 5.9: Dispositionskarte für Anrisse von Hangmuren (Modell A und B). Die Karte zeigt einen Ausschnitt aus dem Kramermassiv (Kuhkar und Roßkar), zur Lage siehe (a) in Abbildung 5.13.

der murgefährdeten Bereiche bei Modell B gezeigt haben, wurde das Modell A als endgültige Modellversion gewählt. Die Modellvalidierung wurde dennoch für beide Modelle durchgeführt, um weitere Vergleichsmöglichkeiten zu erhalten. Hierzu wurde der Datensatz mit den kartierten Anrissen in einen Kalibrierungs- und einen Validierungsdatensatz aufgeteilt. Die Aufteilung erfolgte durch eine zufällige Teilung des gesamten Einzugsgebiets in einen Datensatz mit 20% der Rasterzellen (und 43 Muranrissen) und einen Datensatz mit 80% (und 169 Muranrissen, vgl. Abbildung 5.3). Die Modelle wurden anschließend mit den 20% kalibriert und die Modellergebnisse mit den übrigen 80% überprüft (und umgekehrt). Die Erfolgs- und Vorhersagekurven der Modelle sind in Abbildung 5.10 dargestellt. Die Kurvenverläufe sind bei beiden Modellen sehr ähnlich. Interessanterweise verlaufen die Erfolgskurven der Modelle, die mit 80% kalibriert wurden, unterhalb der Vorhersagekurven für die restlichen 20%. Dies deutet auf eine möglicherweise ungünstige Stichprobe hin, was allerdings weiter keine Konsequenzen hat. Bei den Modellen, die nur mit 20% kalibriert wurden, sind die Vorhersagekurven erwartungsgemäß schlechter als die Erfolgskurven.

Sowohl bei der Kalibrierung mit 20% als auch mit 80% der Rasterzellen erfasst das Modell A eine höhere Zahl der insgesamt kartierten Anrisse als das Modell B (vgl. Tabelle 5.5). Auf eine weitere Analyse der 3×3 und 5×5

Tab. 5.5: Validierung der Modellgüte mit allen kartierten Muranrissen: Anzahl der nicht erfassten Muranrisse für Modelle die mit 100%, 80% und 20% der kartierten Anrisse kalibriert wurden. Die Anzahl der nicht erfassten Muranrisse verringert sich, wenn deren 3x3 bzw. 5x5 Umgebung hinzugenommen wird. Zusätzlich sind die arithmetischen Mittel der CF-Werte für die nicht erfassten Muranrisse angegeben.

Modell A

Kalibration (% Anrisse)	Anzahl nicht erfasst von 100% der Anrisse	⊘ CF	3 × 3 Umgebung	⊘ CF	5 × 5 Umgebung	⊘ CF
100	18	-0,49	12	-0,41	9	-0,36
80	15	-0,49	–	–	–	–
20	36	-0,75	–	–	–	–

Modell B

Kalibration (% Anrisse)	Anzahl nicht erfasst von 100% der Anrisse	⊘ CF	3 × 3 Umgebung	⊘ CF	5 × 5 Umgebung	⊘ CF
100	18	-0,72	15	-0,65	12	-0,61
80	18	-0,68	–	–	–	–
20	38	-0,84	–	–	–	–

Umgebung wurde in diesem Fall verzichtet. Die 20% Erfolgskurve von Modell A erfasst mit positiven CF-Werten 95% der zur Kalibrierung verwendeten Anrisse (43 Anrisse), die Vorhersagekurve erfasst von den 169 Anrissen des Validierungsdatensatzes immerhin 80%. Die 80% Erfolgskurve von Modell A erfasst mit positiven CF-Werten 92% der zur Kalibrierung verwendeten Anrisse (169) und sagt 95% der restlichen Anrisse (43) korrekt vorher.

Die guten Validierungsergebnisse stützen die Wahl von Modell A als endgültige Modellversion. Die Verwendung der Geotechnischen Karte führt zu keiner Verbesserung der Modellergebnisse. Als Ursache spielt neben der ungünstigen Verteilung der kartierten Anrisse und der damit verbundenen Übergewichtung bestimmter Klassen vor allem die Tatsache eine Rolle, dass die Lockermaterialverfügbarkeit aus der Geotechnischen Karte nicht mit der erforderlichen Genauigkeit hervorgeht. Die lokale Hangneigung spiegelt im Lahnenwiesgra-

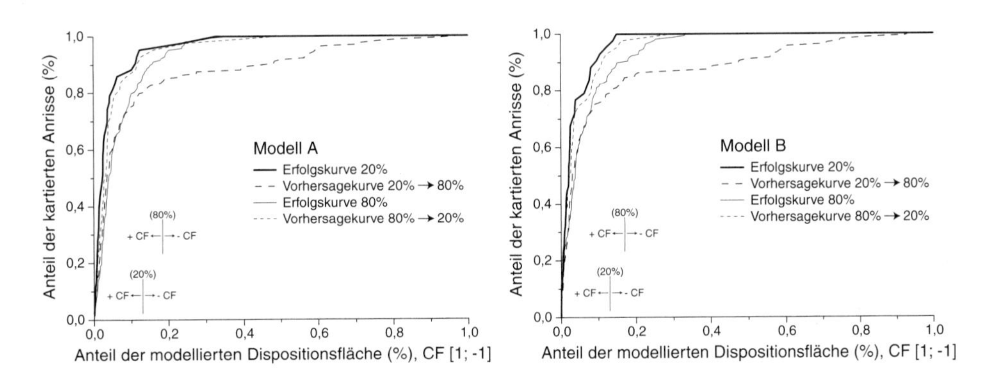

Abb. 5.10: Erfolgs- und Vorhersagekurven der Modelle A und B. Die Modelle wurden mit 20% des Einzugsgebiets kalibriert (Erfolgskurve) und mit den restlichen 80% validiert (Vorhersagekurve) und umgekehrt.

ben die räumliche Verteilung der lithologischen Einheiten gut wider, so dass dieser Datensatz auch geologische Aspekte beschreibt. Dies hat sich schon bei der Abgrenzung der Sturzgebiete gezeigt. REMONDO et al. (2003) zeigen in ihren Untersuchungen, dass ein Modell mit geometrischen Faktoren (z.B. Hangneigung) bessere Vorhersageergebnisse liefert als ein Modell, dass zusätzlich auch Vegetation und Lithologie berücksichtigt. In jedem Fall begünstigt die Verwendung von aus dem DHM ableitbaren Faktoren die Übertragbarkeit der Modelle auf Gebiete, für die wenige Informationen vorliegen.

Die durch das Modell A ausgewiesene anrissgefährdete Fläche gibt die Verhältnisse im Lahnenwiesgraben differenzierter wieder als Modell B. Deutliche Unterschiede bestehen beispielsweise auf dem Hang westlich des Kuhkars und dem westexponierten Hang im Kuhkar. Beide Flächen werden von Modell B nicht als murgefährdet ausgewiesen. Der Ausschnitt aus dem Kramermassiv in Abbildung 5.9 zeigt auch, dass die von Modell B mit sehr hohen CF-Werten ausgewiesenen Anrisszonen in den Karen zu weit nach unten reichen. Auf den Karböden sind die Hangneigungen schon so gering, dass hier keine Muren anreißen können. Die räumliche Verteilung der Anrisszonen auf den südexponierten Hängen unterscheidet sich bei beiden Modellen nicht groß. In der Regel verschiebt sich nur die Klassenzugehörigkeit der Flächen. Die geotechnischen Klassen Anstehend und Sturzschutt erhöhen die CF-Werte lokal sehr deutlich.

5.3.3 Startpunkte Talmuren

Muranrisse in Gerinnen (Typ 3 und 4 in Tabelle 5.1) sind im Gelände nur sehr schwer und ungenau zu kartieren. Selbst den bei einem Starkregenereignis im Sommer 2002 im Gelände beobachteten Talmuren (siehe auch HAAS et al. 2004; WICHMANN & BECHT 2004b) konnten keine eindeutigen Anrisspunkte zugewiesen werden. Im Gegensatz zu den im vorherigen Abschnitt behandelten Hangmuren kann daher kein statistisches Modell zur Ausweisung der Anrisszonen verwendet werden. Da die Bedingungen bei Muranrissen im Gerinne sehr komplex sind, existiert bislang auch kein physikalisch basiertes Modell, mit dem Anrisspunkte ausgeschieden werden können. Es wurde daher auf ein in der Schweiz entwickeltes, regelbasiertes Modell (ZIMMERMANN et al. 1997; HEINIMANN et al. 1998) zurückgegriffen. Das Verfahren wurde in einigen Bereichen weiterentwickelt und an die Bedingungen im Lahnenwiesgraben angepasst. Murgänge, die auf eine temporäre Gerinneblockade (Verklausung) zurückzuführen sind, können durch das Modell nicht abgebildet werden.
Zu den Faktoren, die die Entstehung von Murgängen im Gerinne steuern, gehören die Gerinneneigung, die Verfügbarkeit an mobilisierbarem Lockermaterial (Geschiebepotential) und der Abfluss. ZIMMERMANN et al. (1997) belegen einen Zusammenhang zwischen dem Gefälle am Anrisspunkt und der Größe des Einzugsgebiets oberhalb des Anrisses (vgl. Gleichung 5.8 und Abbildung 5.11). Wenn die Größe des Einzugsgebiets als Indikator für den Abfluss herangezogen wird, kann der Zusammenhang wie folgt interpretiert werden: Die Mobilisierung des Geschiebes wird sowohl von der Stabilität des Lockermaterials im Gerinne als auch von der Schleppspannung des Wassers gesteuert. Die Stabilität des Lockermaterials ist von den Materialeigenschaften und der Neigung der Ablagerung abhängig. Je steiler eine Lockermaterialablagerung gelagert ist, um so geringere Schleppspannungen sind für die Geschiebemobilisierung nötig. Relativ stabile Ablagerungen werden hingegen erst bei bedeutend höheren Schleppspannungen mobilisiert.
Das Grenzgefälle J für Muranrisse im Gerinne kann mit der empirischen Formel (ZIMMERMANN et al. 1997)

$$J = 0,32 \cdot a^{-0,2} \tag{5.8}$$

ermittelt werden, wobei a die lokale Einzugsgebietsgröße (km^2) ist. Je kleiner also das lokale Einzugsgebiet, um so steiler muss ein Gerinneabschnitt sein,

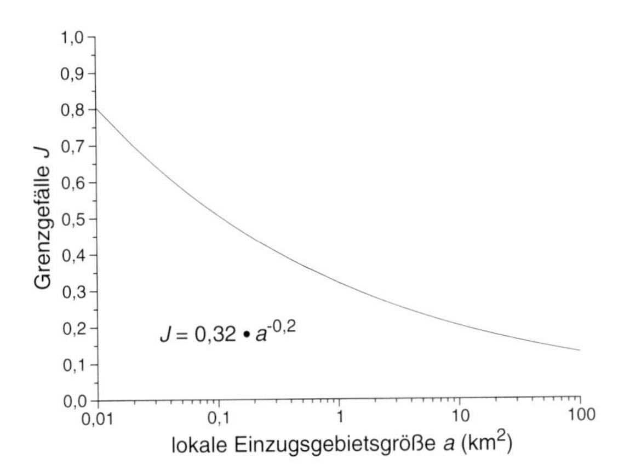

Abb. 5.11: Grenzwertfunktion der Neigung zur Ausscheidung von Muranrisspunkten im Gerinne. Die Beziehung (vgl. Gleichung 5.8) wurde von ZIMMERMANN et al. (1997) empirisch abgeleitet.

damit Murgänge entstehen können. Die Funktion der Gleichung 5.8 liefert ab einer Einzugsgebietsgröße von 2,5 km^2 kleinere Anrissgefälle als das von TAKAHASHI (1981) vorgeschlagene Grenzgefälle von 0,27 (ZIMMERMANN et al. 1997).

Diese Grenzbedingung kann relativ einfach überprüft werden (s.u.). Weiter gilt es abzuschätzen, ob in den entsprechenden Gerinneabschnitten genügend Lockermaterial für die Murgangauslösung zur Verfügung steht. Die Geschiebelieferung aus einzelnen Geschiebequellen in das Gerinne ist sehr schwer zu quantifizieren. Um dennoch eine räumliche Differenzierung des Einzugsgebiets hinsichtlich der Geschieberelevanz zu erhalten, wurde in der Schweiz das Verfahren der geschieberelevanten Fläche (HEINIMANN et al. 1998) entwickelt (das Verfahren erinnert stark an das hydrologische Konzept der beitragenden Fläche). Hierbei wird nur eine relative Gewichtung der Geschiebeherde bezüglich ihrer Lieferraten vorgenommen. Basis für die Ausscheidung bildet das Gerinne- und Runsennetz, da von diesem aus größere geschieberelevante Flächen erschlossen werden können. Die beitragenden Flächen werden über eine Reliefanalyse ausgeschieden und dann hinsichtlich ihres Lieferpotentials gewichtet. Dabei werden insbesondere Sturzquellen, Rutschungen und steile Bacheinhänge berücksichtigt. Die für jede Gerinnezelle abgeleitete geschieberelevante Fläche stellt einen Indikator für die im Gerinnebett im Laufe der Zeit akkumulierte bzw. zwischengespeicherte Materialmenge dar. Sie wird entlang des Gerinnes aufsummiert, um den Weitertransport des Materials im Gerinne selbst zu berücksichtigen. Zur Murgangauslösung auf einer Rasterzelle muss die aufsummierte Fläche einen bestimmten Grenzwert überschreiten, um sicher zu stellen, dass potentiell genügend Lockermaterial zur Verfügung steht. Die Ausweisung der Anrisspunkte von Talmuren im Lahnenwiesgraben wird im Folgenden näher erläutert.

Das Gerinnenetz wurde in mehreren Schritten aus dem DHM extrahiert. Grundlage bildet der in Abschnitt 5.3.2 beschriebene Datensatz der lokalen Einzugsgebietsgröße. Dieser wurde in SAGA zur Ableitung des Gerinnenetzes und der Flussordnungszahl (Modul `Channel Network`, CONRAD 2001) verwendet, wobei als unterer Grenzwert für die Gerinneentstehung eine lokale Einzugsgebietsgröße von 10 000 m^2 angesetzt wurde. Da der so gewonnene Datensatz auch Gerinne in Bereichen liefert, die beispielsweise verkarstet sind und daher keinen bzw. kaum Oberflächenabfluss aufweisen, wurden mit Hilfe der Horizontalwölbung alle Gerinne 1. Ordnung, die nicht tief eingeschnitten sind, eliminiert. Die Horizontalwölbung wurde nach ZEVENBERGEN & THORNE (1987) berechnet und ein Grenzwert von -0,032 angesetzt. Der gefilterte Datensatz gibt das Gerinnenetz im Lahnenwiesgraben gut wieder und wurde für die anschließenden Arbeitsschritte verwendet.

Die geschieberelevante Fläche wurde je nach geschiebeliefferndem Prozess unterschiedlich ermittelt und bewertet. Die gerinnenahen Bereiche, von denen Material durch Ufererosion, Rutschungen und Spülprozesse ins Gerinne gelangen kann, wurden mit Hilfe eines Grenzwertes der Hangneigung und einer maximalen Distanz (Hanglänge) ausgeschieden. Der hierzu entwickelte Algorithmus fügt ausgehend von jeder Rasterzelle des Gerinnenetzes hangaufwärts gelegene Rasterzellen zur geschieberelevanten Fläche hinzu, wenn eine Hangneigung von 20° nicht unterschritten wird. Dies wird höchstens so lange durchgeführt, bis eine Hanglänge (Entfernung vom Gerinne) von 250 m erreicht ist. Die ausgeschiedene Fläche wurde anschließend hinsichtlich ihrer Geschiebelieferraten gewichtet (Flächenanteile zwischen 0% und 100%), wobei diejenigen Flächen, auf denen eine Disposition für Rutschungen modelliert wurde, anders gewichtet wurden (s.u.). Die Gewichte sind an die in der Schweiz (HEINIMANN et al. 1998) verwendeten Werte angelehnt (vgl. Tabelle 5.6). Die Materiallieferung durch Spülprozesse und Ufererosion wurde nach

vegetationsfreien Flächen (Klassen vegetationsfrei und lückenhafte Vegetation), bewachsenen Flächen (alle übrigen Klassen der Vegetationskartierung) und Steilwänden differenziert.
Die Liefergebiete von Sturzprozessen wurden anhand der Ergebnisse der Sturzmodellierung (Kapitel 4) abgeschätzt. Hierzu wurden die entsprechenden Flächenanteile der Ablösegebiete berechnet, von denen Material bis in das Gerinne gelangt. Diese Flächenanteile wurden anschließend gewichtet und zur geschieberelevanten Fläche der Gerinnezellen addiert. Um auch die Lieferung von Material aus den Steilwänden durch Spülprozesse zu berücksichtigen, wurden diese Flächen in Übereinstimmung mit dem Dispositionsmodell für Sturzprozesse über einen Grenzwert ($> 40°$) der Hangneigung ausgeschieden und separat gewichtet.
Die rutschgefährdeten Flächen im Lahnenwiesgraben wurden mit einem dazu entwickelten SAGA-Modul (`Shallow Landslides`, WICHMANN 2004d) ausgewiesen, das auf den Modellansätzen von MONTGOMERY & DIETRICH (1994) und MONTGOMERY et al. (2000) beruht. Der Ansatz verknüpft ein einfaches hydrologisches Modell mit einem Hangstabilitätsmodell. Das hydrologische Modell (O'LOUGHLIN 1986) berechnet den Grad der Bodensättigung als Antwort auf ein gleichförmiges (*steady state*) Niederschlagsereignis. Die relative Sättigung des Bodenprofils berechnet sich nach (MONTGOMERY et al. 2000)

$$h/z = \frac{Qa}{bT \sin \theta} \tag{5.9}$$

wobei h die Mächtigkeit (m) der gesättigten Bodenschicht über der undurch-

Tab. 5.6: Geschiebequellen, Gewichte und Methodik der Ausscheidung.

Geschiebequelle	Gewicht	Datenquelle	Lieferkriterium
vegetationsfreie Flächen	1,0	Vegetationskartierung	Hangneigung 20°, Distanz 250 m
vegetationsbedeckte Flächen	0,2	Vegetationskartierung	Hangneigung 20°, Distanz 250 m
Steilwände	0,2	Hangneigung > 40°	Hangneigung 20°, Distanz 250 m
Rutschungen	0,5	Rutschmodell	Hangneigung 20°, Distanz 250 m
Sturzprozesse	0,3	Sturzmodell	Prozessmodell

lässigen Schicht ist, z die Gesamtmächtigkeit (m) des Bodens, Q die Niederschlagshöhe (m/d), a die lokale Einzugsgebietsgröße (m^2), b die vom Abfluss orthogonal gequerte Höhenlinienlänge (m), T die über die Tiefe integrierte Transmissivität (m^2/d) und θ die lokale Hangneigung (°).
Wenn h/z den Wert 1 überschreitet, entsteht oberflächlich abfließender Sättigungsabfluss. Infolgedessen ist das Modell nicht in der Lage, positive Porenwasserdrücke abzubilden. Hänge, die selbst bei Vollsättigung stabil sind, werden von Montgomery & Dietrich (1994) als bedingungslos stabil interpretiert und benötigen positive Porenwasserdrücke um instabil zu werden. Gleichermaßen werden Hänge, die selbst in trockenem Zustand instabil sind ($h/z = 0$), als bedingungslos instabil klassifiziert. Es kann davon ausgegangen werden, dass auf diesen Flächen eine Bodenbildung bzw. die Akkumulation von Lockermaterial erschwert ist, so dass hier Anstehendes zu Tage tritt. Rutschgefährdete Gebiete können über die folgende Bedingung ausgewiesen werden (Montgomery & Dietrich 1994; Montgomery et al. 2000):

$$a/b \quad \geq \quad \frac{T \sin\theta}{Q}\left[\frac{C'}{\rho_w g z \cos^2\theta \tan\phi} + \frac{\rho_s}{\rho_w}\left(1 - \frac{\tan\theta}{\tan\phi}\right)\right] \qquad (5.10)$$

wobei C' die effektive Kohäsion (kN/m^2) ist, ρ_w die Dichte von Wasser (kg/m^3), g die Erdbeschleunigung (m/s^2), ϕ der Reibungswinkel (°) und ρ_s die Lagerungsdichte (kg/m^3).
Bedingungslos stabile Rasterzellen werden über

$$\tan\theta \quad < \quad \frac{C'}{\rho_s g z \cos^2\theta} + \left(1 - \frac{\rho_w}{\rho_s}\right)\tan\phi \qquad (5.11)$$

und bedingunglos instabile Rasterzellen über

$$\tan\theta \quad \geq \quad \tan\phi + \frac{C'}{\rho_s g z \cos^2\theta} \qquad (5.12)$$

ausgeschieden (Montgomery et al. 2000).
Die für die Modellierung benötigten Eingangsdaten müssen flächenverteilt als Rasterdatensätze bereitgestellt werden. Die Berechnung der lokalen Einzugsgebietsgröße und der Abflussbreite wurden schon in Abschnitt 5.3.2 beschrieben. Da keine Messungen der bodenphysikalischen Parameter vorlagen,

wurden den Klassen der Geotechnischen Karte (KELLER, in Vorb.) näherungsweise Werte aus der Literatur (SMOLTCZYK 1990; PRINZ 1991) zugewiesen (vgl. Tabelle 5.7). Aufgrund der geringen hydraulischen Leitfähigkeiten und dem sehr vereinfachten hydrologischen Modell musste eine relativ niedrige Niederschlagsrate (50 mm/d) zur Ausweisung der rutschgefährdeten Flächen verwendet werden (Anmerkung: Wenn anstatt der Literaturwerte die von HENSOLD et al. (2005) im Lahnenwiesgraben ermittelten Durchlässigkeiten verwendet werden, wird ein vergleichbares Resultat bei einer Niederschlagsrate von 200 mm/d erzielt. Aus Konsistenzgründen wurden aber die Literaturwerte verwendet). Die aus den ungenauen Eingangsdaten resultierenden Unsicherheiten lassen nur eine indikative Interpretation der Modellergebnisse zu. Die ausgewiesenen rutschgefährdeten Flächen stimmen nicht mit den Flächen überein, die bei einem der verwendeten Niederschlagsrate entsprechenden Ereignis instabil werden könnten. Eine Validierung der Modellergebnisse mit kartierten Anbrüchen von KELLER (in Vorb.) zeigt aber, dass das Modell dennoch zufriedenstellende Resultate liefert (es werden 78% der Anbrüche korrekt erfasst, vgl. Tabelle 5.8).

Die Berechnung der geschieberelevanten Fläche für jede Gerinnezelle (und die Ausweisung der Anrisspunkte, s.u.) wurde mit dem hierfür entwickelten SAGA-Modul `DF DispoChannel` (WICHMANN 2004c) durchgeführt. Die Ausdehnung der geschieberelevanten Fläche wird mit den oben beschriebenen Verfahren (vgl. auch Tabelle 5.6) ermittelt und ist zusammen mit den jeweili-

Tab. 5.7: Bodenphysikalische Parameter der geotechnischen Klassen (zusammengestellt nach SMOLTCZYK 1990; PRINZ 1991).

Geotechnische Klasse	Lagerungs-dichte (kg/m^3)	Kohäsion (kN/m^2)	Reibungs-winkel (°)	hydraulische Leitfähigkeit (m/h)
1	2549	200,0	45	$3{,}6 \cdot 10^{-6}$
2	1990	25,0	30	$3{,}6 \cdot 10^{-6}$
3	1990	30,5	35	$3{,}6 \cdot 10^{-4}$
4	1836	2,5	42	1,8
5	2090	30,5	35	$3{,}6 \cdot 10^{-6}$
6	2040	2,5	42	1,8
7	1836	0,0	42	18,0
8	1836	0,5	42	25,2

gen Geschiebequellen in Abbildung 5.12 dargestellt. Das Modul akkumuliert die Gewichte dieser Flächen von den höchsten Punkten hangabwärts bis in das Gerinne mit einem *single flow direction* Verfahren. Im Gegensatz zu dem von HEINIMANN et al. (1998) beschriebenen Verfahren werden die Flächenanteile aber nicht entlang des gesamten Gerinnenetzes abwärts aufsummiert, sondern nur entlang von Gerinneabschnitten mit einer ausreichenden Neigung. Es wird davon ausgegangen, dass spätestens unterhalb einer Gerinneneigung von 3,5° alles transportierte Material abgelagert wird. Sobald weiter abwärts erneut seitliche Materialzufuhr in das Gerinne ausgewiesen ist, beginnt die Aufsummierung der geschieberelevanten Fläche von Neuem. Dies hat beispielsweise zur Folge, dass kein Material über die Griesstrecke im unteren Abschnitt des Lahnenwiesgrabens (südlich der Reschbergwiesen) hinaus transportiert wird. Die geschieberelevante Fläche im unteren Abschnitt des Lahnenwiesgrabens bis zum Gebietsauslass ergibt sich daher nur aus den erneut seitlich beitragenden Flächen.

Im letzten Berechnungsschritt bestimmt das Modul die potentiellen Anrisspunkte durch die Überprüfung der beiden Grenzbedingungen. Das Grenzgefälle für Anrisse wird nach Gleichung 5.8 aus der lokalen Einzugsgebietsgröße berechnet und mit der Gerinneneigung verglichen. Ist die Neigung einer Rasterzelle in Fließrichtung groß genug, wird zusätzlich geprüft, ob auch genügend Material vorhanden ist. Die geschieberelevante Fläche muss hierzu größer als

Tab. 5.8: Validierungsergebnisse des Rutschungsmodells. Für die Validierung wurden alle von KELLER (in Vorb.) kartierten Anbrüche mit einer Fläche ≥ 10 m^2 verwendet. Um Lageungenauigkeiten zu berücksichtigen (kartiert wurde der Mittelpunkt der oberen Anrisskante), wurde die Auswertung auch mit einer Toleranz von 10 m durchgeführt.

Anbruchstyp	Anzahl kartiert	Anzahl erfasst	(%) erfasst	Anzahl Toleranz	(%) Toleranz
Translationsr. Hang	74	20	27	46	62
Rotationsr. Hang	124	82	66	108	87
Translationsr. Uferanbruch	83	39	47	69	83
Rotationsr. Uferanbruch	126	46	37	95	75
Summe:	407	187	46	318	78

5000 m^2 sein. Der Wert ist den Bedingungen im Lahnenwiesgraben und dem Verfahren der Akkumulation der geschieberelevanten Fläche entlang des Gerinnes angepasst. In der Schweiz wird aufgrund größerer Einzugsgebiete und der fortlaufenden Akkumulation der geschieberelevanten Fläche in der Regel mit einem Wert von 1 ha gerechnet (HEINIMANN et al. 1998).

Die nach dem beschriebenen Verfahren ausgewiesenen Anrisspunkte sind in Abbildung 5.12 verzeichnet. Es war im Gelände nicht möglich, die exakte Lage von Anrisspunkten zu kartieren. Die ermittelten Anrisspunkte decken sich aber sehr gut mit den im Gelände vermuteten Anrissbereichen. So werden in allen Gerinnen, in denen im Untersuchungszeitraum Talmuren beobachtet wurden, Anrisspunkte an sinnvollen Stellen ausgeschieden. Dies gilt sowohl für kleinere (z.B. Roter Graben, Nordflanke des Hirschbühelrückens, Roßkar) als auch für größere Muren (z.B. Brünstlegraben, Herrentischgraben).

In den Hauptgerinnen (Sulzgraben, Stepberggraben und Lahnenwiesgraben) werden nur in wenigen steilen Abschnitten Anrisspunkte ausgewiesen. Dagegen werden die sehr steilen Gerinne im Kramermassiv mehr oder weniger vollständig als murgefährdet modelliert. Die Rinnen aus dem Königsstand wurden während des Untersuchungszeitraums alle aktiv, die anderen Gerinne sind sehr schwer zugänglich und konnten nicht näher überprüft werden. Es ist aber davon auszugehen, dass auch sie aktiv geworden sind bzw. aktiv werden können. Innerhalb der Kare werden aufgrund der geringen Neigungen bis auf drei Stellen im Roßkar keine Anrisse ausgewiesen. Die Anrisse im Roßkar konnten im Gelände validiert werden. Sie liegen in steilen Abschnitten episodisch wasserführender Gerinne.

Auf den südexponierten Hängen werden die Anrisse unterhalb der großen Rutschung (Maibruch) korrekt ausgewiesen. Die Anrisspunkte im Brünstlegraben stimmen mit den Geländebeobachtungen überein, allerdings führen die östlichen Rinnen nur episodisch Wasser und haben (im Gegensatz zur Modellierung) keinen Anschluss an das weitere Gerinnenetz. Dennoch können auch in diesen Gerinnen Murablagerungen im Gelände und auf den Luftbildern erkannt werden. Im Herrentischgraben werden an mehreren, auch im Gelände dokumentierten Stellen, Anrisspunkte ausgeschieden (vgl. auch WICHMANN & Becht 2004b).

Die Gerinne nördlich der Reschbergwiesen weisen nur an wenigen Stellen Neigungen über dem Grenzgefälle auf. Aufgrund der geringen Neigung der an die Gerinne angrenzenden Hänge ist die geschieberelevante Fläche so klein, dass in

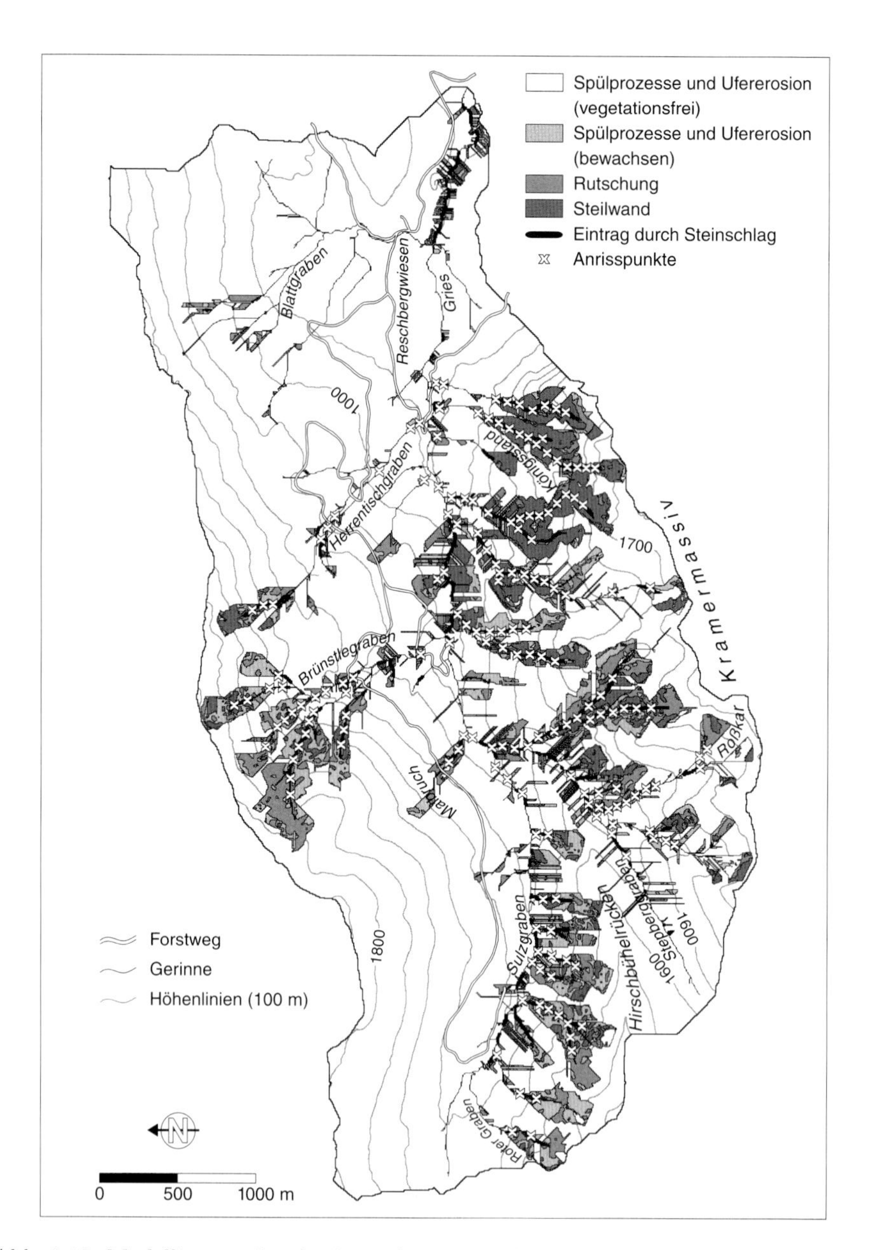

Abb. 5.12: Modellierung der Anrisspunkte von Talmuren. Neben den Anrisspunkten ist auch die vom Modell ausgewiesene geschieberelevante Fläche dargestellt, die nach den unterschiedenen Lieferprozessen gegliedert ist. Weitere Erläuterungen im Text.

diesen Gerinnen keine Anrisspunkte ausgeschieden werden. Auch dies deckt sich mit den Beobachtungen im Gelände. In den steileren Abschnitten der Gerinne wurden selbst bei starken Regenereignissen nur geschiebeführende Hochwasser beobachtet. Im unteren Teil des Lahnenwiesgrabens (unterhalb der Griesstrecke) reicht die seitliche Materialzufuhr für die Entstehung von Muren nicht aus.

5.3.4 Prozessweg

Der Prozessweg wird ausgehend von den Anrisspunkten mit dem in Abschnitt 2.3.2 beschriebenen *random walk* modelliert. Der Prozessverlauf an sich ist bei Hang- und Talmuren weitest gehend identisch. Da aber das Relief entlang der Prozesswege in der Regel unterschiedliche Ausprägungen aufweist, werden für Hang- und Talmuren verschiedene Parametersätze verwendet. In beiden Fällen werden von jedem Startpunkt aus 1000 Iterationen (*walks*) berechnet.
Im Laufe der Geländearbeiten wurden im Einzugsgebiet die meisten der zugänglichen Murbahnen kartiert. Ausgewählte Murbahnen wurden zur Modellkalibrierung und -validierung verwendet. Die angefertigten Kartierungen und die Lage der in diesem und den folgenden Abschnitten abgebildeten Detailkarten zeigt Abbildung 5.13.
Hangmuren können in kleineren Gerinnen und auf gestreckten Hängen anreißen. Im zweiten Fall schafft sich die Mure durch Erosion und Levéebildung ihr eigenes Bett und folgt in steilen Gebieten mehr oder weniger der Falllinie. Sobald die Hang- oder Gerinneneigung abnimmt, verringert sich die Fließgeschwindigkeit und die Tendenz, Material abzulagern, erhöht sich. Aufgrund reduzierter Abflusstiefen kommt es auch in lokalen Verbreiterungen von Gerinnen zur Ablagerung. Bereits abgelagertes Material verstärkt die seitliche Ausbreitung des Prozesses, da sich der nächste Murschub einen anderen Weg suchen muss. Je nach Ereignisgröße geschieht dies oft schon in relativ steilem Relief (d.h. noch auf der Schutthalde). Das Grenzgefälle, unterhalb dessen eine seitliche Ausbreitung modelliert wird, muss daher bei Hangmuren höher angesetzt werden als bei Talmuren. Letztere folgen primär dem Verlauf des Gerinnes und breiten sich nur in Abschnitten aus, in denen der Gerinnequerschnitt dies zulässt. Verstärkte Ausbreitung findet vor allem beim Übertritt auf den Ablagerungskegel statt. Die Neigungen in den Bereichen, in denen bei Talmuren eine seitliche Ausbreitung stattfindet, sind in der Regel geringer als

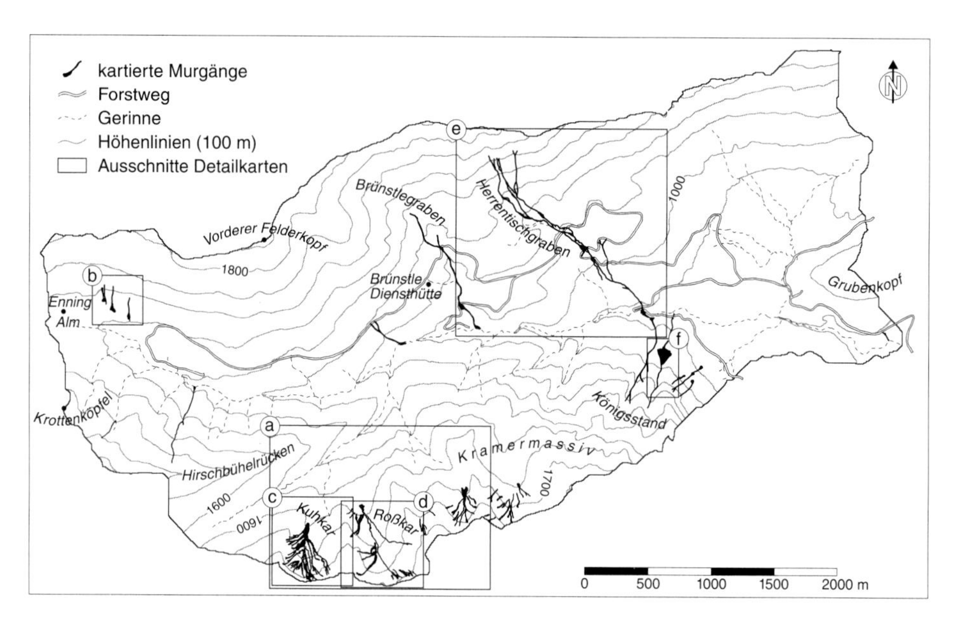

Abb. 5.13: Kartierung der Murgänge im Lahnenwiesgraben und Lage der Detailkarten: (a) Abbildung 5.9, (b) Abbildung 5.14, 5.17 und 5.19, (c) Abbildung 5.20, (d) Abbildung 5.21, (e) Abbildung 5.22, (f) Abbildung 5.29.

diejenigen in den Ausbreitungsgebieten von Hangmuren. Für die Modellierung der Prozesswege von Talmuren kann deshalb ein niedrigeres Grenzgefälle verwendet werden. In steilen Gerinneabschnitten, die möglicherweise im DHM auch nicht so tief eingeschnitten sind wie in der Realität, wird so eine seitliche Ausbreitung unterbunden. Ein höherer Ausbreitungsexponent bei den Hangmuren verstärkt das Ausbreiteverhalten auch in steilem Relief nahe des Grenzgefälles, so dass die kartierten Ablagerungen besser abgebildet werden. Die *random walk* Parameter sind in Tabelle 5.9 zusammengefasst.
Die Karten in Abbildung 5.14 verdeutlichen die Auswirkungen unterschiedlicher *random walk* Parameter auf die Ausdehnung des modellierten Prozessareals. Die Kartierung (Karte a) zeigt eine nach dem Starkregenereignis im Sommer 2002 aufgenommene Mure. Die Modellierung der Reichweite erfolgte mit dem in Abschnitt 5.3.5 beschriebenen Reibungsmodell. Ausgangspunkt der Modellierung ist der im Gelände kartierte Anriss. In Karte (b) wurde keine seitliche Ausbreitung modelliert, das Grenzgefälle hat daher keine Auswirkung. In den Karten (c) und (d) beginnt die Ausbreitung aufgrund des relativ

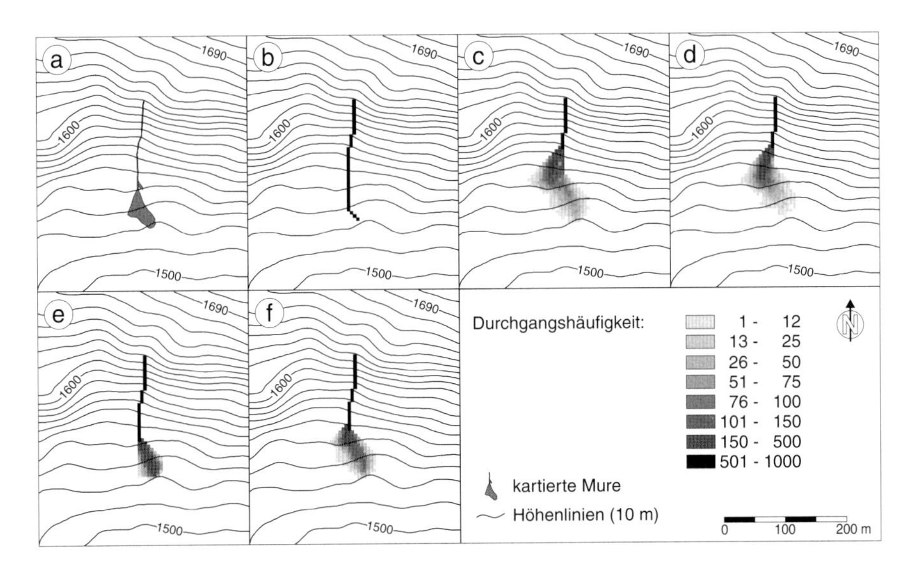

Abb. 5.14: Modellierung einer Hangmure oberhalb des Stichwegs zur Enning Alm mit unterschiedlichen *random walk* Parametern. (a) kartierte Mure; (b) $\beta_{grenz} = 25°$ bzw. $30°$, $a = 1$, $p = 1,5$; (c) $\beta_{grenz} = 30°$, $a = 2$, $p = 1,5$; (d) $\beta_{grenz} = 30°$, $a = 3$, $p = 1,5$; (e) $\beta_{grenz} = 25°$, $a = 2$, $p = 1,5$; (f) $\beta_{grenz} = 25°$, $a = 3$, $p = 1,5$. Zur Lage siehe (b) in Abbildung 5.13, weitere Erläuterungen im Text.

hohen Grenzgefälles von 30° zu weit oben am Hang. Der größere Ausbreitungsexponent in Karte (d) führt aufgrund der Topographie zu keiner weiteren Ausbreitung, allerdings werden in diesem Fall auch weniger stark geneigte Nachfolger als Prozessweg ausgewählt. Dies hat geringere Geschwindigkeiten und damit eine etwas kleinere Reichweite zur Folge. Bei einem Grenzgefälle von 25° beginnt die Ausbreitung in etwa an der im Gelände kartierten Stelle (Karten e und f). Bei einem Ausbreitungsexponenten von 2 wird das kartierte Prozessareal gut abgebildet (Karte e), bei einem Wert von 3 überschätzt. Der Persistenzfaktor hat aufgrund der Berechnung von 1000 Iterationen kaum eine Auswirkung auf das Modellergebnis.
Die Kalibrierung der Parameter für die Talmuren wird hier nicht näher an einem Beispiel erläutert. Die Resultate werden in Abschnitt 5.4 vorgestellt. An dieser Stelle soll noch eine Erweiterung des Modells vorgestellt werden, mit dem es möglich wird, das Ausbrechen eines Murgangs aus dem Gerinne zu modellieren. Murgänge verlassen das Gerinne, wenn die Gerinnekapazität zu

Tab. 5.9: *Random walk* Parameter zur Modellierung der Prozesswege von Hang- und Talmuren.

Murtyp	Grenzgefälle	Persistenzfaktor	Ausbreitungsexp.	Iterationen
Hangmure	25°	1,5	2	1000
Talmure	20°	1,5	1,3	1000

gering oder das Gerinne beispielsweise durch Ablagerungen blockiert ist. Um diese Fälle modellhaft abbilden zu können, wurde das Prozessmodell um einen Auflandungsansatz nach dem Konzept von GAMMA (2000) ergänzt. Durch eine einfache Grenzwertfunktion der Hangneigung und/oder der Geschwindigkeit wird in jeder Iteration Material abgelagert und das DHM aktualisiert. Nachfolgende *walks* können dann durch das bereits abgelagerte Material abgelenkt werden. Das Ablagerungsverhalten wird durch drei Parameter gesteuert (GAMMA 2000):

- Die maximale Auflandungsgeschwindigkeit bzw. das maximale Auflandungsgefälle bestimmen den Grenzwert, dessen Unterschreitung zur Ablagerung von Material führt. Je geringer die Geschwindigkeit bzw. die Hangneigung, desto mehr Material wird abgelagert.
- Der maximale Auflandungsbetrag gibt die Mächtigkeit an, die bei einer Geschwindigkeit von 0 m/s oder einer Neigung von 0° abgelagert wird. Die Ablagerungshöhe wird zwischen 0 m/s und der maximalen Auflandungsgeschwindigkeit bzw. zwischen 0° und dem maximalen Auflandungsgefälle linear interpoliert.
- Das Auflandungsvolumen bestimmt bei GAMMA (2000) die maximal pro *random walk* zur Verfügung stehende Materialmenge. Multipliziert mit der Anzahl der gerechneten Iterationen ergibt sich so das Gesamtvolumen. Im Modul `DF HazardZone` (WICHMANN 2004b) wird der umgekehrte Weg gewählt und das Gesamtvolumen spezifiziert.

Die Ablagerung von Material führt zwangsläufig zu abflusslosen Senken im DHM. Sobald ein *walk* auf eine derartige Senke stößt (das gleiche gilt auch für künstliche Senken, z.B. Hindernisse, Sperren), wird die Senke mit dem in dieser Iteration noch zur Verfügung stehenden Material aufgefüllt. Falls das Material nicht ausreicht, sind für die Füllung mehrere *walks* nötig. Nachfolgende *walks* können diese Stelle anschließend wieder passieren. Die Füllung der Senken erfolgt gefälleerhaltend nach der von GAMMA (2000) entwickelten Methode. Im Gegensatz zu einer einfachen Auffüllung der Senke bis auf die Überlaufhöhe, was der Bildung eines Sees entsprechen würde, bietet die Methode folgende Vorteile (GAMMA 2000):

- Die Neigung des abgelagerten Materials ist an die Umgebung der Senke angepasst. In steilen Bahnabschnitten werden steile Ablagerungen erzeugt, in flachen Abschnitten entsprechend flache.
- Wie weit die Ablagerung entlang des Prozesswegs zurückreicht (es werden nur Zellen des DHMs verändert, die Teil des Murgangpfades sind), hängt von der Höhe des Hindernisses und vom Gelände oberhalb der Senke ab.
- Die Form der Ablagerung hat im Längsprofil in etwa den Charakter eines Murkopfes, mit steiler Stirn und einem nach hinten abflachenden Körper.
- Durch die gefälleerhaltende Auffüllung besteht eine Passiermöglichkeit für nachfolgende *random walks*.

Die Geschwindigkeits- und die Gefälleauflandung können unabhängig von einander eingesetzt und gesteuert werden. Es ist zudem möglich, beide Auflandungsarten kombiniert einzusetzen. In diesem Fall wird nur das Minimum der von beiden Auflandungsarten gelieferten Beträge abgelagert. Beispielsweise wird so verhindert, dass an einer flachen Stelle trotz hoher Geschwindigkeit Material abgelagert wird. Bei GAMMA (2000) erfolgt nur die Gefälleauflandung zellenweise, bei der Geschwindigkeitsauflandung werden alle Zellen eines Segments (vgl. Abschnitt 5.3.5) um den gleichen Auflandungsbetrag erhöht. Letzteres wird durch die rasterbasierte Modellierung der Geschwindigkeit im Modul `DF HazardZone` (WICHMANN 2004b) umgangen.
Der Auflandungsansatz ist nur insofern an das Reichweitenmodell gekoppelt, als gegebenenfalls die Geschwindigkeit zur Berechnung der lokalen Ablagerungshöhe verwendet wird. In der Regel ist schon vor dem vom Reibungsmodell modellierten Endpunkt alles in einer Iteration zur Verfügung stehende Material aufgebraucht. Den Auflandungsansatz so zu kalibrieren, dass auch die Ablagerung am endgültigen Haltepunkt nachgebildet wird, ist aufgrund

der losen Kopplung praktisch unmöglich. Der Auflandungsansatz wurde von GAMMA (2000) nur dazu konzipiert, dem Anwender des Modells die Möglichkeit zu geben, einzelne Murgänge an bestimmten Stellen zu einem Ausbruch aus dem Gerinne zu zwingen. Aufgrund der je nach Szenarium sehr stark differierenden Parameterwerte, die in der Regel auch nicht der physikalischen Realität entsprechen, kann der Ansatz nicht bei einer Modellierung mehrerer Startpunkte verwendet werden. Im Lahnenwiesgraben wurde der Ansatz daher nur an einzelnen Muren getestet, ein Beispiel wird in Abschnitt 5.4 vorgestellt. Für die Zonierung des Prozessraums von Muren in Erosions-, Transit- und Ablagerungsbereiche wurde ein neuer Ansatz entwickelt (vgl. Abschnitt 5.3.6).

5.3.5 Reichweite

Murgänge als mehrphasige Strömungen weisen ähnliche Eigenschaften wie Schneelawinen auf. Deshalb wurde in verschiedenen Arbeiten der Modellansatz von VOELLMY (1955) für die Modellierung der Geschwindigkeit und Reichweite von Muren verwendet (vgl. Abschnitt 5.2.2). Den Voellmy-Modellen liegen die physikalischen Grundsätze der Energieerhaltung zugrunde. Der Prozess wird idealisiert als Massenpunkt betrachtet (*center-of-mass model*) und das Newton'sche Bewegungsgesetz angewendet. Als Reibungskräfte wirken die Gleitreibung (unabhängig von der Geschwindigkeit) und die turbulente Reibung (proportional dem Quadrat der Geschwindigkeit). In Voellmys Ansatz (und auch in der verbesserten Form des Modells von SALM 1966) nimmt die Geschwindigkeit des Prozesses vom Startpunkt an bis zu einem Geländepunkt P zu (oder bleibt gleich hoch) und nimmt dann wieder ab. Für die Bestimmung des Punktes P gibt es kein objektives Kriterium. Für Lawinen wurde dieses Problem sowohl in der Praxis (SALM et al. 1990) als auch im Modell (HEGG 1996) gelöst, für Murgänge liegen aber bisher keine Erfahrungen vor (GAMMA 2000). Bei dem Ansatz von KÖRNER (1976, 1980) und PERLA et al. (1980) entfällt neben der arbiträren Festlegung des Punktes P, von dem an die Lawine auszulaufen beginnt, auch die Bestimmung der Fließhöhe an diesem Punkt. Zur Vereinfachung wird dazu der Parameter ξH von Voellmy durch einen Parameter ersetzt, der von KÖRNER (1980) als Fließkenngröße und von PERLA et al. (1980) als M/D (das Verhältnis von Masse zu Hemmung - *mass-to-drag ratio*) bezeichnet wird. Neben die-

sem Reibungsparameter, der ein Maß für die innere Reibung aufgrund des Verhältnisses zwischen Masse und Scherkraft darstellt, enthalten die Gleichungen einen weiteren Reibungsparameter (μ), der primär die Gleitreibung zwischen der abfahrenden Masse und dem Gerinne beschreibt. Die entwickelte Differenzengleichung erlaubt den Geschwindigkeitsverlauf ausgehend vom Anrisspunkt hangabwärts zu berechnen.
Das in dieser Arbeit zur Reichweitenmodellierung eingesetzte 2-Parametermodell entspricht im Wesentlichen der Version von PERLA et al. (1980). Zur Berechnung der Geschwindigkeitsentwicklung wird der Fließweg entlang der Topographie in Teilstrecken aufgeteilt, so dass für jedes Hangsegment die Hangneigung als konstant betrachtet werden kann. Neben der Hangneigung steuern die zwei Reibungsparameter μ und M/D die Geschwindigkeit auf jedem Teilsegment. Es wird zwischen der Anfangs- und Endgeschwindigkeit innerhalb eines Segments unterschieden, wobei die Endgeschwindigkeit v^B eines Segments jeweils zur Anfangsgeschwindigkeit v^A des folgenden Segments wird. Die Endgeschwindigkeit (m/s) des Segments i berechnet sich nach (PERLA et al. 1980):

$$v_i^B = \sqrt{\alpha_i \cdot \left(\frac{M}{D}\right)_i (1 - \exp^{\beta_i}) + \left(v_i^A\right)^2 \exp^{\beta_i}} \tag{5.13}$$

mit

$$\alpha_i = g\,(\sin\theta_i - \mu_i \cos\theta_i) \tag{5.14}$$

$$\beta_i = \frac{-2L_i}{\left(\frac{M}{D}\right)_i} \tag{5.15}$$

wobei μ_i der dimensionslose Reibungskoeffizient ist, M/D_i die *mass-to-drag ratio* (m), g die Erdbeschleunigung (9,81 ms^{-2}), θ_i die Hangneigung (°) und L_i die Segmentlänge (m).
Falls die Geschwindigkeit innerhalb eines Segments auf Null sinkt ($v_i^B = 0$), kann das verkürzte Streckensegment s nach

$$s = \frac{\left(\frac{M}{D}\right)_i}{2} \ln\left(1 - \frac{\left(v_i^A\right)^2}{\alpha_i \left(\frac{M}{D}\right)_i}\right) \tag{5.16}$$

berechnet werden. Bei dem Übergang von einem steilen zu einem flacheren Segment ($\theta_i > \theta_{i+1}$) führen PERLA et al. (1980) eine Korrektur der Anfangsgeschwindigkeit durch, da ein Teil der Energie an diesen Stellen verloren geht:

$$v_{i+1}^A = \begin{cases} v_i^B \cos(\theta_i - \theta_{i+1}) & \text{wenn } \theta_i \geq \theta_{i+1} \\ v_i^B & \text{wenn } \theta_i < \theta_{i+1} \end{cases} \tag{5.17}$$

Die Korrektur fällt bei einem abrupten Übergang stärker aus als bei flachen Übergängen. Die selektive Korrektur im Bremsfall begründen PERLA et al. (1980) damit, dass die Lawine im umgekehrten Fall (also beim Übergang von einem flachen in ein steileres Segment) die Tendenz hat, vom Boden abzuheben. Dadurch wird die Gleitreibung reduziert, was den Geschwindigkeitsverlust durch die Änderung der Fließrichtung kompensiert. Solche Effekte sind bei Murgängen zwar nicht zu erwarten, aber abrupte Gefällsänderungen von steil zu flach haben auf Murgänge ebenfalls einen stark bremsenden Effekt, der sogar zum Anhalten der Masse führen kann (GAMMA 2000).
Da für die hier angestrebte Anwendung des Modells auf die Unterscheidung von Anfangs- und Endgeschwindigkeit auf einem Segment verzichtet werden kann, kommt eine diesbezüglich von GAMMA (2000) modifizierte Gleichung zur Anwendung. Es wird dabei nur die am Ende eines Segments erreichte Geschwindigkeit betrachtet, wodurch die Gefällsknick-Korrektur direkt in den zweiten Summanden von Gleichung 5.13 integriert werden kann. Im Gegensatz zu GAMMA (2000), der ein spezielles Verfahren verwendet, um Stützpunkte entlang des Hangprofils zu generieren, die den Beginn und das Ende der einzelnen Segmente markieren, wird der Ansatz in dieser Arbeit vollständig an eine rasterbasierte Modellierung angepasst. Wie in Abbildung 5.15 dargestellt, ergeben sich die Stützpunkte aus den Pixelmittelpunkten der Rasterzellen, wobei die Berechnung der auf einer Rasterzelle erreichten Geschwindigkeit gleich im Anschluss an die Nachfolgerbestimmung erfolgt (also mehr oder weniger simultan mit der Bestimmung einer Rasterzelle des Prozesswegs). Auf eine vorhergehende Abschätzung der Reichweite mit dem Pauschalgefälleansatz wie bei GAMMA (2000) kann dann verzichtet werden. Die entsprechende Formel zur Berechnung der auf der Rasterzelle i erreichten Geschwindigkeit v_i lautet (GAMMA 2000)

$$v_i = \sqrt{\alpha_i \cdot \left(\frac{M}{D}\right)_i (1 - \exp^{\beta_i}) + (v_{i-1})^2 \exp^{\beta_i} \cos(\Delta\theta_i)} \tag{5.18}$$

mit

$$\alpha_i = g\,(\sin\theta_i - \mu_i \cos\theta_i) \tag{5.19}$$

$$\beta_i = \frac{-2L_i}{\left(\frac{M}{D}\right)_i} \tag{5.20}$$

$$\Delta\theta_i = \begin{cases} \theta_{i-1} - \theta_i & \text{wenn } \theta_{i-1} > \theta_i \\ 0 & \text{wenn } \theta_{i-1} \leq \theta_i \end{cases} \tag{5.21}$$

wobei v_i und v_{i-1} die Geschwindigkeit (m/s) auf der aktuellen und der vorhergehenden Rasterzelle ist, μ_i der dimensionslose Reibungskoeffizient, M/D_i die *mass-to-drag ratio* (m), g die Erdbeschleunigung (9,81 ms^{-2}), θ_i die Hangneigung (°) und L_i die Hanglänge (m). Auf eine exakte Bestimmung der Auslaufstrecke nach Gleichung 5.16 wird aufgrund der rasterbasierten Modellierung verzichtet.
Der erste Term in Gleichung 5.18 bestimmt die aufgrund der Neigungs- und Reibungsverhältnisse erreichte Geschwindigkeit. Die Beschleunigung des Massenpunkts durch Hangneigung und Gleitreibungskoeffizient wird mit Gleichung 5.19 berechnet. Dabei bestimmt der Parameter μ, bei welcher Hangneigung die Grenze zwischen Abbremsen ($\alpha < 0$) und Beschleunigung ($\alpha > 0$)

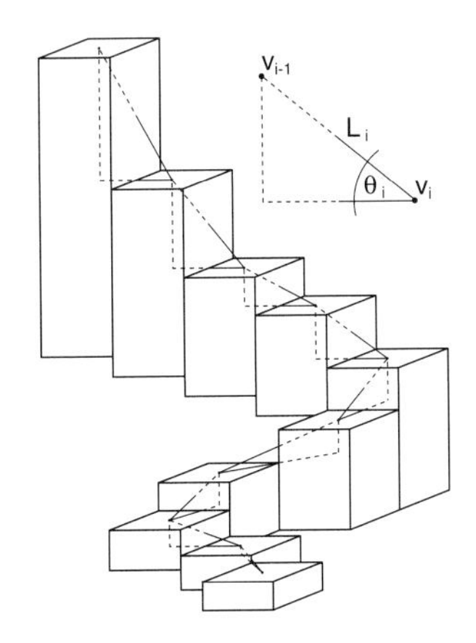

Abb. 5.15: Schematische Darstellung der Segmentierung des Prozesswegs zur Reichweitenberechnung von Murgängen mit dem 2-Parameter Modell.

liegt. Der Faktor (1 - exp$^{\beta_i}$) bestimmt, wie stark die Beschleunigung α wirkt. Je länger das Segment ist, desto mehr nähert sich der Faktor dem Wert 1 (GAMMA 2000). Daraus ergibt sich (unter der Bedingung $\theta_i > \mu_i$) auf einem unendlich langen Hang für die maximale Endgeschwindigkeit v_t (PERLA et al. 1980):

$$v_t = \sqrt{\frac{M}{D} g \left(\sin\theta - \mu\cos\theta\right)} \tag{5.22}$$

Selbst in steilem Gelände kann die Geschwindigkeit also nicht beliebig zunehmen, wobei die Maximalgeschwindigkeit neben der Hangneigung vor allem vom Parameter M/D bestimmt wird. Bei einer erhöhten Masse des beschleunigten Punktes (höheres M/D) ist dessen Trägheit größer und die Beschleunigungsstrecke folglich länger (GAMMA 2000).
Der zweite Term in Gleichung 5.18 ergibt den Geschwindigkeitsanteil, welcher durch das Vorgängersegment unter Berücksichtigung einer etwaigen Gefällsknick-Korrektur zur Endgeschwindigkeit beigesteuert wird. Der Einfluss der Geschwindigkeit aus dem Vorgängersegment nimmt mit zunehmender Hanglänge rasch ab. Bei einer höheren Masse wird die Trägheit des Massenpunktes wiederum größer und der Einfluss der auf dem Vorgängersegment erreichten Geschwindigkeit hält länger an (GAMMA 2000).
GAMMA (2000) untersucht auch den Einfluss der Segmentlänge auf den Geschwindigkeitsverlauf. In langen Segmenten dominiert der Einfluss des Beschleunigungsterms, während in kurzen Segmenten die Nachwirkung der Eingangsgeschwindigkeit vorherrscht. Bei einem niedrigen M/D erfolgt daher in kurzen Segmenten die Anpassung der Geschwindigkeit an das lokale Gefälle relativ rasch. Auf einem gleichförmig geneigten Hang hat die Segmentlänge aber keinen Einfluss auf die modellierten Geschwindigkeiten.
Auf einem Hang mit vielen Gefällswechseln fluktuiert die Geschwindigkeit durch die Gefällsknick-Korrektur um den Wert, der auf einem gestreckten Hang gleicher Neigung erreicht wird. Die Korrektur bewirkt keine generelle Reduktion der Geschwindigkeit in einem unstetigen Längsprofil, da die Verluste bei genügender Steilheit des Geländes meist nach wenigen Segmenten wieder neutralisiert sind. Aus diesen Gründen kann auf eine separate Ausweisung von Stützpunkten verzichtet und das Verfahren direkt auf einzelne Rasterzellen angewendet werden.

Die Kalibrierung des Modells wird durch die Tatsache erschwert, dass ein bestimmter Geschwindigkeitswert auf einem Segment (Gleichung 5.18) durch verschiedene Wertkombinationen der Parameter μ_i und $(M/D)_i$ erzeugt werden kann. Da die Zahl der Kombinationen theoretisch unbegrenzt ist und in jedem Segment beliebige Wertepaare μ_i und $(M/D)_i$ möglich sind, kann das Modell - selbst wenn die in den Segmenten aufgetretenen Geschwindigkeiten bekannt wären - nicht sinnvoll kalibriert werden. Um den möglichen Wertebereich etwas einzuschränken, müssen daher zusätzliche Annahmen getroffen werden (RICKENMANN 1991). Eine Möglichkeit besteht darin, die beiden Parameter entlang des gesamten Pfades konstant zu halten, wodurch sich das Problem von beliebigen Parameterkombinationen in n Segmenten auf eine (allerdings nur theoretisch) beliebige Parameterkombination für den gesamten Pfad reduziert (PERLA et al. 1980). Unter Einbezug weiterer Informationen, wie der Festlegung einer Maximalgeschwindigkeit, Geschwindigkeitsschätzungen aus Feldbegehungen oder bekannten Auslaufdistanzen, kann dann in der Praxis relativ einfach eine sinnvolle Wertekombination bestimmt werden. Das Modell ist allerdings nur dann in der Lage die Auslaufdistanz vorherzusagen, wenn der Parameter μ größer als das Gefälle im Ablagerungsbereich ist. Im Auslaufbereich, wo das Gefälle (Tangens der Hangneigung) nahe bei μ liegt, reagiert das Modell sehr empfindlich auf kleine Änderungen der Gleitreibung μ. Dieser Parameter hat demnach einen großen Einfluss auf die Reichweite, wohingegen der Parameter M/D vor allem die Geschwindigkeit in den steilen Abschnitten des Prozesswegs reguliert und kaum Auswirkungen auf die Auslaufdistanz hat.

Die Eichung des Modells bzw. der beiden Parameter μ und M/D kann in der Praxis auf zwei verschiedene Arten erfolgen (RICKENMANN 1991): Falls Geschwindigkeitsangaben an mindestens einem Ort entlang des Fließwegs bekannt sind, werden die Parameter so bestimmt, dass die modellierten Geschwindigkeiten möglichst gut mit den gemessenen übereinstimmen. Solche Daten sind aber in der Regel nur für größere Murgangereignisse vorhanden (z.B. Schätzungen aus Kurvenüberhöhungen). Dagegen ist bei volumenmäßig eher kleinen Muren oft die gesamte Reichweite gut definiert, da das Ende der Ablagerung meist vom abnehmenden Gefälle der Fließbahn bestimmt ist. In diesem Fall werden die Parameter so geeicht, dass die berechnete Reichweite mit der beobachteten übereinstimmt und eine vorher festgelegte Maximalgeschwindigkeit nicht überschritten wird.

Die Eichung des Reibungsmodells sollte an einer möglichst großen Zahl von Murereignissen durchgeführt werden. Von besonderem Interesse ist dabei, etwaige Abhängigkeiten zwischen den Parameterwerten und den Einzugsgebietseigenschaften der Muren ableiten zu können. Dies würde es erlauben, auch Einzugsgebiete zu modellieren, für die keine Daten zu Auslaufdistanzen oder Geschwindigkeiten vorliegen. Bei derartigen Untersuchungen kamen ZIMMERMANN et al. (1997) zu folgenden Ergebnissen: Weder μ noch M/D sind vom Anriss- oder dem Gesamtvolumen des Murgangs abhängig. Dagegen weisen beide Parameter eine gewisse Abhängigkeit von der Geologie bzw. der Kornverteilung auf. Diesen Zusammenhang hat GAMMA (2000) weitergehender untersucht: Grobkörnige Murgänge weisen demnach tendenziell höhere μ- und M/D-Werte auf als feinkörnige, wobei der Zusammenhang im Falle von μ um so stärker ausgeprägt ist, je kürzer die Lauflänge ist. Allerdings kann kein exakter Zusammenhang quantifiziert werden. Die Autoren konnten auch eine Abhängigkeit des Parameters μ von der Einzugsgebietsgröße (gemessen am Kegelhals und nicht am Anrisspunkt!) feststellen. Auch RICKENMANN (1991) stellt fest, dass sich eher tiefere μ-Werte ergeben, wenn sich die Einzugsgebietsgröße mit zunehmender Bahnlänge stark vergrößert. Die Einzugsgebietsfläche stellt einen Indikator für den während eines Ereignisses vorhandenen Abfluss dar. Scheinbar findet bei Murgängen mit größerem Reinwasserabfluss eine gewisse Verdünnung statt, so dass sich die rheologischen Eigenschaften des Korn-Wasser-Gemisches verändern. Ein höherer Wasseranteil bewirkt ein Herabsetzen der Grenzschubspannung τ_c, was tendenziell die Reichweite des Murgangs erhöht. In dem 2-Parametermodell hat der Reibungskoeffizient μ eine ähnliche Funktion wie τ_c (RICKENMANN 1991). ZIMMERMANN et al. (1997) und GAMMA (2000) nutzen diesen Zusammenhang und passen Schätzfunktionen (Exponentialfunktionen) an die Punktwolken ihrer Daten an. Die Funktionen liefern bei gegebener Einzugsgebietsfläche den statistischen Erwartungswert für μ. Zwar ist aufgrund der hohen Variabilität in den zugrunde liegenden Datensätzen der Anteil der erklärten Varianz vergleichsweise gering, aber es ist dennoch möglich, den unterschiedlichen Verhältnissen in einzelnen Einzugsgebieten Rechnung zu tragen (GAMMA 2000). Von Vorteil ist, dass die Einzugsgebietsfläche praktisch für jeden Wildbach ermittelt werden kann.

Die im Lahnenwiesgraben beobachteten und kartierten Murereignisse weisen sehr unterschiedliche Magnituden auf und sind bis auf wenige Ausnahmen dem granularen Typ zuzuordnen. Die unterschiedlichen Ereignishäufigkeiten und -intensitäten resultieren neben der räumlich sehr variablen Niederschlagsverteilung und -intensität, der hydrologischen Vorgeschichte und den dementsprechenden Abflüssen, auch aus der Verfügbarkeit von Lockermaterial zum Zeitpunkt der Regenereignisse. Kleinere Murereignisse treten in der Regel häufiger auf als größere (Frequenz/Magnitude Problematik), die Angabe einer Wiederkehrdauer bestimmter Magnituden ist aber mit den vorhandenen Daten nicht möglich. Dennoch muss die Magnitude bei der Kalibrierung berücksichtigt werden, da verschiedene Magnituden unterschiedliche Parameterwerte (μ, M/D) erfordern. Die Problematik kann umgangen werden, indem potentielle Endpunkte im Depositionsraum definiert werden. Die Wiederkehrdauer wird so durch ein geländebezogenes Kriterium ersetzt. GAMMA (2000) definiert je nach der Lage des Haltepunktes drei verschiedene Ereignisgrößen:

- Kleines Ereignis: Ein Anhalten erfolgt bereits am Beginn des primären Depositionsraumes (Kegel)
- Wahrscheinliches Ereignis: Ein Anhalten erfolgt eher im unteren Bereich des Kegels
- Maximales Ereignis: Ein Anhalten erfolgt frühestens im unteren Kegelbereich, allenfalls erfolgt ein Weiterlaufen mit niedriger Geschwindigkeit in den Vorfluter

Für jede Ereignisgröße leitet GAMMA (2000) entsprechende Schätzfunktionen ab, mit denen der Gleitreibungswert μ aus der lokalen Einzugsgebietsgröße berechnet werden kann. Die Identifikation von Haltepunkten bei kleinen und wahrscheinlichen Ereignissen ist allerdings nicht in allen Fällen möglich. Problematisch ist auch, dass das Modell keine Materialverluste (z.B. durch Levéebildung oder Verbreiterung des Abflussquerschnitts) berücksichtigt. Zum Teil werden die Reichweiten dadurch überschätzt. Sehr kleine Hangmuren können schon aufgrund der Modellarchitektur und der Auflösung des DHM nicht modelliert werden. Aus diesen Gründen wird hier nur eine Kalibrierung auf maximale Auslaufdistanzen durchgeführt.
Die Kalibrierung des Modells für den Lahnenwiesgraben erfolgte anhand der kartierten Muranrisse und Ablagerungsräume. Dabei wurden die folgenden Kriterien angewendet, die sich auf die umfangreichen Untersuchungen in der Schweiz (RICKENMANN 1991; ZIMMERMANN et al. 1997; GAMMA 2000) und

eigene Untersuchungen (z.B. WICHMANN et al. 2002; WICHMANN & BECHT 2004b) stützen.

Um die Eichung zu erleichtern, wurde der Parameter M/D für den gesamten Pfad konstant gesetzt (vgl. ZIMMERMANN et al. 1997; GAMMA 2000). Der Parameter charakterisiert die innere Reibung und wirkt vor allem in steilen Bahnabschnitten. Er hat damit den größten Einfluss auf die modellierten Maximalgeschwindigkeiten. Nach Angaben in der Literatur bewegen sich gemessene Geschwindigkeiten von Murgängen bei Gefällen kleiner als 20° in einem Bereich bis etwa 20 m/s (COSTA 1984). Aufgrund etwas größerer Neigungen bei den von ihm untersuchten Muren läßt RICKENMANN (1991) Maximalgeschwindigkeiten bis 30 m/s zu. In dieser Arbeit wird ein M/D von 75 m verwendet, so dass die Geschwindigkeiten in der Regel unter 20 m/s liegen (ein Wert, den auch ZIMMERMANN et al. (1997) anstreben, bei einem mittleren M/D von 70 m).

Die Kalibrierung des Gleitreibungswertes μ erfolgt an den beobachteten Auslaufdistanzen. Dabei muss beachtet werden, dass nicht alle der kartierten Murgänge maximale Reichweiten erreicht haben. Bei kleineren Ereignissen musste abgeschätzt werden, wie weit ein Extremereignis reichen würde. Als Anhaltspunkt dienten dabei die kartierten Extremereignisse. Bei den Hangmuren in den Karen ist davon auszugehen, dass selbst sehr große Ereignisse nur extrem selten über die Karschwelle hinauslaufen. Dies belegen beispielsweise multitemporale Luftbildauswertungen im Roßkar, die einen stetigen Vorbau der Murablagerungen in Richtung Karschwelle dokumentieren. Die Hangmuren außerhalb der Kare (auch die aus dem sehr steilen Gebiet um den Königsstand) laufen in der Regel in den steilen Gerinnen so lange weiter, bis sich das Längsprofil verflacht oder die Gerinne in den Vorfluter (in der Regel das Hauptgerinne) münden. In vielen Fällen konnten im Gelände an den entsprechenden Stellen ältere Murablagerungen aufgefunden werden. Die meisten Talmuren laufen bis in das Hauptgerinne, wo sie aufgrund der geringen Neigung nach relativ kurzen Distanzen alles Material ablagern. Zum Teil wird aber auch schon in flacheren Gerinneabschnitten (oder auf den gequerten Forstwegen) Material abgelagert. Bei dem Starkregenereignis im Sommer 2002 wurden die in das Hauptgerinne geschütteten Ablagerungen sofort durch den Hochwasserabfluss abtransportiert und anschließend in flacheren Gerinneabschnitten (z.B. der Griesstrecke) deponiert.

Um einen ersten Überblick über die zu verwendenden Gleitreibungswerte zu erhalten, wurden sowohl kleinere als auch größere Ereignisse mit einem konstanten Gleitreibungswert nachgerechnet. Im Falle der Hangmuren konnten die kleinsten Ereignisse auf den Schutthalden in den Karen mit einem μ von 0,6 und die größten Ereignisse mit einem μ von 0,25 bis 0,3 gut abgebildet werden.

In älteren Arbeiten zu Hangmuren (WICHMANN et al. 2002) wurde versucht, den Reibungswert für eine Mure aus deren Einzugsgebietsgröße am Anrisspunkt abzuleiten. Hier zeigte sich aber kein signifikanter Zusammenhang mit dem Gleitreibungswert μ. Bei den Kalibrierungsarbeiten bestätigte sich aber der in anderen Arbeiten festgestellte Trend, dass sich mit zunehmender Einzugsgebietsgröße in der Regel kleinere Gleitreibungswerte ergeben. Deshalb wurde versucht, für μ eine Schätzfunktion aus der lokalen Einzugsgebietsgröße abzuleiten, um so die Abnahme der Gleitreibung durch seitlich zugeführtes Wasser entlang der Prozessbahn berücksichtigen zu können. ZIMMERMANN et al. (1997) und GAMMA (2000) verwenden hierzu die am Kegelhals angetroffene Einzugsgebietsgröße. Dieser Punkt ist sowohl bei den Hangmuren als auch bei den Talmuren im Lahnenwiesgraben schwer zu identifizieren, da keine deutlichen Ablagerungskegel vorhanden sind. Dennoch konnte für den Lahnenwiesgraben in Anlehnung an die in der Schweiz definierten Schätzfunktionen eine Funktion abgeleitet werden, die die maximalen Reichweiten der Hangmuren gut reproduziert (vgl. auch Abbildung 5.16):

$$\mu = 0,2 \cdot a^{-0,1} \tag{5.23}$$

wobei a die lokale Einzugsgebietsgröße (km^2) ist. Die Funktion wird aus Konsistenzgründen (diese Werte treten im Lahnenwiesgraben nicht auf) wie die Funktion der Talmuren (s.u.) auf Werte $\mu \geq 0,15$ begrenzt. Die auf jeder Rasterzelle im Prozessweg angetroffene Einzugsgebietsfläche wird dann verwendet, um den lokalen Wert von μ aus der Schätzfunktion zu berechnen. Die Berechnung der lokalen Einzugsgebietsgröße wurde schon in Abschnitt 5.3.2 beschrieben. Mit diesem Rasterdatensatz kann mittels der Schätzfunktion ein Datensatz mit räumlich verteilten Gleitreibungswerten berechnet und dem Modell als Eingangsdatensatz übergeben werden (vgl. Abbildung 5.1).

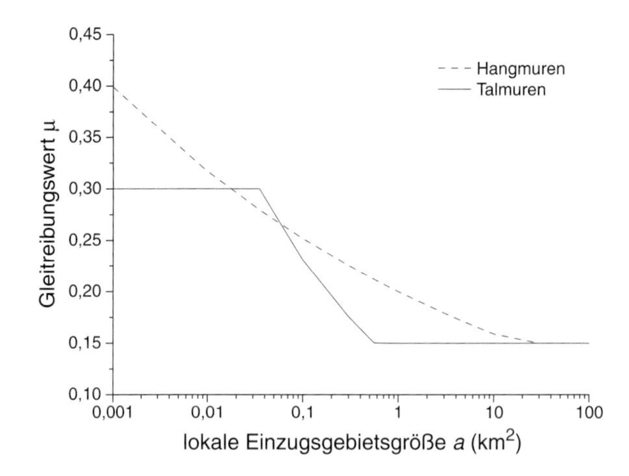

Abb. 5.16: Schätzfunktionen zur Berechnung des Gleitreibungswertes μ für Hang- und Talmuren aus der lokalen Einzugsgebietsgröße. Weitere Erläuterungen im Text.

Die im Sommer 2002 beobachteten Talmuren können mit einem konstanten μ von 0,18 gut nachgebildet werden. Als Schätzfunktion für maximale Reichweiten eignet sich die von GAMMA (2000) für maximale Ereignisse abgeleitete Funktion:

$$\mu = 0,13 \cdot a^{-0,25} \qquad (5.24)$$

wobei a die lokale Einzugsgebietsgröße (km^2) ist. GAMMA (2000) begrenzt den Wertebereich von Gleichung 5.24 auf $0,045 < \mu < 0,3$. Im Lahnenwiesgraben laufen die Muren im Hauptgerinne mit dem unteren Grenzwert noch zu weit, realistische Ergebnisse werden mit einem Wertebereich von $0,15 < \mu < 0,3$ erzielt. Die resultierende Schätzfunktion ist in Abbildung 5.16 dargestellt.
Die räumlich verteilten Gleitreibungswerte verringern sich kontinuierlich mit zunehmender Einzugsgebietsgröße. Aufgrund der kleineren Einzugsgebietsgrößen der seitlich an die Tiefenlinien anschließenden Hänge werden dort relativ geringe Reibungswerte ausgewiesen. Sobald ein Murgang das Gerinne verlässt, wird er deshalb deutlich abgebremst. Aus diesem Grund verwendet GAMMA (2000) den kleinsten Reibungswert, der entlang eines ausgewiesenen Stützsegments auftritt (die Stützsegmente erstrecken sich in der Regel über

mehrere Rasterzellen). In dem hier verwendeten rasterbasierten Ansatz wäre es ebenfalls möglich, den im Gerinne abgeleiteten Reibungswert noch über einige Rasterzellen beizubehalten. Dies würde zu einer verstärkten seitlichen Ausbreitung führen. Die bremsende Wirkung höherer Reibungswerte auf den Rasterzellen neben dem Gerinne führt im Lahnenwiesgraben zu plausibleren Resultaten. Ein Grund für die unterschiedliche Herangehensweise mag die Größenordnung der von GAMMA (2000) modellierten Muren sein. Die Muren sind in der Regel deutlich größer und im Oberlauf auch tiefer in das Gelände eingeschnitten. Im DHM des Lahnenwiesgrabens sind viele der Gerinne (vor allem diejenigen unter Waldbedeckung) nur wenig eingeschnitten, so dass die modellierten Muren an diesen Stellen zu weit ausufern würden.

Ein Kalibrierungsbeispiel für Hangmuren zeigt Abbildung 5.17. Die westlichste Hangmure ist aus einer Rutschung im August 2000 hevorgegangen (vgl. Abbildung 5.18), die östlichen Hangmuren wurden bei dem Starkregenereignis im Juni 2002 aktiv (Karte a). Die Karten (b) bis (d) zeigen die Modellresultate bei verschiedenen konstanten Gleitreibungswerten (Ausgangspunkt der Modellierung sind die kartierten Anrisspunkte, vgl. Tabelle 5.9 für die

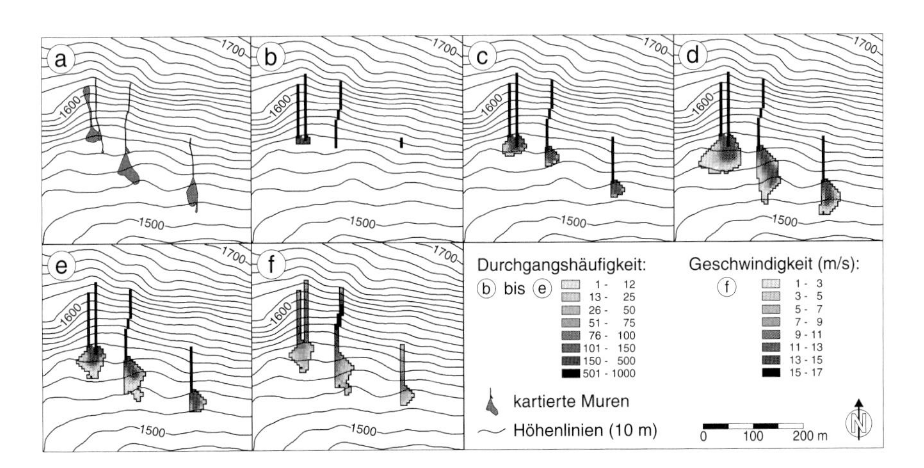

Abb. 5.17: Modellierung der Hangmuren oberhalb des Stichwegs zur Enning Alm mit unterschiedlichen Gleitreibungswerten. (a) Kartierung; (b) $\mu = 0{,}5$; (c) $\mu = 0{,}4$; (d) $\mu = 0{,}3$; (e) $\mu =$ Funktion der Einzugsgebietsgröße; (f) maximal aufgetretene Geschwindigkeiten bei der Modellierung von Karte (e). Zur Lage siehe (b) in Abbildung 5.13, weitere Erläuterungen im Text.

Abb. 5.18: Prozessbahn der aus einer Rutschung hervorgegangenen Mure oberhalb des Stichwegs zur Enning Alm. Blickrichtung nach Süden bzw. hangabwärts. Zur Lage siehe Abbildung 5.17 (Foto: V. Wichmann).

verwendeten *random walk* Parameter). Die kleine Reichweite der westlichsten Mure kann nur mit einem sehr hohen Reibungswert von 0,5 reproduziert werden, bei niedrigeren Werten wird die Reichweite deutlich überschätzt. Die östlichen Muren werden auch bei einem Wert von 0,4 noch unterschätzt, bei einem Wert von 0,3 sind die Reichweiten zu groß. Die Mure in Karte (e) wurde mit räumlich verteilten Reibungswerten (nach Gleichung 5.23) berechnet. In diesem Fall wird zwar die Reichweite der aus der Rutschung hervorgegangenen Mure überschätzt, aber Einschätzungen im Gelände stützen die Annahme, dass die Mure nicht die maximal mögliche Reichweite erzielt hat. Die Reichweiten der anderen Muren werden gut abgebildet. Die bei der Modellierung aufgetretenen Maximalgeschwindigkeiten sind in Karte (f) dargestellt. Die Geschwindigkeiten liegen bis auf wenige Ausnahmen unter 13 m/s.

5.3.6 Prozessraumzonierung

Um die Auswirkungen von Muren bzw. deren Sedimentverlagerung weiter untersuchen zu können, muss der modellierte Prozessraum in Erosions-, Transit- und Ablagerungsgebiete unterteilt werden. In der Literatur finden sich einige empirische Ansätze zur Abgrenzung von Ablagerungsräumen (vgl. Abschnitt 5.1), die beispielsweise die Hangneigung, den seitlichen Einmündungswinkel

in den Vorfluter oder den hydraulischen Radius berücksichtigen. Eine wichtige Größe stellt zudem die Geschwindigkeit des Murgangs dar. Physikalisch wird das Erosions- und Ablagerungsvermögen indirekt auch durch die Materialzusammensetzung der festen Phase, die Feststoffkonzentration und die Charakteristika der fluiden Phase bestimmt. Diese drei Faktoren bestimmen maßgeblich die Bewegungsart, das Fließverhalten und die Fließparameter einer mehrphasigen Strömung (TOGNACA 1999).
In Anlehnung an den in Abschnitt 5.3.4 beschriebenen Auflandungsansatz wurde eine einfache Methode entwickelt, die es erlaubt, den Prozessraum anhand der entlang der Murgangtrajektorien auftretenden Neigungen und Geschwindigkeiten zu zonieren. Die lokale Neigung wird bei der Bestimmung eines Nachfolgers mit dem *random walk* ermittelt, die lokale Geschwindigkeit liefert das Reibungsmodell. Die Zonierung selbst erfolgt aufgrund von empirisch festzulegender Regeln, die dem Modell in Form einer Tabelle zur Verfügung gestellt werden. Die Tabelle mit Grenzwerten der Hangneigung und der Geschwindigkeit enthält entsprechende Kodierungen für Ablagerung, Transport und Erosion (vgl. Tabelle 5.10 und 5.11). Negative Werte entsprechen Erosion, positive Werte Ablagerung und Transport dem Wert Null. Sobald eine neue Rasterzelle dem Prozessweg hinzugefügt wird, und somit auch Neigung und Geschwindigkeit berechnet sind, kann der zutreffende Wert aus der Tabelle ausgelesen werden. Die Werte werden (im Falle mehrerer Iterationen oder mehrerer Startpunkte deren Prozessbahnen sich überlagern) in einem Rasterdatensatz aufaddiert. Es kann durchaus vorkommen, dass sich Erosions- und Ablagerungsraum verschiedener Trajektorien überschneiden.

Tab. 5.10: Tabelle mit Grenzwerten der Hangneigung (°) und der Geschwindigkeit (m/s) und den entsprechenden Werten zur Zonierung der Prozessräume von Hangmuren. Werte: -2 verstärkte Erosion, -1 Erosion, 0 Transport, 1 Ablagerung, 2 verstärkte Ablagerung.

	0 - 3 m/s	3 - 10 m/s	10 - 15 m/s	15 - 20 m/s	> 20 m/s
0 - 5°	2	2	1	1	0
5 - 10°	2	2	1	0	-1
10 - 20°	1	1	1	-1	-1
20 - 30°	1	1	0	-1	-2
> 30°	0	-1	-1	-2	-2

Durch die Aufsummierung der Werte resultiert dann eine Art Mittelwert. Erosion und Ablagerung können sich auf einer Rasterzelle die Waage halten, so dass diese letztendlich als Transitzone ausgewiesen wird. Der resultierende Datensatz kann nach der Modellierung in die drei Kategorien Erosion (Werte < 0), Transit (0 - 0,000001) und Ablagerung (Werte $> 0,000001$) klassifiziert werden.
Die Regeln, bei welchen Neigungen und Geschwindigkeiten erodiert oder abgelagert wird, sind empirisch an die Gegebenheiten im Lahnenwiesgraben angepasst. Dabei ist zu beachten, dass die modellierte Geschwindigkeit sehr stark von den im Reibungsmodell verwendeten Parametern abhängig ist und nicht zwingend der physikalischen Realität entspricht. Aufgrund der unterschiedlichen Neigungsverhältnisse im Prozessgebiet von Hang- und Talmuren ergeben sich für beide Prozesse unterschiedliche Regeln. Die festgelegten Grenzwerte decken sich gut mit den von BRAUNER (2001) aus verschiedenen Arbeiten zusammengestellten Gefällsbereichen, in denen Muren erodieren bzw. ablagern. Da kurz nach dem Anriss noch recht niedrige Geschwindigkeiten modelliert werden (der Prozess befindet sich noch in der Beschleunigungsphase) und davon auszugehen ist, dass hier normalerweise noch erodiert wird, wurde der früheste Beginn der Ablagerung (unabhängig von den Regeln in Tabelle 5.10 und 5.11) auf die dritte Rasterzelle nach dem Anriss festgelegt. Falls die Laufdistanz der Mure unter 3 Rasterzellen liegt, wird die letzte Zelle des Prozessraums als Ablagerungsgebiet ausgewiesen.
Der Ansatz liefert trotz der scharfen Grenzwerte der Hangneigung und Geschwindigkeit plausible Ergebnisse. Dies ist unter anderem auch auf die bei je-

Tab. 5.11: Tabelle mit Grenzwerten der Hangneigung (°) und der Geschwindigkeit (m/s) und den entsprechenden Werten zur Zonierung der Prozessräume von Talmuren. Werte: -2 verstärkte Erosion, -1 Erosion, 0 Transport, 1 Ablagerung, 2 verstärkte Ablagerung.

	0 - 3 m/s	3 - 5 m/s	5 - 10 m/s	10 - 15 m/s	> 15 m/s
0 - 5°	2	2	1	1	0
5 - 10°	2	1	1	0	-1
10 - 15°	1	1	0	-1	-1
15 - 20°	1	0	-1	-1	-2
> 20°	0	-1	-1	-2	-2

dem *random walk* leicht variierende Geschwindigkeit zurückzuführen. Grundsätzlich bleibt zu beachten, dass die Zonierung nur die potentielle Erosivität der Muren wiederspiegelt und keine Rückschlüsse auf die Erodibilität erlaubt. Im Lahnenwiesgraben stellt dies bis auf einige Festgesteinsstrecken kein Problem dar, da fast überall erodierbares Material zur Verfügung steht.

Die Ergebnisse der Prozessraumzonierung ausgehend von den kartierten Anrisspunkten der Hangmuren oberhalb des Stichwegs zur Enning Alm zeigt Abbildung 5.19. Das Prozessmodell wurde mit den in Tabelle 5.9 aufgeführten Parametern und den nach Gleichung 5.23 abgeleiteten Reibungswerten gerechnet. In Karte (a) sind die kartierten Erosions-, Transit- und Ablagerungsbereiche dargestellt, die Modellergebnisse zeigt Karte (b). Die Ablagerungsräume werden vom Modell am Besten wiedergegeben. In den modellierten Erosionsbereich der westlichsten Mure ist eine Transitstrecke eingelagert, im Fall der östlichsten Mure sogar eine längere Ablagerungsstrecke. Ersteres kann durch den Sonderfall der Mure (Entstehung aus einer Rutschung) erklärt werden, letzteres ergibt sich aus der geringeren Neigung (vgl. Höhenlinien) und den dementsprechend auch geringeren Geschwindigkeiten in diesem Abschnitt. In beiden Fällen ist es durchaus möglich, dass die modellierte Abfolge bei einem erneuten Ereignis anderer Magnitude als dem kartierten auch in der Natur auftritt. Die Transitbereiche werden realitätsnah abgebildet. Die typische Abfolge Erosion, Transit, Ablagerung wird vom Modell gut reproduziert.

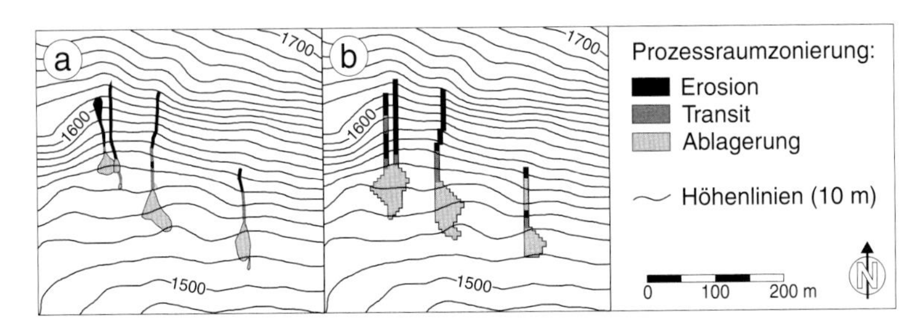

Abb. 5.19: Prozessraumzonierung der Hangmuren oberhalb des Stichwegs zur Enning Alm. (a) Kartierung, (b) Modellierung. Zur Lage siehe (b) in Abbildung 5.13, weitere Erläuterungen im Text.

5.4 Modellergebnisse und Modellvalidierung

Die Ergebnisse der Dispositionsmodellierungen wurden schon ausführlich in den entsprechenden Abschnitten diskutiert. Eine Validierung der Modellergebnisse hinsichtlich der simulierten Wege, Reichweiten und Prozessraumausprägungen kann detalliert nur für die kartierten Muranrisse durchgeführt werden. Bevor die Modellierung des gesamten Einzugsgebiets mit Startpunkten aus den Dispositionsmodellierungen vorgestellt wird, werden daher erst einige Ergebnisse anhand von Detailkarten mit Modellierungen ausgehend von kartierten Anrissen vorgestellt.

Die Modellergebnisse für die kartierten Anrisspunkte im Kuhkar (vgl. Abbildung 5.3) sind in Abbildung 5.20 dargestellt. Das Orthophoto (Karte a) vermittelt einen Überblick über die Situation im Kuhkar. Die Muren reißen auf den Schutthalden unterhalb der Felswände an und laufen bis auf die Verflachung oberhalb der Karschwelle auf etwa 1600 m ü. NN. Es kann nicht vollständig ausgeschlossen werden, dass die Verflachung bei Extremereignissen überwunden wird und die Muren im Gerinne unterhalb weiterlaufen. Allerdings wurde selbst bei dem Starkregenereignis im Juni 2002 nur fluvialer Transport von der Verflachung in das Gerinne unterhalb beobachtet. Auf der Verflachung selbst wird das dort abgelagerte Material vor allem umgelagert. Kleinere Ereignisse akkumulieren zum Teil noch oberhalb auf den Schutthalden, diese wurden bei der Kalibrierung der maximalen Reichweite allerdings nicht berücksichtigt.

Die Modellierung erfolgte mit den für die Hangmuren kalibrierten Parametern (Prozessweg: Tabelle 5.9, Reichweite: Gleichung 5.23, Zonierung: Tabelle 5.10). Die Durchgangshäufigkeiten sind in Karte (b), die maximal aufgetretenen Geschwindigkeiten in Karte (c) dargestellt. Die Muren laufen spätestens auf der Verflachung aus, wobei die Geschwindigkeiten nur in sehr steilen Abschnitten über 15 m/s liegen. Die Prozesswege werden bis auf wenige Ausnahmen gut abgebildet, nur an einigen Stellen treten Fehler im DHM zu Tage. Beispielsweise verläuft die Murbahn vom etwa 100 m östlich der Hauptachse des Kars gelegenen Anrisspunkt auf 1810 m im Gelände nicht nach Norden, sondern biegt nach Nordosten in die dort ausgebildete Murbahn ab. Die seitliche Ausbreitung wird auf der Verflachung des Karbodens vom Modell gut wiedergegeben, auf den steilen Hängen zum Teil aber unterschätzt (Grenzgefälle). Die dort auffindbaren Murloben stammen allerdings aus kleineren

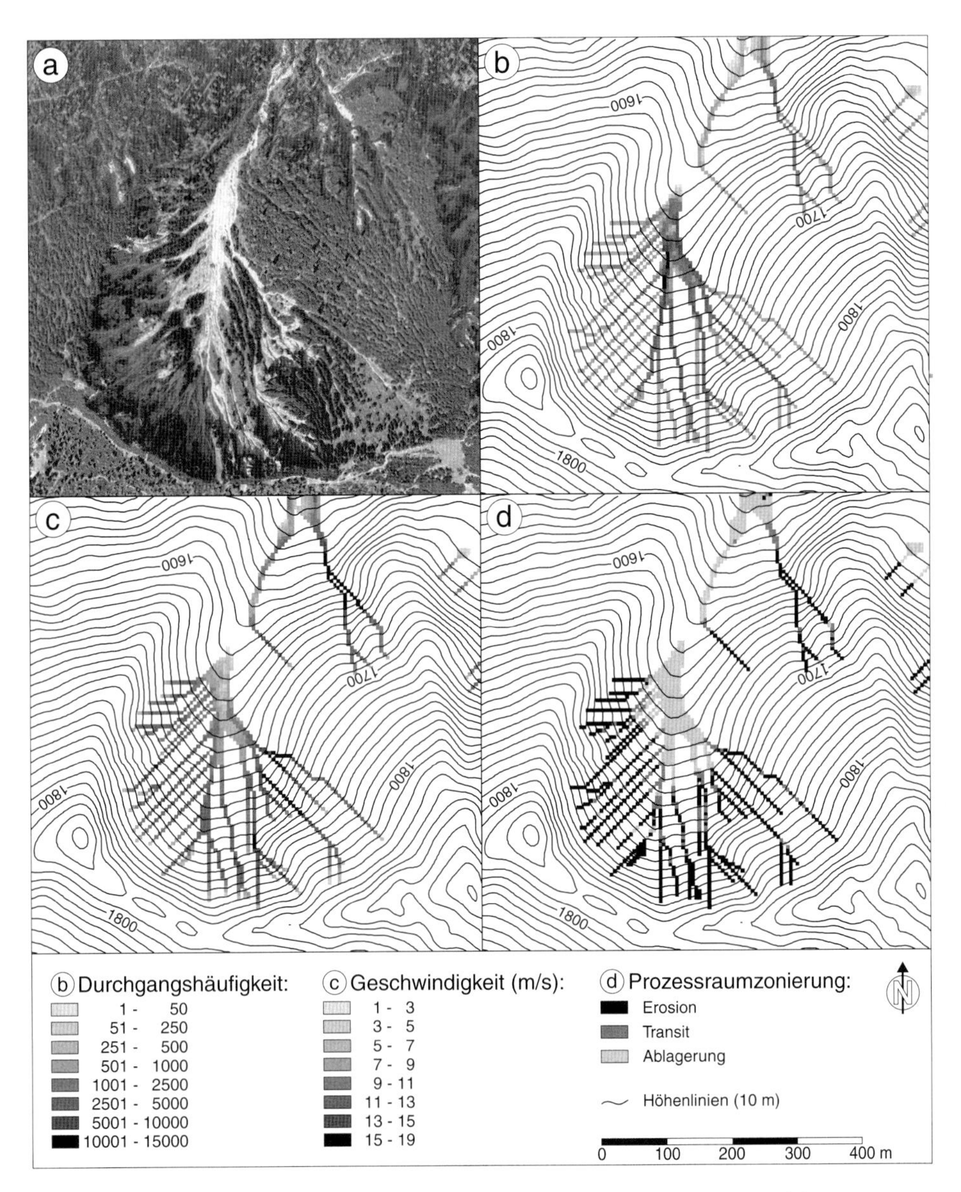

Abb. 5.20: Ergebnisse der Modellierung von Hangmuren im Kuhkar. (a) Orthophoto (© BLVA, Az.: VM 1-DLZ-LB-0628); (b) Prozessweg und Reichweite (Durchgangshäufigkeit); (c) Maximalgeschwindigkeiten; (d) Prozessraumzonierung. Zur Lage siehe (c) in Abbildung 5.13, weitere Erläuterungen im Text.

Ereignissen (Ausbreitung aufgrund der Ablagerung) und nicht von größeren Ereignissen, für die das Modell kalibriert wurde.

Die Prozessraumzonierung zeigt die typische Abfolge von Erosions-, Transit- und Akkumulationsbereichen (Karte d). In einigen Fällen, bei denen der Übergang von den steilen Schutthalden auf die Verflachung oberhalb der Karschwelle relativ abrupt ist, fehlen die Transitbereiche. Aufgrund der geringen Neigung des Karbodens und der daraus resultierenden Bremsung der Murgänge gehen Erosions- und Ablagerungsbereiche direkt ineinander über. Dies ist auch im Gelände zu beobachten.

Die Karten in Abbildung 5.21 zeigen die Modellergebnisse im Roßkar. Das Orthophoto in Karte (a) verdeutlicht die Situation im Roßkar. Auf nahezu allen steileren Schutthalden finden sich Muranrisse, die Murbahnen enden primär auf zwei Verflachungen. Die höher gelegenen Muren enden in der Regel auf der Verflachung auf etwa 1700 m ü. NN. Einzelne Murgänge laufen entlang des dort ausgebildeten Gerinnes weiter abwärts, an der Versteilung kurz unterhalb der Verflachung reißen Talmuren an. Die auf etwa 1580 m ü. NN gelegene Verflachung bildet den Sedimentationsraum für alles im Kar mobilisierte Material, so dass das Roßkar momentan ein geschlossenes System bildet.

Für die Modellierung der Hangmuren wurden die kartierten Anrisspunkte (vgl. Abbildung 5.3) verwendet, für die Talmuren die durch das Dispositionsmodell (vgl. Abbildung 5.12) ermittelten. Letztere wurden bei Geländebegehungen überprüft. Bis auf den nördlichsten Anriss kurz unterhalb der Verflachung am Karausgang konnten alle modellierten Punkte im Gelände bestätigt werden. Der Anrisspunkt unterhalb der Verflachung liegt im Gelände weiter hangab (ca. 30 m). Das Gerinne endet kurz vor der Verflachung und ist erst weiter unterhalb wieder ausgebildet. Da das für die Dispositionsmodellierung verwendete Gerinnenetz mit Hilfe des Datensatzes der lokalen Einzugsgebietsgröße aus dem DHM abgeleitet wurde, durchzieht es die Verflachung. Der unterhalb der Verflachung modellierte Anriss ist deshalb durchaus plausibel, nur liegt der Anriss im Gelände aufgrund der noch nicht so weit fortgeschrittenen rückschreitenden Erosion etwas tiefer.

Die vier Anrisspunkte im orographisch rechts gelegenen Gerinne liegen noch relativ weit oben am Hang. Hier ist der in der Literatur (z.B. ZIMMERMANN et al. 1997) eingeführte Begriff "Talmure" irreführend. Als Talmuren werden alle Muren bezeichnet, die im Gerinnebett infolge einer Instabilität der Bachsohle

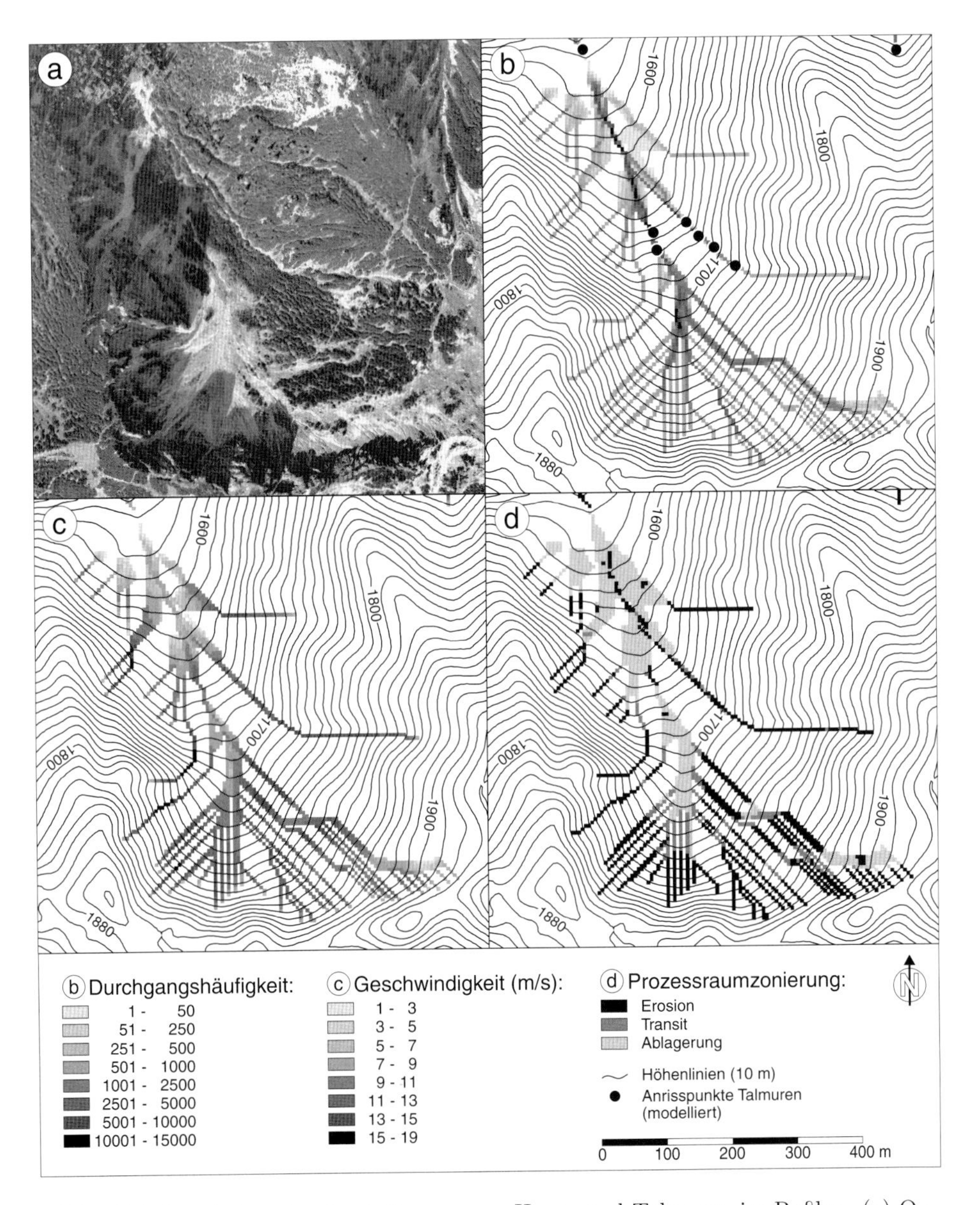

Abb. 5.21: Ergebnisse der Modellierung von Hang- und Talmuren im Roßkar. (a) Orthophoto (© BLVA, Az.: VM 1-DLZ-LB-0628); (b) Prozessweg und Reichweite (Durchgangshäufigkeit); (c) Maximalgeschwindigkeiten; (d) Prozessraumzonierung. Zur Lage siehe (d) in Abbildung 5.13, weitere Erläuterungen im Text.

oder infolge progressiver Erosion anreißen. Das Gerinne ist in dem Bereich, in dem die modellierten Anrisse liegen, zwar noch sehr steil, aber schon deutlich ausgeprägt (inititale Tiefenlinie nach LOUIS & FISCHER 1979). Diese Anrisse werden deshalb durch das Dispositionsmodell der Talmuren erfasst. Der Anrisspunkt am Beginn der Hangfurche liegt weiter oberhalb und wird durch das Dispositionsmodell der Hangmuren abgebildet.

Der Prozessweg und die Reichweite wurden mit den kalibrierten Parametern berechnet (vgl. Tabelle 5.9 und Gleichung 5.23 bzw. 5.24). Die Durchgangshäufigkeiten sind in Karte (b), die maximal aufgetretenen Geschwindigkeiten in Karte (c) dargestellt. Die Muren enden spätestens auf der unteren Verflachung, was gut mit den Geländebefunden übereinstimmt. Kleinere Muren im unteren Bereich des Kars enden wie auch die Muren aus den höchstgelegenen Anrisspunkten im Osten noch auf den Schutthalden. Letztere laufen zum Teil weiter hangab als im Gelände zu beobachten ist. Dies liegt zum Einen an der Kalibrierung der Reichweite auf maximale Auslaufdistanzen, kann zum Anderen aber auch auf Fehler im DHM zurückgeführt werden. Die mit Krummholz bewachsene Fläche unterhalb ist in der Realität etwas erhöht, so dass die Muren mehr oder weniger im rechten Winkel nach Westen abbiegen müssen, bevor sie wieder nach Norden laufen können. Diese Tendenz ist zwar in der Modellierung erkennbar, dennoch biegen einige der Murbahnen schon zu früh nach Norden ab.

Die seitliche Ausbreitung der Muren wird im unteren Bereich des Kars besser abgebildet. Hier wird nur der Prozessraum der nördlichsten, orographisch rechts gelegenen, Mure leicht überschätzt. Die Tiefenlinie ist an dieser Stelle im DHM nicht deutlich genug ausgeprägt. Im oberen Bereich des Kars wird die seitliche Ausbreitung zum Teil unterschätzt. Dies liegt vor allem an den großen Neigungen der Schutthalden (Grenzgefälle). Allerdings finden sich dort auch nur Murloben von kleineren Ereignissen, die sich aufgrund der Ablagerung von Material noch auf den Halden ausbreiten. Die Modellergebnisse sind daher für die Modellierung maximaler Ereignisse, die mindestens bis auf die obere Verflachung reichen, durchaus plausibel. Die modellierten Geschwindigkeiten (Karte c) liegen in der Regel unter 15 m/s, nur in wenigen, sehr steilen Abschnitten werden höhere Werte erreicht.

Die Prozessraumzonierung in Karte (d) wurde mit dem in Abschnitt 5.3.6 erläuterten Verfahren durchgeführt. Die Erosions- und Ablagerungsräume werden gut abgebildet. In einigen Fällen sind auch Transitgebiete zwischengeschaltet, so dass die typische Abfolge Erosion, Transit, Ablagerung eingehalten wird. Unterhalb der oberen Verflachung wird erneut erodiert, was im Gelände durch das tief eingeschnittene Gerinne bestätigt wird. Die Ablagerungen auf der unteren Verflachung werden im Gelände und im Modell von einzelnen Erosionsbahnen durchzogen. Die modellierten Talmuren weisen hier noch recht hohe Geschwindigkeiten auf und können deshalb noch Material, das vornehmlich von Hangmuren dort abgelagert wurde, aufnehmen. Das distale Ende der Ablagerung auf der unteren Verflachung wird nur von den Talmuren erreicht. Die Modellierung stimmt insofern mit den Geländebeobachtungen überein, als dass keine Mure über die untere Verflachung hinausläuft.

Im Einzugsgebiet des Herrentischgrabens wurden mehrere Murgänge nach dem Starkregenereignis im Juni 2002 kartiert. Das Einzugsgebiet ist bis auf die höher gelegenen Bereiche fast vollständig bewaldet, so dass in Karte (a) der Abbildung 5.22 nur die kartierten Prozessbereiche dargestellt werden können und kein Orthophoto. Im oberen Bereich des Einzugsgebiets reißen Hangmuren an, in den Gerinnen selbst finden sich zahlreiche Anrisspunkte von Talmuren. Der Herrentischgraben kreuzt insgesamt fünf Mal den Forstweg, der bei dem Murereignis an diesen Stellen entweder abgetragen (vgl. Abbildung 5.23) oder mit Material verschüttet wurde (vgl. Abbildung 5.24). Entlang des Gerinnes findet sich eine rasche Abfolge von Erosions- und Akkumulationsbereichen in steileren respektive flacheren Bereichen. Die Gerinne sind zum Teil bis über 2 m eingetieft. Dies erschwert die Modellierung, da die Tiefenlinien im DHM aufgrund der Bewaldung nur schlecht abgebildet und schon gar nicht tief eingeschnitten sind. Die Modellierung wurde mit den kalibrierten Parametern durchgeführt, als Startpunkte dienten die in Karte (b) dargestellten Anrisse der Hangmuren und die durch das Dispositionsmodell ausgewiesenen Anrisse der Talmuren (vgl. 5.12).

Die modellierten Durchgangshäufigkeiten sind in Karte (b) dargestellt. Die Prozesswege konzentrieren sich mehr oder weniger auf die im DHM vorhandenen Tiefenlinien, was aber weniger tief eingeschnittenen Gerinnen, sondern vielmehr der Parameterwahl des *random walk* zuzuschreiben ist. Die kleineren Gerinne im Bereich oberhalb des Forstwegs können aufgrund der schlechten Auflösung des DHMs nicht reproduziert werden. Die Aufteilung der Murgangtrajektorie nach der ersten Kreuzung des Forstwegs auf etwa 1090 m ü. NN in zwei Arme wird hingegen abgebildet. Der orographisch rechte Arm

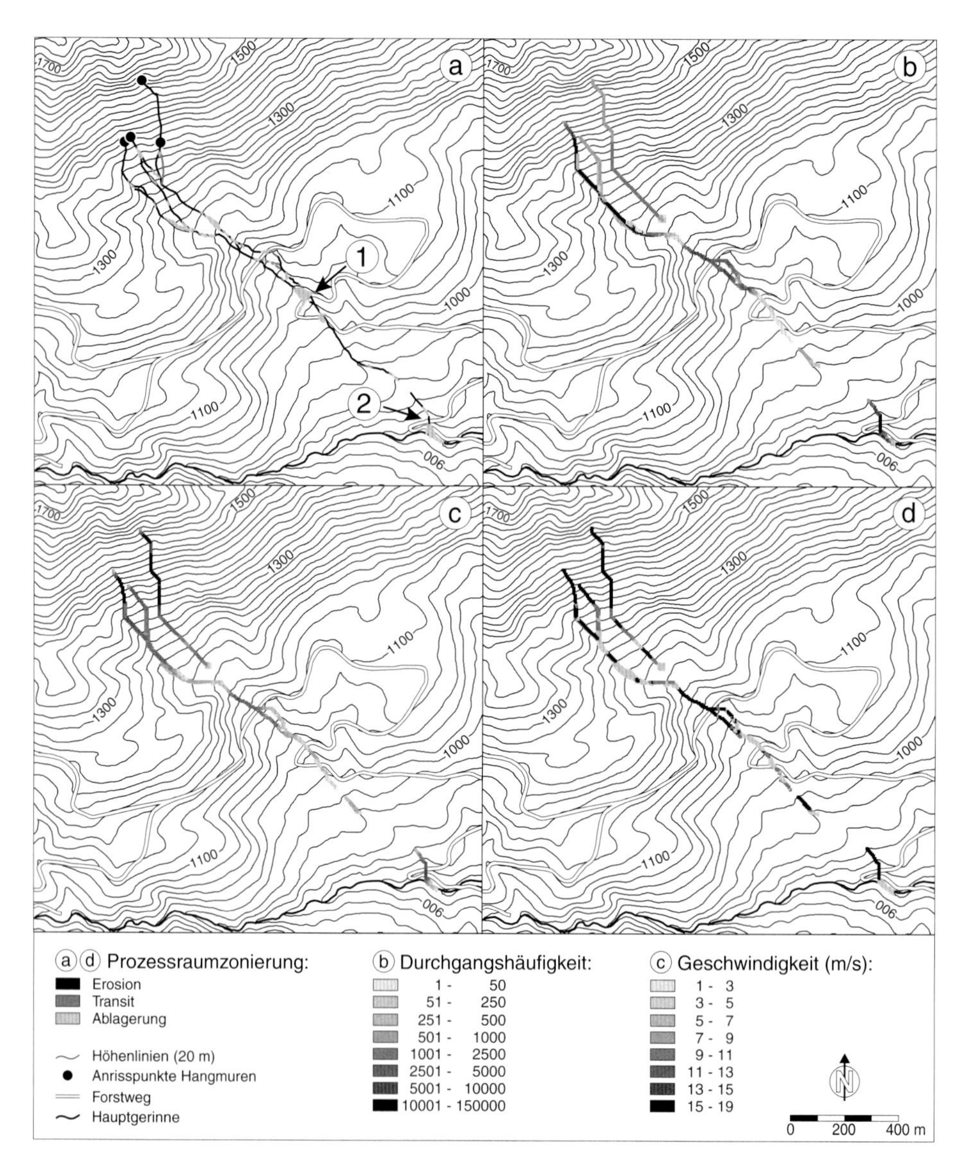

Abb. 5.22: Ergebnisse der Modellierung von Hang- und Talmuren im Einzugsgebiet des Herrentischgrabens. (a) Kartierung; (b) Prozessweg und Reichweite (Durchgangshäufigkeit); (c) Maximalgeschwindigkeiten; (d) Prozessraumzonierung. Die Nummern in Karte (a) verweisen auf die Aufnahmeorte der Fotos in Abbildung 5.24 (1) und 5.23 (2). Zur Lage der Karten siehe (e) in Abbildung 5.13, weitere Erläuterungen im Text.

Abb. 5.23: Zerstörter Abschnitt des Forstwegs kurz vor der Mündung des Herrentischgrabens ins Hauptgerinne. Das Kanalrohr wurde durch den Murgang komplett freigelegt. Zur Lage siehe (2) in Abbildung 5.22a (Foto: V. Wichmann).

verläuft weiter im Gerinne, der linke Arm verlässt das Gerinne und mündet erst weiter unten wieder ein. Die große Ausdehnung der Ablagerungsfläche bei der zweiten Kreuzung des Forstwegs auf etwa 1030 m ü. NN wird vom Modell nicht ausreichend wiedergegeben (vgl. Abbildung 5.24). Ein Grund hierfür ist das Fehlen der Trasse des Forstwegs im DHM. Außerdem verklausten bei dem Murereignis die Rohre, mit denen das Gerinne unterhalb des Forstwegs durchgeführt wird. Die nachfolgenden Murschübe waren deshalb gezwungen, seitlich auszubrechen. Die Ausdehnung der Ablagerungsfläche an der Mündung ins Hauptgerinne wird vom Modell besser abgebildet.

Die Reichweiten der Murgänge werden in der Regel gut reproduziert. Einzig die Reichweite der östlichsten Murbahn im oberen Teil des Einzugsgebiets und der Mure im mittleren Abschnitt auf etwa 950 m ü. NN werden leicht unterschätzt. Die modellierten Geschwindigkeiten (Karte c) liegen in realistischen Bereichen, die höchsten Geschwindigkeiten treten in den steilen Bereichen im oberen Herrentischgraben und kurz vor der Mündung ins Hauptgerinne auf.

Abb. 5.24: Mächtige Murablagerungen auf dem Forstweg an der Kreuzung mit dem Herrentischgraben auf etwa 1030 m ü. NN. Zur Lage siehe (1) in Abbildung 5.22a (Foto: V. Wichmann).

Die in Karte (d) dargestellte Prozessraumzonierung spiegelt das Bild der Kartierung recht gut wider. Selbst kleinere, zwischen Erosionsstrecken liegende Ablagerungen werden reproduziert, allerdings in einigen Fällen mit leichten Lagefehlern. Die Problematik der im DHM fehlenden Trasse des Forstwegs macht sich auch bei der Zonierung bemerkbar, so dass die auf dem Forstweg kartierten Ablagerungen zum Teil nicht modelliert werden. Die Ergebnisse der Zonierung ohne die Modellierung der Hangmuren zeigt Abbildung 5.27.

Die Kopplung des Dispositionsmodells für Hangmuren mit dem Prozessmodell ist in Abbildung 5.25 dargestellt. Ausgehend von den modellierten Anrisspunkten wurden Prozessweg und Reichweite mit den kalibrierten Werten berechnet. Die ausgewiesenen Prozessräume sind für eine differenzierte Darstellung hinsichtlich der CF-Werte der Anrisspunkte klassifiziert. In der Karte überdecken die Prozessräume von Anrisspunkten mit höheren CF-Werten diejenigen mit niedrigeren. Die räumliche Verteilung der Prozessräume verdeutlicht noch einmal die Ergebnisse der Dispositionsmodellierung. Die höchsten CF-Werte treten vor allem im Kramermassiv auf, niedrigere Werte finden sich

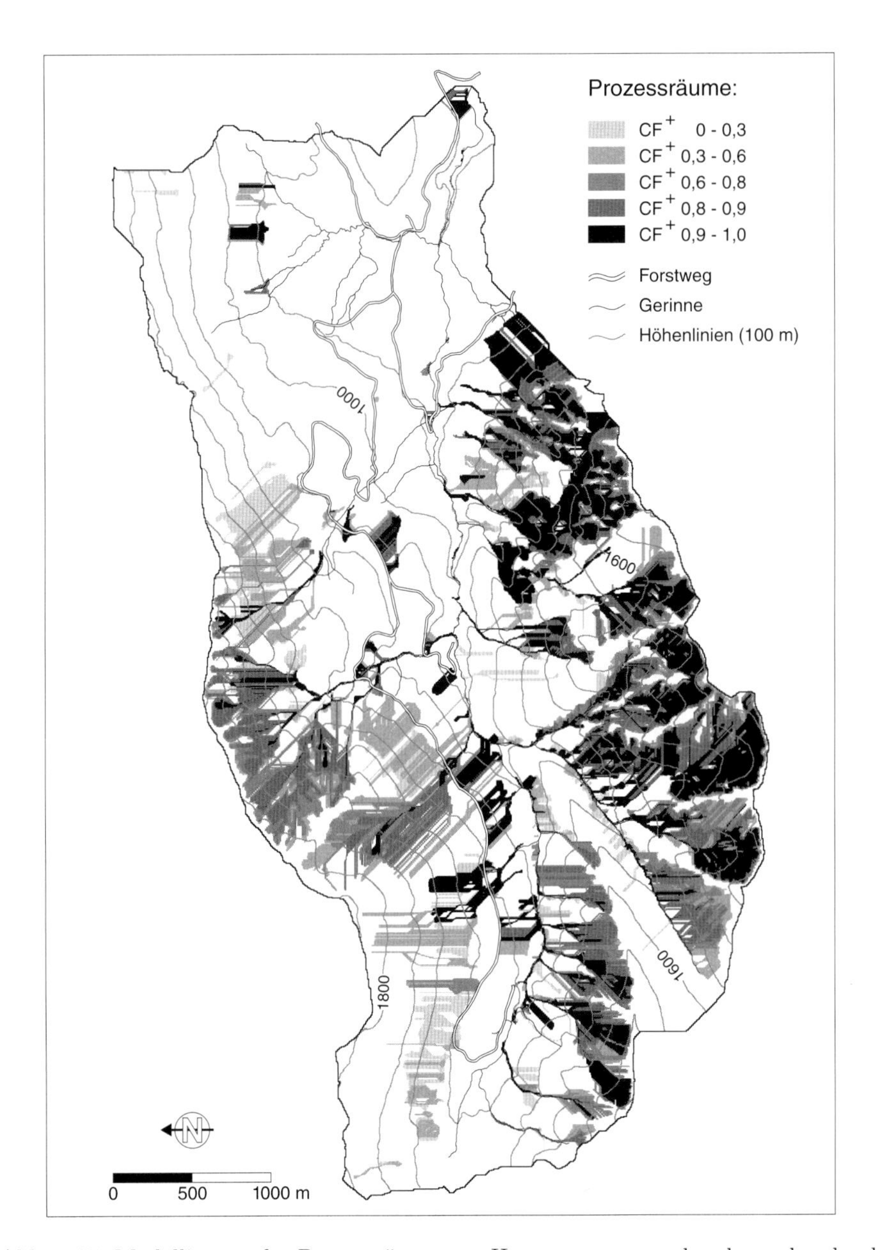

Abb. 5.25: Modellierung der Prozessräume von Hangmuren, ausgehend von den durch das Dispositionsmodell ausgewiesenen Anrisspunkten. Die Prozessräume sind hinsichtlich der CF-Werte klassifiziert und überlagert (höhere CF-Werte überdecken niedrigere). Weitere Erläuterungen im Text.

hauptsächlich auf den südexponierten Hängen. Da der Forstweg in der Vegetationskartierung als vegetationsfrei ausgewiesen ist, werden auch entlang des Forstwegs an einigen Stellen Muranrisse modelliert. Im Untersuchungszeitraum konnten zwar nur kleine Abbrüche und keine Muranrisse entlang des Forstwegs beobachtet werden, aber die ausgewiesenen Bereiche sind nicht ungefährdet. Östlich der Kreuzung des Brünstlegrabens mit dem Stichweg zur Hütte des Wasserwirtschaftsamts (auf etwa 1100 m ü. NN) ist der Forstweg im Jahr 2004 fast vollständig abgerutscht. An dieser Stelle sind auch vom Modell Anrisspunkte vorausgesagt.

Die großflächige Verbreitung der Prozessräume ergibt sich aus der Modellierung maximaler Reichweiten und der Verwendung von allen Anrisspunkten mit CF-Werten größer Null. Die Ausdehnung der Prozessräume wird in erster Linie von der lokalen Reliefausprägung bestimmt. In flacheren Bereichen (z.B. oberhalb des Stichwegs zur Enning Alm oder nördlich der Reschbergwiesen) ist die Ausdehnung geringer, größere Areale werden in steileren Bereichen ausgewiesen. In der Regel stoppen die modellierten Murgänge spätestens in den Hauptgerinnen.

Die in den Prozessräumen ausgeschiedenen Erosions-, Transit- und Ablagerungsbereiche sind in Abbildung 5.26 dargestellt. Die Prozessraumzonierung resultiert aus der Addition der Ergebnisse jeder CF-Klasse und der anschließenden Reklassifikation nach den in Abschnitt 5.3.6 angegebenen Grenzwerten. Es kommt daher vor, dass eine Rasterzelle in einzelnen Modellierungen beispielsweise als Ablagerungsraum ausgewiesen ist, in der Summe dort aber öfter erodiert als abgelagert wird. Eine solche Zelle ist in der Karte dann als Erosionsraum dargestellt. Aus diesem Grund nehmen auch die Transitbereiche in der Karte einen kleineren Flächenanteil ein als bei den Einzelmodellierungen. Dies wird beispielsweise in den Karen deutlich, wo die Transitbereiche in Abbildung 5.26 vollständig fehlen, in den Detailkarten (Abbildungen 5.20 und 5.21) aber vorkommen.

Die Ablagerungsräume schließen sich daher in vielen Fällen direkt an die Erosionsräume an, dennoch findet sich auch die typische Abfolge mit eingeschaltenen Transitbereichen. Der potentiell durch Hangmuren betroffene Flächenanteil des Einzugsgebiets summiert sich auf 31,6%. Davon nehmen den weitaus größten Flächenanteil mit 75,7% die Erosionsgebiete ein. Transitgebiete machen 3,9% der Prozessfläche aus, die Ablagerungsräume nehmen 20,4% ein (vgl. Tabelle 5.12).

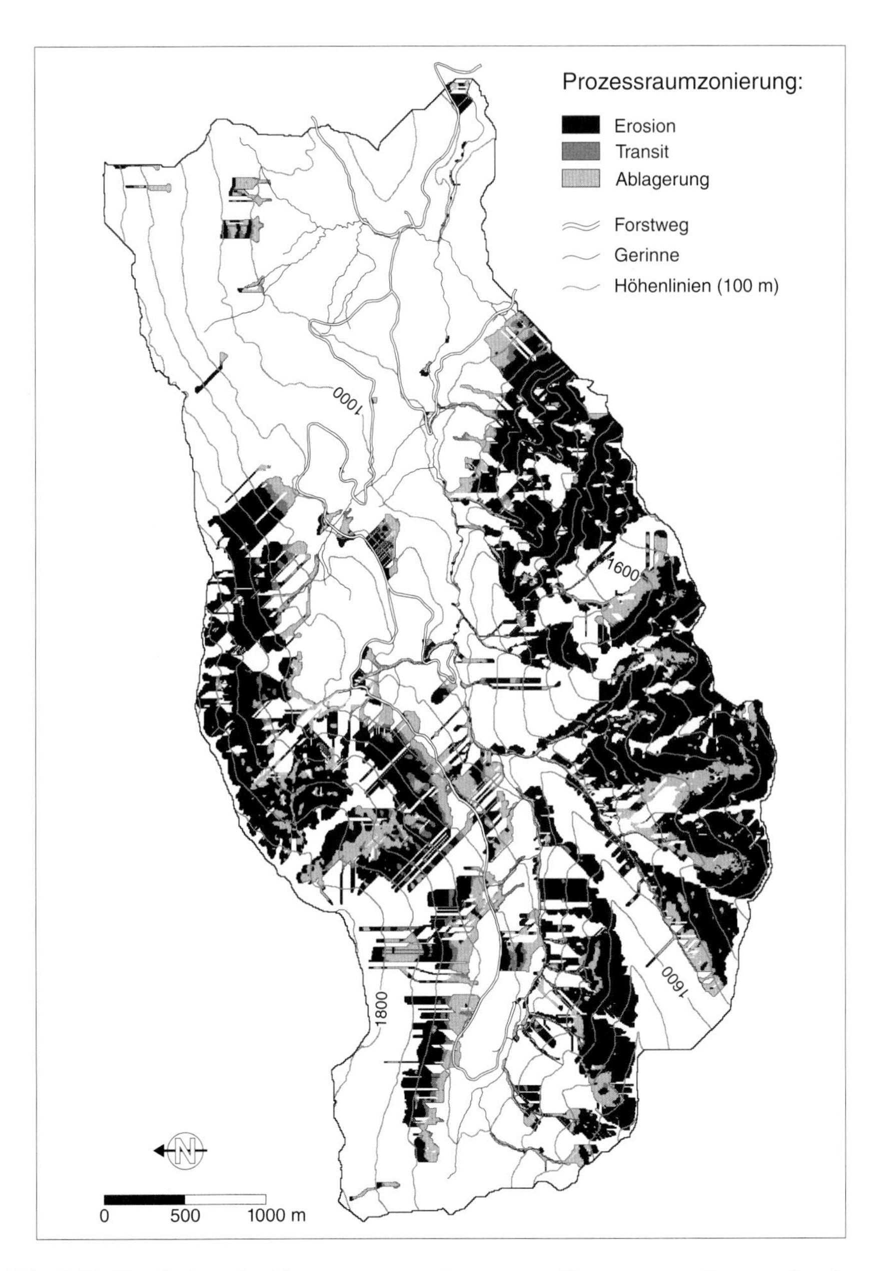

Abb. 5.26: Ergebnisse der Prozessraumzonierung von Hangmuren, die ausgehend von den durch das Dispositionsmodell ausgewiesenen Anrisspunkten modelliert wurden (vgl. Abbildung 5.25). Weitere Erläuterungen im Text.

Die Prozessraumzonierung verdeutlicht sehr gut, in welchen Arealen primär mit der Erosion durch Murgänge zu rechnen ist, und wohin das erodierte Material verlagert wird. Zusammen mit der Modellierung anderer Prozesse (z.B. Sturzprozesse, Abbildung 4.25) können so die Verknüpfungs- bzw. Übergabepunkte zwischen einzelnen Prozessen der Sedimentkaskade analysiert werden.

Die Kopplung des Dispositionsmodells der Talmuren mit dem Prozessmodell verdeutlicht die Karte der Prozessraumzonierung in Abbildung 5.27. Die Prozessmodellierung wurde ausgehend von allen Anrisspunkten der Dispositionsmodellierung (vgl. Abbildung 5.12) mit den kalibrierten Parameterwerten durchgeführt. Die Resultate zeigen, dass die Muren in den meisten Fällen bis hinunter in die Hauptgerinne laufen und dort aufgrund der geringeren Neigung nach wenigen Metern zum Stehen kommen. Die Prozessraumzonierung verdeutlicht aber, dass entlang der Gerinne keineswegs kontinuierlich erodiert wird. In flacheren Abschnitten sind immer wieder Transit- und Ablagerungsbereiche zwischengeschaltet. Die meisten Ablagerungen finden sich aber im Hauptgerinne.

Auf den südexponierten Hängen sind neben dem kleinen Gerinne unterhalb des Maibruchs nur der Brünstle- und der Herrentischgraben von Talmuren betroffen. Bei dem Starkregenereignis im Juni 2002 letztere aber sehr stark. Das Foto in Abbildung 5.28 zeigt die Zerstörung des Forstwegs an der oberen Kreuzung mit dem Brünstlegraben. In den Gerinnen auf den nordexponierten Hängen treten aufgrund der steileren Einzugsgebiete weitaus mehr Talmuren auf. Die Lauflängen der Muren an der Nordflanke des Hirschbühelrückens sind kürzer als die der Muren aus dem Kramermassiv. Aufgrund der geringeren

Tab. 5.12: Flächenanteile der Prozessraumbereiche von Hang- und Talmuren. Die Summen von 100% entsprechen einem Flächenanteil am Einzugsgebiet von 31,6% bei Hang- und 0,7% bei Talmuren.

Prozessbereich	Hangmuren	Talmuren
Erosion	75,7%	69,2%
Transit	3,9%	6,0%
Ablagerung	20,4%	24,8%
Summe	100%	100%

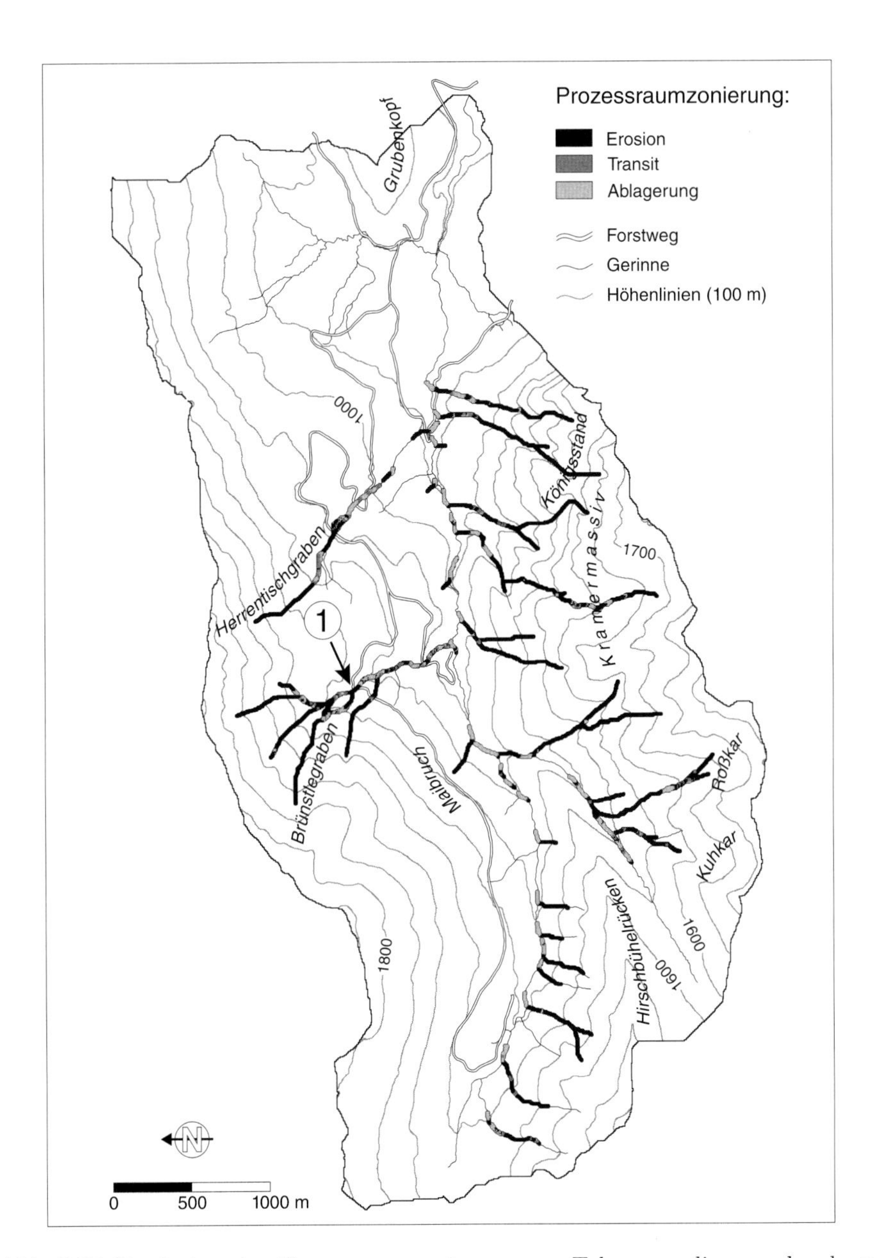

Abb. 5.27: Ergebnisse der Prozessraumzonierung von Talmuren, die ausgehend von den durch das Dispositionsmodell ausgewiesenen Anrisspunkten (vgl. Abbildung 5.12) modelliert wurden. Die Nummer (1) zeigt den Aufnahmeort des Fotos in Abbildung 5.28, weitere Erläuterungen im Text.

Abb. 5.28: Zerstörung des Forstwegs an der Kreuzung mit dem Brünstlegraben. Zur Lage siehe (1) in Abbildung 5.27 (Foto: V. Wichmann).

Materialverfügbarkeit sind auch die verlagerten Volumina deutlich kleiner. Der potentiell von Talmuren betroffene Flächenanteil am Einzugsgebiet beträgt aufgrund der in den Tiefenlinien konzentrierten Prozessräume nur 0,7%. Davon sind wiederum 69,2% Erosions-, 6% Transit- und 24,8% Ablagerungsraum (vgl. Tabelle 5.12). Die modellierten Flächenanteile der einzelnen Prozessbereiche stimmen bei Hang- und Talmuren mehr oder weniger überein.

Die Anwendungsmöglichkeit des Auflandungsansatzes soll an einem Murkegel unterhalb des Königsstands demonstriert werden (vgl. Abbildung 5.29). Die Ablagerung besteht aus mehreren Murloben sehr unterschiedlichen Alters (u.a. mit Vegetationsbedeckung), was den Aufbau des Kegels durch mehrere Murereignisse belegt (vgl. Karte a). Ohne die Verwendung des Auflandungsansatzes entspricht das Modellergebnis im Wesentlichen der Karte (a), da der Kegel nicht im DHM abgebildet ist. Es wurde versucht, den kompletten Ablagerungsraum durch mehrere nacheinander modellierte Murereignisse abzubilden. Als Anrisspunkt der Muren wurde eine Rasterzelle aus der Dispositionsmodellierung der Hangmuren verwendet. Prozessweg und Reichweite wurden mit den für Hangmuren kalibrierten Parametern (vgl. Tabelle 5.9 und

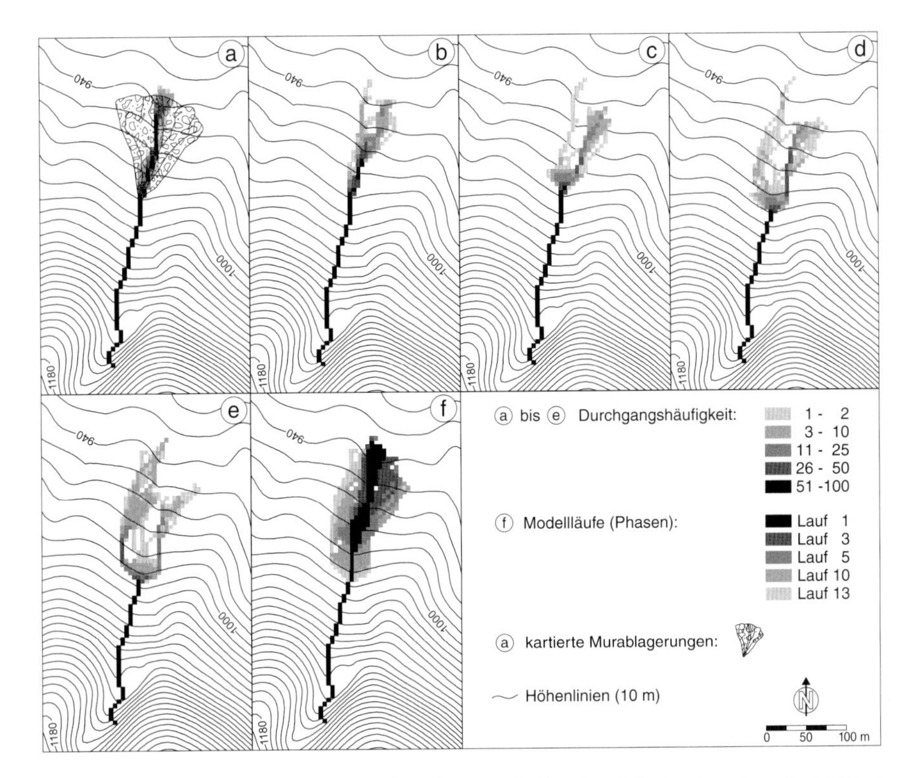

Abb. 5.29: Modellierung eines Murkegels unterhalb des Königsstands mit Hilfe des Auflandungsansatzes. (a) Modelllauf 1; (b) Modelllauf 3; (c) Modelllauf 5; (d) Modelllauf 10; (e) Modelllauf 13; (f) Überlagerung der Modellläufe. Zur Lage siehe (f) in Abbildung 5.13, weitere Erläuterungen im Text.

Gleichung 5.23) modelliert. Um einzelne Ereignisse nachzustellen, wurde die Anzahl der Iterationen auf 100 reduziert. Pro Ereignis wurden dem Modell 2500 m^3 Material zur Verfügung gestellt. Die Auflandungsparameter wurden so gewählt, dass die Auflandung unterhalb 8 m/s bzw. 15° Neigung beginnt. Berechnet wurde die Kombination aus Geschwindigkeits- und Gefälleauflandung, mit einem maximalen Auflandungsbetrag von 0,5 m.
In Abbildung 5.29 sind fünf verschiedene Modellläufe dargestellt (Karten a bis e). Das in den Modellläufen abgelagerte Material beeinflusst die nachfolgenden Modellläufe, so dass sich die Ablagerung im Laufe der Zeit verbreitert. Dies wird auch in Karte (f) deutlich, in der die Modellläufe überlagert sind.

Die Ergebnisse zeigen, dass es möglich ist, die Ausdehnung von Murkegeln mit dem Auflandungsansatz zu modellieren. Allerdings mussten die Parameter des Auflandungsansatzes speziell für diesen Fall kalibriert werden.

5.5 Diskussion

Die Darstellungen in den vorherigen Abschnitten haben gezeigt, dass die Modelle die räumliche Verteilung der Muren im Lahnenwiesgraben gut reproduzieren. Mit den Modellen ist auch eine weitere Differenzierung der Prozessräume in primäre Erosions- und Ablagerungsräume möglich. Es sind aber auch die Grenzen der Verfahren deutlich geworden. Diese sollen im Folgenden noch einmal angesprochen werden, bevor die angewendeten Methoden abschließend im Vergleich zu anderen Arbeiten diskutiert werden.
Die Dispositionsmodellierung liefert sowohl für Hang- als auch für Talmuren eine große Zahl an potentiellen Anrisspunkten. Im Fall der Talmuren ist dies aufgrund der hohen Auflösung der Datensätze und der zum Teil über längere Distanzen doch recht homogenen Gerinneabschnitte auch durchaus zu erwarten gewesen. Im Hinblick auf die Prozessmodellierung bedingen die vielen Startpunkte längere Rechenzeiten. Es hat sich gezeigt, dass die Zahl der Startpunkte durch einen speziellen Filter, der redundante Anrisspunkte entlang der Gerinne eliminiert, verringert werden kann, ohne dass sich Auswirkungen auf das Gesamtergebnis bemerkbar machen (WICHMANN & BECHT 2005). Falls das Modell auf größere Regionen angewendet werden soll, bietet sich diese Lösung an.
Die Ergebnisse des Dispositionsmodells der Hangmuren sind schwierig zu interpretieren. Die Ergebnisse zeigen zwar, dass in der Regel bei höheren CF-Werten auch mit mehr Murgängen zu rechnen ist, aber die CF-Werte können - da nur die Grunddisposition untersucht wird - nicht als Eintretenswahrscheinlichkeiten interpretiert und die Startpunkte deshalb auch nicht dahingehend klassifiziert werden. Eine Unterscheidung der Prozessräume nach den CF-Werten der Anrisspunkte wie in Abbildung 5.25 hat sich dennoch als praktikabel erwiesen, da ansonsten die räumliche Differenzierung der Disposition (und damit der Grad der Gewissheit, dass dort Muren anreißen können) verloren geht.
Aufgrund intensiver Geländestudien geben viele Autoren eine kritische Neigung am Anrisspunkt von 25° an (vgl. Abschnitt 5.2.1). Analysiert man alle

vom Dispositionsmodell ausgeschiedenen Anrisspunkte (positive CF-Werte), so weisen nur 0,6% eine Neigung unter diesem Grenzwert auf. Da die Bedingung demnach in fast allen Fällen erfüllt wird, kann die Zahl der Startpunkte durch dieses Kriterium nicht weiter reduziert werden.

Wie schon bei der Modellierung der Sturzprozesse, machen sich Fehler bzw. Ungenauigkeiten im DHM bei der Modellierung der Prozesswege und Reichweiten deutlich bemerkbar. Kleinere Gerinne sind insbesondere unter Waldbedeckung nur sehr schlecht aufgelöst, obwohl sie in der Realität oft sehr deutlich und auch tief in das umliegende Gelände eingeschnitten sind. Dass trotzdem in den meisten Fällen sehr gute Modellergebnisse erzielt werden, ist auf eine entsprechende Parameterwahl (*random walk*) zurückzuführen. Die im Lahnenwiesgraben und für das verwendete DHM kalibrierten Werte sollten daher aber nicht ohne weiteres auf andere Regionen übertragbar sein.

Die Modellierung der Reichweite mit räumlich verteilten Reibungswerten liefert zufriedenstellende Ergebnisse, dennoch müssen die verwendeten Schätzfunktionen kritisch beurteilt werden. In einigen Fällen werden die Reichweiten unter- , in anderen überschätzt, wobei nicht zu vergessen ist, dass schon die Abschätzung der maximal möglichen Reichweiten im Gelände mit Fehlern behaftet ist. Unzulänglichkeiten bei der Modellierung ergeben sich vor allem aus der Verwendung der lokalen Einzugsgebietsgröße zur Berechnung räumlich verteilter Reibungswerte. Materialparameter werden bei diesem Ansatz völlig vernachlässigt. Aber auch um die realen Abflussverhältnisse besser widerzuspiegeln, müsste bei der Berechnung der lokalen Einzugsgebietsgröße zumindest die Infiltrationskapazität durch eine entsprechende Gewichtung berücksichtigt werden. Erste Versuche hierzu haben gezeigt, dass die Ergebnisse beispielsweise im verkarsteten Plattenkalk so verbessert werden können. Aufgrund unzureichender Informationen zur Infiltrationskapazität, der erschwerten Anpassung der Schätzfunktionen und der Schwierigkeit, die so kalibrierten Schätzfunktionen mit bisherigen Arbeiten zu vergleichen oder auf andere Gebiete zu übertragen, wurde der Ansatz aber wieder verworfen. Es bleibt jedoch festzuhalten, dass die Verwendung der Schätzfunktionen zu besseren Ergebnissen führt als die Verwendung von räumlich einheitlichen Reibungswerten.

Die zur Prozessraumzonierung entwickelte Methodik liefert von wenigen Ausnahmen abgesehen durchweg plausible Resultate und erweist sich selbst bei der Überlagerung verschiedener Modellierungen (z.B. Hang- und Talmuren) als robust. Dennoch können auch hier durch weitere Analysen und Kalibrierungen sicher noch Verbesserungen erzielt werden. Hierzu müssten aber genauere Kartierungen vorliegen, was durch den Umstand erschwert wird, dass die Erosions- und Ablagerungsbeträge einzelner Ereignisse im Gelände nur schwer zu bestimmen sind. Die scharfen Übergänge der Prozessbereiche, die durch die harten Schwellenwerte der Geschwindigkeit und Hangneigung entstehen, ließen sich problemlos durch einen Fuzzy-Ansatz aufweichen. Aufgrund der modularen Programmstruktur des Modells können derartige Änderungen relativ leicht implementiert werden.

Das Murmodell liefert (wie das Modell der Sturzprozesse) weitere Modellausgaben, die es auch für andere als die dargestellten Fragestellungen interessant machen. Beispielsweise kann - falls die verlagerte Masse bekannt ist oder zumindest abgeschätzt werden kann - der vertikale Versatz zur Berechnung der Massenverlagerung verwendet werden. In der Gefahrenzonierung bietet beispielsweise der Auflandungsansatz durch die Verfüllung von Sperren oder anderen Hindernissen weitere Einsatzmöglichkeiten. Einige Modellanwendungen werden in Abschnitt 6 vorgestellt.

Modellierungen von Hang- und Talmuren, die sowohl die Auslösegebiete als auch den weiteren Prozessverlauf betrachten, finden sich in der Literatur nur sehr vereinzelt (z.B. ZIMMERMANN et al. 1997). Die meisten Arbeiten konzentrieren sich auf einen Teilaspekt. Einige der in dieser Arbeit herangezogenen Methoden haben sich schon in anderen Arbeiten bewährt, viele wurden aber auch erweitert oder neu entwickelt. Dies soll an dieser Stelle noch einmal zusammenfassend dargestellt und diskutiert werden.

Zur Ausweisung der Anrisspunkte von Hang- und Talmuren wurden unterschiedliche Verfahren verwendet. Die zur Ausscheidung potentieller Anrisspunkte von Hangmuren verwendete Methodik (*Certainty Factor*) wurde bislang noch nicht auf Muren angewendet. Die Ergebnisse sind mit denen anderer statistischer Verfahren, zum Beispiel bivariaten (RIEGER 1999) oder multivariaten (MARK & ELLEN 1995) Methoden, vergleichbar. Allerdings ist die Anwendung der CF-Methodik ungleich einfacher, da mit dem Verfahren auch sehr heterogene Datensätze ohne weitere Prüfung der statistischen Verteilung und Signifikanz der Schätzfunktionen verarbeitet werden können (CHEN 2003). Die Einbindung der Methode als SAGA-Modul (HECKMANN 2004a) macht die Verwendung spezieller Statistiksoftware überflüssig.

Für die Ausweisung potentieller Muranrisse in den Gerinnen wurde das regelbasierte Verfahren von ZIMMERMANN et al. (1997) an die Verhältnisse im Lahnenwiesgraben angepasst und weiterentwickelt. Es ist jetzt möglich, die geschieberelevante Fläche nicht nur kontinuierlich entlang der Gerinne abwärts aufzusummieren, sondern durch einen Grenzwert der Gerinneneigung auf steilere Gerinneabschnitte zu beschränken. Dies hat den Vorteil, dass die geschieberelevante Fläche im Gerinne unterhalb von Akkumulationsräumen (z.B. Griesstrecken) erneut auf die von den tributären Hängen beitragenden Flächen begrenzt ist. Aus diesem Grund und wegen der verhältnismäßig kleinen Gerinne im Lahnenwiesgraben wurde im Vergleich zu ZIMMERMANN et al. (1997) und HEINIMANN et al. (1998) ein geringerer Grenzwert der minimalen geschieberelevanten Fläche (der zur Ausweisung eines Anrisspunktes überschritten werden muss) benötigt. Die Ausweisung der beitragenden Flächen auf den Hängen und der dort wirkenden Lieferprozesse konnte durch die Entwicklung und Anwendung der prozessorientierten Modelle für Sturzprozesse und Rutschungen verbessert werden. Die Liefergebiete von Spülprozessen und Ufererosion werden weiterhin mit dem Verfahren von HEINIMANN et al. (1998) ausgewiesen.

In der Literatur finden sich wenige Arbeiten über die Modellierung der Prozesswege von Muren. In den meisten Fällen (z.B. BENDA & CUNDY 1990; MONTGOMERY & DIETRICH 1994) folgen die Murgänge nur dem Gerinneverlauf. WICHMANN et al. (2002) haben ein vektorbasiertes Verfahren nach HEGG (1996) für die Bestimmung der Prozesswege von Hangmuren entwickelt, dass mit der Skriptsprache *Avenue* in ArcView implementiert wurde. Der in dieser Arbeit verwendete *random walk* liefert bessere Ergebnisse und ist bedeutend flexibler einzusetzen. Zudem sind die Rechenzeiten aufgrund der Programmierung in C++ deutlich kürzer. Der Ansatz basiert auf den Gleichungen von GAMMA (1996, 2000), der Konzepte von PRICE (1976) aufgegriffen hat. Durch eine entsprechende Kalibrierung konnte der Ansatz sowohl für Hang- als auch für Talmuren verwendet werden.

Der Modellansatz von PERLA et al. (1980), ursprünglich für die Modellierung von Schneelawinen entwickelt, wurde schon in zahlreichen Arbeiten erfolgreich zur Modellierung der Auslaufdistanz von Murgängen herangezogen (z.B. RICKENMANN 1990, 1991; ZIMMERMANN et al. 1997; GAMMA 2000; WICHMANN et al. 2002). In dieser Arbeit kommt die von GAMMA (2000) verkürzte Form der Gleichungen zum Einsatz, da auf die Berechnung der Anfangsge-

schwindigkeit auf einem Segment verzichtet werden kann. Im Unterschied zu GAMMA (2000) wurde die Berechnung aber vollständig an eine rasterbasierte Modellierung angepasst, so dass die gesonderte Bestimmung der Stützpunkte der Segmente, der Segmentlängen und deren Neigungen entfallen kann. Die Berechnung der auf einer Rasterzelle erreichten Geschwindigkeit kann so direkt mit der Bestimmung eines Nachfolgers im Prozessweg (*random walk*) gekoppelt werden. Bei der Modellierung wurde der Parameter M/D entlang des Prozesswegs konstant gehalten und nur der Parameter μ in Abhängigkeit der lokalen Einzugsgebietsgröße variiert. Im Fall der Talmuren konnte zur Berechnung von μ die von GAMMA (2000) für maximale Ereignisse abgeleitete Schätzfunktion übernommen werden, wobei der untere Grenzwert leicht erhöht werden musste. Für die Hangmuren wurde eine neue Schätzfunktion angepasst. Trotz des physikalischen Charakters kann das Modell relativ einfach kalibriert werden, was die Anwendung auf größere Raumeinheiten erleichtert. Für die Zonierung des Prozessraums wurde ein neuer, regelbasierter Ansatz mit empirisch-physikalischem Charakter entwickelt. In der Literatur wurde einer Zonierung des Prozessraums von Muren bislang wenig Beachtung geschenkt. Es existieren einige Ansätze (z.B. CANNON 1993), die zur Modellierung der Reichweite von Murgängen den Massenverlust entlang des Prozesswegs über empirische Zusammenhänge (meist Bahnparameter) berechnen. Allerdings steht dabei nicht die Zonierung des Prozessraums im Vordergrund. MONTGOMERY & DIETRICH (1994) verwenden einen Grenzwert der Hangneigung, um die Ablagerungspunkte von Murgängen zu bestimmen. Der in der vorliegenden Arbeit entwickelte Ansatz liefert genauere und räumlich höher aufgelöste Resultate und nützt den Vorteil, dass die zur Zonierung benötigten Parameter (Neigung und Geschwindigkeit) schon durch die Pfadbestimmung und Geschwindigkeitsberechnung zur Verfügung stehen.
Hinsichtlich der Einsetzbarkeit der Murmodelle gilt im Wesentlichen das Gleiche wie für das Sturzmodell (vgl. Abschnitt 4.5). Der Datenbedarf für die Modellierung ist gering, da viele Daten über eine digitale Reliefanalyse aus dem DHM abgeleitet werden können. Die Rechenzeiten unterscheiden sich nicht wesentlich von denen des Sturzmodells, so dass die Modelle auch auf ganze Kartenblätter angewendet werden können. Obwohl in der Regel eine geringere Anzahl an Startzellen modelliert werden muss als bei den Sturzprozessen, wird dieser Geschwindigkeitsvorteil durch die längeren Prozesswege wieder aufgebraucht.

6 Weitere Einsatzmöglichkeiten der Modelle

In diesem Kapitel sollen abschließend weitere Anwendungsmöglichkeiten der Modelle vorgestellt und diskutiert werden. Das Untersuchungsgebiet Lahnenwiesgraben eignet sich für manche der anvisierten Fragestellungen nur bedingt, dennoch kann das methodische Vorgehen zumindest exemplarisch erläutert werden. Es werden Beispiele aus dem Themenkomplex Naturgefahrenanalyse und einige geomorphologische Einsatzmöglichkeiten präsentiert.

6.1 Naturgefahrenanalyse

Naturgefahren lassen sich als Gefahren für Menschen sowie für Sach- und Naturwerte definieren, die sich aus der Bewegung von Wasser-, Schnee-, Eis-, Erd- und Felsmassen im Bereich der Erdoberfläche ergeben. Eine umfassende Risikobetrachtung setzt sich aus den drei Teilbereichen Risikoanalyse, Risikobewertung und Risikomanagement zusammen. Im Rahmen der Risikoanalyse müssen die Gefahren identifiziert, die Prozesse hinsichtlich Ausmaß und Häufigkeit beurteilt und das Schadenspotential ermittelt werden. Letzteres, die Analyse der potentiell betroffenen Schadensobjekte, wird als Expositionsanalyse bezeichnet. Die anschließende Abschätzung der zu erwartenden Auswirkungen der Ereignisse nennt man Folgenanalyse (HEINIMANN et al. 1998).
Die in den vorherigen Kapiteln vorgestellten Ergebnisse lassen sich auch für Analysen der Naturgefahrensituation nutzen. Für speziellere Fragestellungen hinsichtlich der Gefährdung einzelner Objekte und der Evaluierung möglicher Schutzmaßnahmen wurden die Modelle noch um weitere Funktionen ergänzt. Im Lahnenwiesgraben ist das Schadenspotential der durch Naturgefahren bedrohten Objekte gering, die Darstellungen beschränken sich deshalb auf die Gefährdung des Forstwegs durch Sturzprozesse und Muren.
Die Modelle ermöglichen keine Voraussagen hinsichtlich der Magnitude und Frequenz der Prozesse. Die Modellierungen können aber für unterschiedliche Magnituden durchgeführt werden, indem die Modelle entsprechend kalibriert werden. Im Rahmen der Analyse von Naturgefahren werden meist die Reichweiten von Extremereignissen modelliert. Die Frequenz der Prozesse und die Schwere der zu erwartenden Schäden (Folgenanalyse) bleibt im Folgenden unberücksichtigt. Hierzu wären weitere, in der Regel gutachterliche Analy-

sen nötig, die im Rahmen dieser Arbeit nicht behandelt werden können. Aus dem Teilbereich Risikoanalyse können mit Hilfe der Modelle die Gefahren identifiziert, hinsichtlich ihrer Ausdehnung abgeschätzt und bezüglich der betroffenen Schadensobjekte klassifiziert werden.

6.1.1 Gefahrenzonierung und Schadenspotential

Die Ergebnisse der Prozessraumzonierung aus den vorangegangenen Kapiteln, die mit Parameterwerten für die Modellierung maximaler Reichweiten berechnet wurden, lassen sich direkt für eine Gefahrenzonierung nutzen. Außerdem erlauben die entwickelten Modelle die Abgrenzung schadensrelevanter Prozessbereiche. Zu diesem Zweck kann den Modulen `Rock HazardZone` (Wichmann 2004a) und `DF HazardZone` (Wichmann 2004b) ein mit verschiedenen Schadensobjektklassen kodierter Datensatz als optionaler Eingangsdatensatz übergeben werden. Simultan mit der Bestimmung der einzelnen Prozesswege wird dann von den Modulen überprüft, welche Schadensobjekte wann und wo getroffen werden. Nach der Modellierung geben die Module zwei Rasterdatensätze aus, in denen zum Einen die schadensrelevanten Startzellen und zum Anderen die schadensrelevanten Prozessbereiche kodiert sind. Die Ausgabe eines separaten Datensatzes mit den schadensrelevanten Startzellen ist nötig, um entsprechende Schutzmaßnahmen in diesen Bereichen treffen bzw. planen zu können. Die schadensrelevanten Prozessbereiche reichen hierzu alleine nicht aus, da sich die Prozessbahnen von schadensrelevanten und nicht schadensrelevanten Startzellen überlagern können.
Die Kodierung der Datensätze ermöglicht nach der Modellierung die Unterscheidung der betroffenen Schadensobjektklassen. Für den hypothetischen Fall, dass eine Mure im oberen Bereich der Laufstrecke eine Verbauung überfährt, anschließend eine Straße kreuzt und im Auslaufbereich eine Siedlung trifft, ist der Datensatz folgendermaßen kodiert: Vom Anrisspunkt bis zur Verbauung ist der Prozessraum mit allen drei Schadensklassen kodiert, unterhalb der Verbauung nur noch mit den Klassen Straße und Siedlung und unterhalb der Straße schließlich nur noch mit der Klasse Siedlung. Im Anrisspunkt sind alle drei Schadensklassen kodiert.
Die im Lahnenwiesgraben hinsichtlich des Forstwegs schadensrelevanten Prozessbereiche der Sturzprozesse und Talmuren sind in Abbildung 6.1 dargestellt. Aus Gründen der Übersichtlichkeit wurde auf die Darstellung der

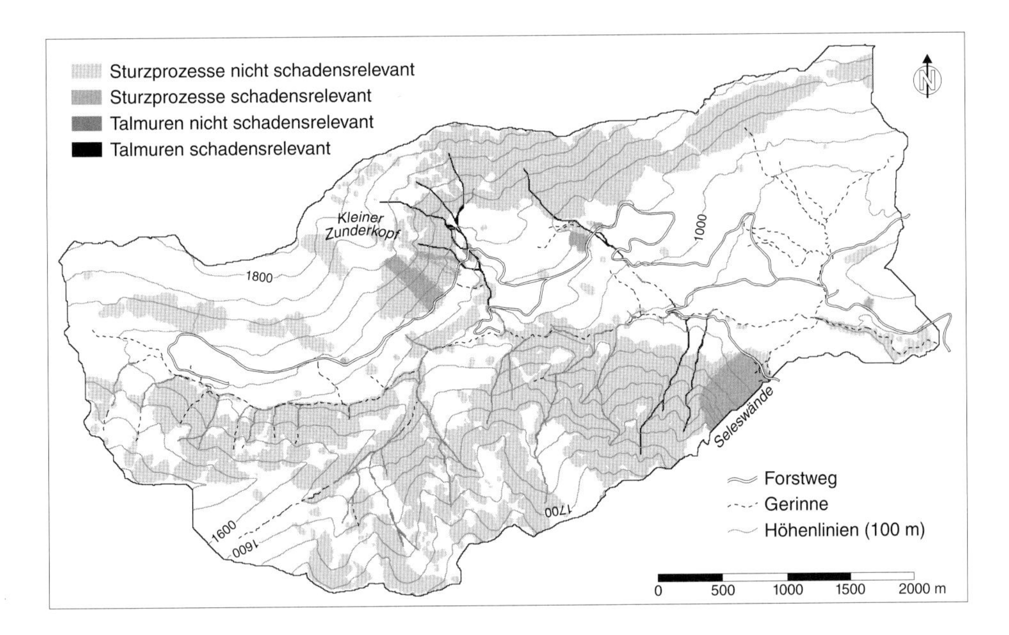

Abb. 6.1: Schadensrelevante Prozessbereiche von Sturzgefahren und Talmuren.

Hangmuren verzichtet. Der Forstweg wurde von der Topographischen Karte (1:25 000) als Polygonzug abdigitalisiert, in einen Rasterdatensatz konvertiert, und den Modulen als Eingangsdatensatz übergeben. Für die Modellierung der Sturzprozesse wurde, wie in solchen Fällen üblich, auf einen gesonderten Reibungskoeffizienten für Wald verzichtet. Die Modellierung ohne Waldbedeckung entspricht einem sogenannten *worst case* Szenarium. Allen Waldflächen wurde zu diesem Zweck ein Gleitreibungswert von 0,65 zugewiesen (Sträucher, Büsche, Jungwuchs).

Die Ergebnisse zeigen, dass der Forstweg nur an wenigen Stellen durch Sturzprozesse gefährdet ist. Die größte Ausdehnung besitzen die schadensrelevanten Prozessbereiche unterhalb des Kleinen Zunderkopfs und der Seleswände. Kleinere schadensrelevante Bereiche finden sich entlang des Teilstücks östlich der Reschbergwiesen, in den Einzugsgebieten des Herrentisch- und Brünstlegrabens und entlang des letzten Abschnitts des Forstwegs Richtung Enning Alm. Schadensrelevante Talmuren treten unter anderem im Brünstle- und Herrentischgraben auf (vgl. Abbildungen 5.23, 5.24 und 5.28). Ansonsten sind nur zwei Muren aus dem östlichen Kramermassiv (Königsstand) schadensrelevant. Die westliche Mure erreicht die Brücke über den Lahnenwiesgraben, die im Sommer 2002 zwar nur unwesentlich beschädigt, aber von der Mure getroffen wurde. Größere Schäden wurden möglicherweise durch die in der mittleren Laufstrecke der Mure durchgeführten Eingriffe vermieden. Hier wird von Zeit zu Zeit das dort akkumulierte Geschiebe abgebaggert. Die östliche Mure hat im Sommer 2002 keine größeren Schäden am Forstweg verursacht, allerdings wurden mehrere, in recht schlechtem Zustand befindliche Holzsperren im Gerinne zerstört.

6.1.2 Schutzwald

Ein Schutzwald bzw. ein Wald mit besonderer Schutzfunktion stockt nach der Definition auf einem Hang, von dem eine direkte Naturgefahr für Menschen oder Sachwerte ausgeht. Aufgrund der Siedlungsentwicklung und des zunehmenden Ausbaus der Infrastruktur, aber auch aufgrund der prognostizierten Klimaänderung hat die Schutzfunktion der Wälder in den letzten Jahren an Bedeutung gewonnen. Aus diesem Grund existieren in vielen Alpenländern mittlerweile Gesetze, die die Pflege dieser Wälder und die Subventionierung von technischen und waldbaulichen Maßnahmen zur Erhaltung der Schutzwirkung regeln. Die Schutzwirkung ist je nach Spezies unterschiedlich und variiert mit der Zeit. Alte und weniger stabile Bestände verlieren ihre Schutzwirkung nach und nach. Aktuelle Ansätze einer risikobasierten Schutzwaldstrategie in der Schweiz diskutieren beispielsweise BEBI et al. (2004), über neuere Entwicklungen hinsichtlich der Integration von Schutzwäldern in der Gefahrenzonierung in Frankreich berichten BERGER & REY (2004).
In zunehmendem Maße werden heute für die Ausweisung von Wäldern mit besonderer Schutzfunktion Computermodelle verwendet, die es erlauben, die entsprechenden Waldareale flächendeckend für ganze Kartenblätter zu berechnen (HEGG 1996; HEINIMANN et al. 1998). Hierzu werden die schadensrelevanten Prozessräume mit Karten der Waldbedeckung überlagert. Die in dieser Arbeit vorgestellten Modelle können für eine solche Ausweisung verwendet werden, eine separate Überlagerung der Karten ist dazu nicht nötig. Die Waldflächen können einfach als weitere Klasse im Eingangsdatensatz der Schadensobjektklassen kodiert werden. Die Waldgebiete mit besonderer Schutzfunktion können dann durch Reklassifikation der Modellergebnisse extrahiert werden.

In der Schweiz werden je nach Prozesstyp unterschiedliche Waldflächen als Schutzwald ausgeschieden, je nachdem in welchem Prozessbereich der Wald seine schützende Wirkung entfalten kann. Bei Lawinen werden beispielsweise nur die in den Anrisszonen von schadensrelevanten Lawinen liegenden Flächen ausgewiesen, die Waldflächen im Auslaufbereich besitzen hingegen keine Schutzfunktion (HEGG 1996). Bei Muren werden ebenfalls nur die mit Wald bestockten geschieberelevanten Flächen von schadensrelevanten Muren ausgeschieden und nicht der Wald im Ablagerungsbereich (HEINIMANN et al. 1998). Dagegen besitzen bei Sturzprozessen nur die Waldflächen im Sturzraum eine Schutzwirkung und nicht die im Anbruchgebiet. Die aufgrund der Modellergebnisse ausgewiesenen Waldflächen mit besonderer Schutzfunktion hinsichtlich der Sturzgefahren im Lahnenwiesgraben sind in Abbildung 6.2 dargestellt. Die Modellierung erfolgte wie im vorherigen Abschnitt ohne spezielle Reibungswerte für die Waldflächen. In der Karte sind sowohl die Waldflächen in schadensrelevanten, als auch die Waldflächen in nicht schadensrelevanten Prozessgebieten dargestellt. Letztere nehmen einen weitaus

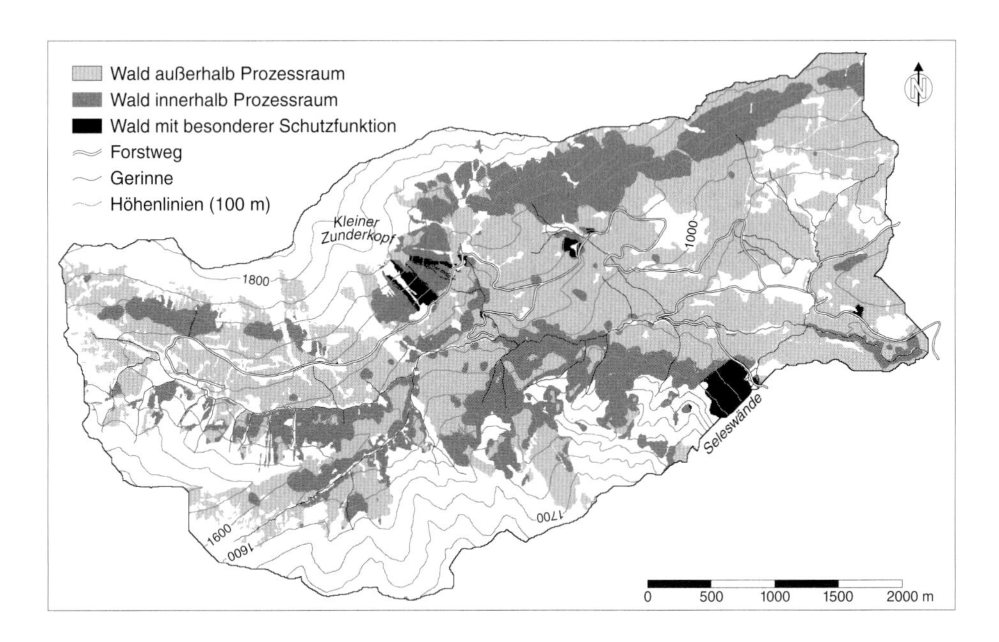

Abb. 6.2: Waldflächen mit besonderer Schutzfunktion hinsichtlich Sturzgefahren.

größeren Flächenanteil ein. Im Wesentlichen gleicht die Karte stark den Modellergebnissen in Abbildung 6.1, so dass die Ergebnisse an dieser Stelle nicht weiter ausgeführt werden müssen.

6.1.3 Technische Schutzmaßnahmen

Die Berücksichtigung und Planung von technischen Schutzmaßnahmen ist mit den Modellen nur eingeschränkt möglich. Das dynamische Verhalten der Prozesse, wie beispielsweise die Berechnung der Stauhöhe von Muren an Bauwerken, kann nicht modelliert werden. Bauwerke können aber bei der Bestimmung des Prozesswegs berücksichtigt werden (Ablenkung der Prozesse durch Dämme, Häuser, etc.). Wenn den Modellen das für ein Ereignis zur Verfügung stehende Material als Eingangsdatensatz bereitgestellt wird (im Startpunkt kodiert), kann auch das Auffüllen von Verbauungen und das Überwinden dieser Hindernisse modelliert werden. Die Orte der Auflandung, deren Beträge und das gesamte deponierte Volumen lassen sich aus dem nach der Modellierung ausgegebenen aktualisierten Höhenmodell berechnen. Die Bauwerke müssen hierzu mit ihrer Höhe in einem separaten Eingangsdatensatz kodiert werden. Dieser Datensatz wird zu Beginn der Modellierung auf das DHM addiert.

Gamma (2000) berichtet über Anwendungen seines *dfwalk*-Modells hinsichtlich praxisorientierter Fragestellungen auf der Maßstabsebene von Gefahrenkarten. Er modelliert beispielsweise unterschiedliche Ereignisgrößen von Murgängen in einzelnen Gerinnen (z.B. Täschbach, Kanton Wallis) und analysiert die Ausdehnung der potentiell betroffenen Fläche sowie die sich daraus ergebenden Konsequenzen für einzelne Siedlungsbereiche auf den Kegeln. Das Auflandungsmodell wird verwendet, um den Murgang an unterschiedlichen Stellen aus dem Gerinne ausbrechen zu lassen. Außerdem simuliert er den Einfluss von geplanten Ablenkdämmen auf die von Murgängen betroffenen Flächen im Kegelbereich der Guppenruns, einem bedeutenden Wildbach auf der linken Seite des Glarner Haupttals. In den Modellresultaten zeigt sich deutlich der Einfluss der geplanten Bauwerke, so dass Aussagen über die strategisch günstigste Lage der Bauwerke getroffen werden können.

Die Berücksichtigung von Hindernissen bei der Modellierung soll exemplarisch an einer Talmure im oberen Teil des Einzugsgebiets des Herrentischgrabens dargestellt werden. Eine Kartierung und die Modellergebnisse sind

Abbildung 6.3 zu entnehmen. In Karte (a) ist das im Sommer 2002 aufgenommene Murereignis dargestellt. Die Mure kreuzt den Forstweg an drei Stellen und hat aufgrund der verklausten Kanalrohre, mit denen das Gerinne unter dem Forstweg durchgeleitet wird, an diesen Stellen Material auf dem Forstweg abgelagert. Die ausgehend von einem Startpunkt des Dispositionsmodells mit den für den Lahnenwiesgraben kalibrierten Modellparametern berechnete Mure zeigt Karte (b). Das Modellergebnis reproduziert das Ereignis relativ gut, nur die große Ablagerung auf dem Forstweg kann nicht abgebildet werden. Dies liegt neben der erwähnten Problematik der verklausten Kanalrohre

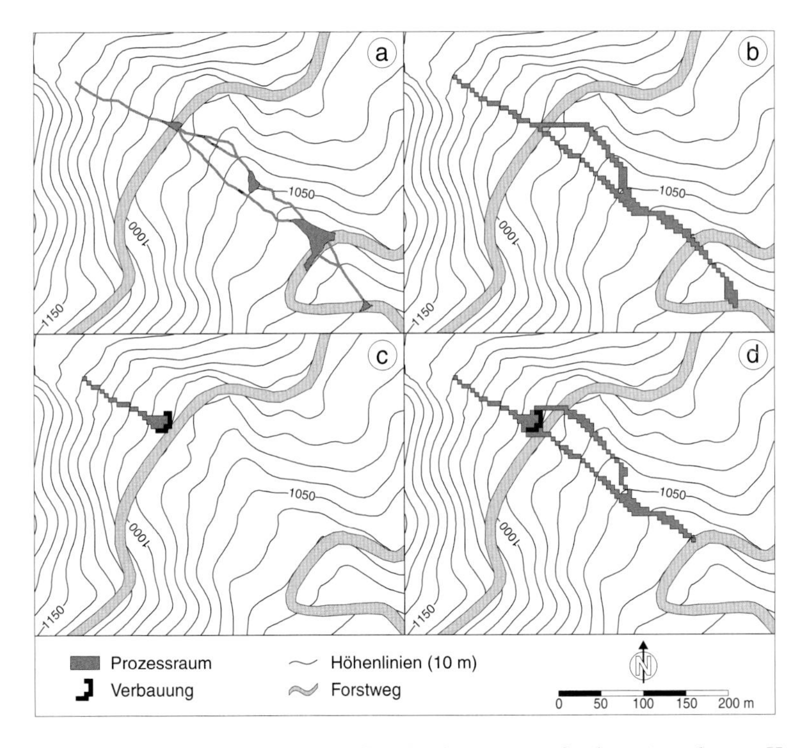

Abb. 6.3: Modellierung einer potentiellen Verbauungsmaßnahme im oberen Herrentischgraben. (a) Kartierung des Ereignisses im Sommer 2002; (b) Modellierung ohne Verbauungsmaßnahme; (c) Modellierung eines Murereignisses (Volumen 900 m^3) mit Verbauungsmaßnahme; (d) Modellierung eines Murereignisses (Volumen 1500 m^3) mit Verbauungsmaßnahme. Weitere Erläuterungen im Text.

auch in der Tatsache begründet, dass die Trasse des Forstwegs im DHM nicht enthalten ist. Die Aufteilung des Murgangs nach der ersten Kreuzung des Forstwegs wird hingegen bis auf kleine Lageungenauigkeiten gut wiedergegeben.
Um die Berücksichtigung von Hindernissen im Modell demonstrieren zu können, wurde nun ein Datensatz mit einer 1000 m^3 fassenden Verbauung erstellt. Ob die Lage der Verbauung und deren Volumen planerisch sinnvoll sind, soll an dieser Stelle nicht diskutiert werden. Um ein Volumen von 1000 m^3 zurückhalten zu können, wurde sowohl eine Wand (positive Werte im Datensatz) eingefügt, als auch hangaufwärts Material entnommen (negative Werte). Karte (c) zeigt die Modellergebnisse für ein Ereignis mit 900 m^3. Das Volumen der Verbauung reicht in diesem Fall aus, um den Murgang zurückzuhalten.
In Karte (d) sind die Ergebnisse für einen Murgang mit 1500 m^3 dargestellt. Im Laufe der Modellierung wird die Verbauung durch die Materialauflandung nach und nach aufgefüllt und schließlich an mehreren Stellen überwunden. Unterhalb der Verbauung verlaufen die Prozesswege fast in den gleichen Bahnen wie bei der Modellierung ohne Verbauung. Aufgrund der geringeren Neigung entlang der aufgefüllten Verbauung erreicht der Murgang aber nur eine kürzere Reichweite. Der Forstweg unterhalb ist kaum mehr betroffen.

6.2 Geomorphologische Analysen

In diesem Abschnitt werden Anwendungsmöglichkeiten der Modelle für geomorphologische Fragestellungen vorgestellt. Aus der großen Zahl an möglichen Anwendungen wurden drei Themenkomplexe herausgegriffen: Die Abgrenzung von geomorphologischen Prozesseinheiten, die Ableitung und Analyse von Sedimentkaskaden und die Modellierung der langfristigen Reliefentwicklung.

6.2.1 Geomorphologische Prozesseinheiten

Es existieren verschiedene Modellansätze, um die räumliche Verteilung geomorphologischer Prozesse in einem Gebiet abzuleiten. Die Ansätze beruhen in der Regel auf der Verknüpfung von Fernerkundungsdaten mit GIS-Analysen und haben zum Ziel, räumliche Einheiten mit gleichen Prozessregimen abzugrenzen. Eine Klassifikation homogener Hangabschnitte, allerdings ohne die

Zuordnung zu einzelnen Prozesstypen, wurde beispielsweise von GILES (1998) mittels einer automatisierten Analyse von Satellitenbildern und digitalen Höhenmodellen durchgeführt. FONTANA & MARCHI (1998, 2003) verwenden GIS-basierte Indices, um die räumliche Verteilung von Sedimentquellen in einem alpinen Einzugsgebiet zu bestimmen. Aus deren Lage zum Gebietsauslass schätzen sie den potentiellen Sedimentaustrag aus dem Einzugsgebiet ab. Um Erosions- und Akkumulationsgebiete entlang des Gerinnenetzes auszuweisen, verwenden die Autoren unter anderem den CIT-Index.

Der Begriff "Geomorphologische Prozesseinheiten" (*geomorphic process units*, GPUs) ist an das in der Hydrologie bekannte Konzept der *hydrological response units* (HRUs) angelehnt. Die GPUs repräsentieren Flächen mit einer homogenen Prozesskombination, d.h. Flächen, auf denen mehrere Prozesse zu einem gewissen Grad interagieren (GUDE et al. 2002; BARTSCH et al. 2002). Die Wirkungsräume der Einzelprozesse müssen hierzu weiter in die Prozessbereiche Erosion, Transit und Ablagerung unterteilt werden. BARTSCH et al. (2002) führen eine derartige Analyse im Kärkevagge (Nordschweden) mit Hilfe von Geländearbeiten (Prozess- und Sedimentanalysen), Satellitenbildern und digitaler Reliefanalyse durch. Dies ermöglicht den Autoren die Prozessräume Solifluktion/Rillenerosion, Sturzquellen/Lawinenanrisse, Akkumulationsgebiete von Sturzprozessen/Muren und andere zu differenzieren. Der Ansatz erlaubt allerdings keine automatisierte Ableitung der Prozesswege und der topologischen Verknüpfung dieser Flächen untereinander. BECHT et al. (2005) weisen die Erosions- und Akkumulationsgebiete von Sturzprozessen und Hangmuren im Reintal (Wettersteingebirge) mit älteren Versionen der in der vorliegenden Arbeit beschriebenen Modelle aus, und diskutieren deren Einsatz für die Erstellung von Sedimentbilanzen.

Um das Einzugsgebiet des Lahnenwiesgrabens in GPUs zu unterteilen, müssen nur die Ergebnisse der Prozessraumzonierungen überlagert und kombiniert werden. Die folgenden Ausführungen beziehen sich auf die Überlagerung der Karten in den Abbildungen 4.25 (Sturzprozesse), 5.26 (Hangmuren) und 5.27 (Talmuren). Die sich überschneidenen Erosions- und Ablagerungsbereiche bei der Sturzmodellierung wurden vor der Überlagerung als reine Erosionsbereiche klassifiziert (zur Diskussion siehe Abschnitt 4.3.5). Da die Modellierungen mit den von den Dispositionsmodellen ermittelten Startpunkten durchgeführt wurden, müssen auch die abgegrenzten GPUs als potentielle GPUs interpretiert werden.

Die Kombination von drei Prozessen mit jeweils vier Prozessbereichen (Erosion, Transit, Ablagerung, kein Prozess), die sich selbst nicht überlagern können, führt theoretisch zu 63 GPUs. Im Lahnenwiesgraben treten 43 dieser Kombinationen auf (vgl. Tabelle 6.1). In 20 Fällen weisen die GPUs eine Ausdehnung von weniger als 100 Rasterzellen auf. Vielfach gehören hierzu GPUs, bei denen zumindest durch einen Prozess ein Transitbereich beteiligt ist. In zwei Fällen ist das Ergebnis der Modellierung anzuzweifeln und es muss von fehlerhaften Ergebnissen ausgegangen werden: Insgesamt besitzen sechs Rasterzellen die Prozesskombination Erosion durch Sturzprozesse und Ablagerung durch Hangmuren, und eine Rasterzelle besitzt die gleiche Kombination nur mit Tal- anstatt mit Hangmuren. Bis auf diese sehr kleinen

Tab. 6.1: Flächenanteile der GPUs im Lahnenwiesgraben. Anzahl der Rasterzellen und Flächenanteil am Einzugsgebiet in Prozent. S: Sturzprozesse, H: Hangmuren, T: Talmuren; $_E$: Erosion, $_T$: Transit, $_A$: Ablagerung.

GPU	Zellen	% EZG	GPU	Zellen	% EZG
S_E	31113	4,69	S_T, H_T, T_E	5	0,00
S_T	2137	0,32	S_A, H_T, T_E	69	0,01
S_A	22025	3,32	H_A, T_E	1031	0,16
H_E	56395	8,50	S_E, H_A, T_E	1	0,00
S_E, H_E	60710	9,15	S_T, H_A, T_E	6	0,00
S_T, H_E	1260	0,19	S_A, H_A, T_E	484	0,07
S_A, H_E	39179	5,91	T_T	40	0,01
H_T	6896	1,04	S_A, H_E, T_T	1	0,00
S_T, H_T	13	0,00	H_T, T_T	8	0,00
S_A, H_T	1111	0,17	S_A, H_T, T_T	3	0,00
H_A	34977	5,27	H_A, T_T	181	0,03
S_E, H_A	5	0,00	S_A, H_A, T_T	43	0,01
S_T, H_A	64	0,01	T_A	300	0,05
S_A, H_A	5172	0,78	S_E, T_A	1	0,00
T_E	251	0,04	S_T, T_A	1	0,00
S_E, T_E	3	0,00	S_A, T_A	26	0,00
S_A, T_E	17	0,00	H_E, T_A	4	0,00
H_E, T_E	252	0,04	S_A, H_E, T_A	5	0,00
S_E, H_E, T_E	197	0,03	H_T, T_A	21	0,00
S_T, H_E, T_E	15	0,00	H_A, T_A	557	0,08
S_A, H_E, T_E	707	0,11	S_A, H_A, T_A	219	0,03
H_T, T_E	135	0,02	Kein Prozess	397816	59,96

Flächen sind die Ergebnisse durchweg konsistent. Die hohe Anzahl an Rasterzellen mit der Prozesskombination Erosion durch Sturzprozesse und durch Hangmuren lässt sich durch den Umstand erklären, dass sowohl die Dispositionsmodellierung der Abbruchgebiete als auch die der Hangmuranrisse nicht zwischen Anstehendem und Lockermaterial unterscheidet. Diese Information lag für den Lahnenwiesgraben nicht in der benötigten Genauigkeit vor. Insgesamt werden etwa 40% der Einzugsgebietsfläche durch die GPUs abgedeckt. Weiterführende Auswertungen der Tabelle werden in Abschnitt 6.2.2 besprochen.

Die große Anzahl der geomorphologischen Prozesseinheiten und ihre zum Teil sehr geringe Ausdehnung erschweren die Darstellung in einer Karte. Aus diesem Grund wurden die GPUs für die Darstellung in Abbildung 6.4 zu drei Einheiten zusammengefasst, die nicht weiter nach dem Prozesstyp differenzieren: In ausschließliche Erosionsgebiete, in Gebiete in denen sowohl Erosion als auch Ablagerung stattfindet und in reine Ablagerungsgebiete. Trotz dieser Vereinfachung veranschaulicht die Karte einige interessante Details. In sehr steilen Regionen wird fast ausschließlich erodiert, unterhalb schließen sich meist Flächen an, auf denen sowohl erodiert als auch abgelagert wird. Die am tiefsten liegenden Abschnitte der Prozessräume sind schließlich reine Ablagerungsgebiete. Besonders deutlich zeigt sich diese Abfolge beispielsweise in den Karen. In den höheren Lagen erodieren sowohl die Sturzprozesse als auch die Hangmuren. Unterhalb lagern die Sturzprozesse Material auf den Halden ab, das anschließend von Hangmuren erodiert, weitertransportiert und schließlich wieder abgelagert wird. Im Gegensatz zu den Karen zeigt sich in den anderen Regionen des Lahnenwiesgrabens ein komplizierteres Bild. Oft wechselt die Abfolge der drei Einheiten auf kleinem Raum (z.B. auf der Nordflanke des Hirschbühelrückens). Letztendlich wird aber immer eine logische Abfolge eingehalten.

Einige der Akkumulationsräume liegen nicht auf flacheren Hangabschnitten, sondern überschneiden sich mit dem Gerinnesystem. Dies deutet auf eine Materiallieferung von den Hängen in die Gerinne hin. Die Vernachlässigung der Massen bei der Modellierung erlaubt zwar keine quantitativen Aussagen, aus der Verteilung und Lage der Flächen in Bezug auf den Gebietsauslass lässt sich aber schließen, dass der Anteil des durch die untersuchten Prozesse mobilisierten Materials am Gebietsaustrag sehr gering ist. Die Aussage wird durch den geringen Sedimentaustrag von 122 t/km^2 (16% Schleppfracht,

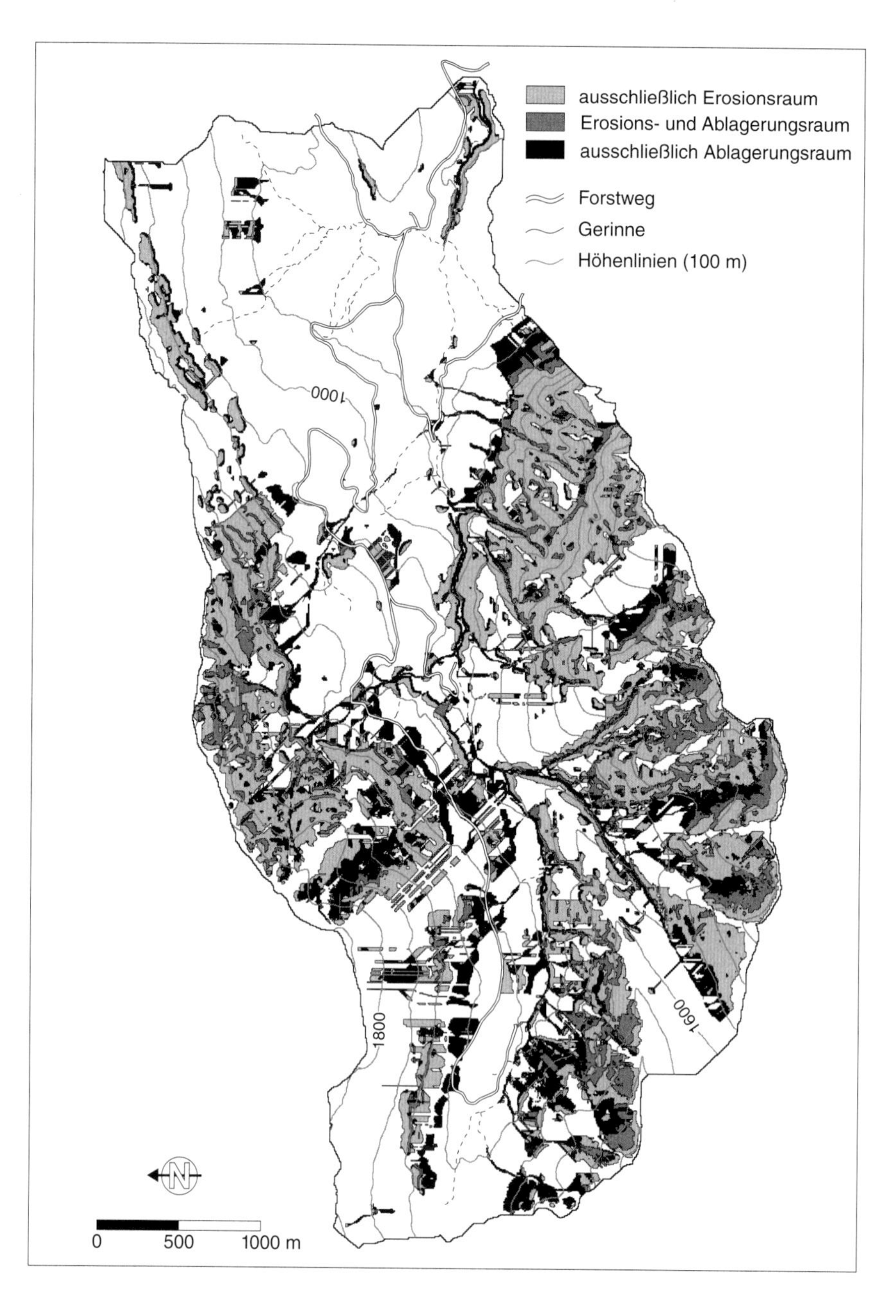

Abb. 6.4: Erosions- und Ablagerungsgebiete und sich überlagernde Erosions- und Ablagerungsgebiete von Sturzprozessen und Muren im Lahnenwiesgraben.

56% Suspensionsfracht, 28% Lösungsfracht), den UNBENANNT (2002) für den Zeitraum vom 28.5. bis zum 13.10. 2001 bestimmt hat, gestützt. Eine genauere Betrachtung der räumlichen Überlagerung verschiedener Prozesse und der sich daraus ergebenden Verknüpfungspunkte folgt im nächsten Abschnitt.

6.2.2 Sedimentkaskaden

Kaskadensysteme sind nach CHORLEY & KENNEDY (1971) mit die wichtigsten Typen dynamischer Systeme der Erdoberfläche. Sie sind aus einer Kette von Subsystemen aufgebaut, wobei der Output an Masse oder Energie eines Subsystems den Input für das nächste Subsystem bildet. Innerhalb der Subsysteme wirken Regler, die bestimmen, welcher Anteil der zugeführten Masse oder Energie im Systemspeicher verweilt, und welcher Anteil durch das System an das nächste Subsystem weitergeleitet wird. Die meisten der für die Physische Geographie interessanten Kaskaden sind an bestimmten Punkten mit Variablen von Morphologischen Systemen verzahnt. Nach der Systemabgrenzung von CHORLEY & KENNEDY (1971) führt die Interaktion von Kaskaden- und Morphologischen Systemen zu Prozess-Response Systemen, die auch Rückkopplungen berücksichtigen. Ein Beispiel für die Verknüpfung der beiden Systeme zu einem einfachen Prozess-Response System wird in Abschnitt 6.2.3 beschrieben.

Sedimentkaskaden zeichnen sich durch die Umwandlung von Potentieller Energie in Kinetische Energie und Wärme aus. Das hierbei transportierte Sediment (mit unterschiedlichen Anteilen von Wasser) wird durch die verschiedenen Hangsubsysteme geleitet und verknüpft das Verwitterungssystem mit dem Gerinnesystem. Sedimentkaskaden sind für die Geomorphologie von größtem Interesse, aber auch sehr schwer zu erfassen. In der Regel werden Kaskadensysteme über die Magnitude von Input und Output über einen bestimmten Zeitraum und die Lage und Kapazität der Speicher beschrieben. Um den Massenhaushalt genau bilanzieren zu können, müssen dabei die Transportwege von einem Landschaftsteil zum nächsten berücksichtigt werden (SLAYMAKER 1991).

Die in dieser Arbeit entwickelten Modelle erlauben das Gelände in verschiedene Hangsubsysteme zu unterteilen und deren Verknüpfung zu analysieren (Sedimentkaskaden). Die hier vorgestellten Modellversionen berücksichtigen zwar keine Massentransfers, dennoch lassen sich aufgrund der Prozessraumzonierung Aussagen über die Transportwege des Sediments, die Lage von potentiellen Speichern und die Anknüpfung verschiedener Prozesse aneinander treffen. Bei bekannten Massen ermöglichen die Modelle die Berechnung der Massenverlagerung, so dass auch energetische Studien durchgeführt werden können (z.B. CAINE 1976; WARBURTON 1993).

Für die Analyse der Sedimentkaskaden wurde die Anzahl der GPUs verringert, in dem die Transitbereiche nicht weiter betrachtet werden. Entlang der Transitbereiche findet definitionsgemäß keine Sedimentübergabe von einem Prozess zum anderen statt. Um die Anknüpfung der Prozesse an das Gerinnesystem untersuchen zu können, wurde allerdings zusätzlich das aus dem DHM abgeleitete Gerinnenetz als vierter Prozessraum hinzugezogen. Im Folgenden sollen aber nicht mehr die GPUs, auf denen sich so bis zu vier Prozesse (Sturzprozesse, Hangmuren, Talmuren, Gerinneprozesse) überlagern können, sondern paarweise Kombinationen aus Erosions- oder Akkumulationsräumen betrachtet werden.

In Tabelle 6.2 sind die Flächenanteile der Kombinationen sowohl in absoluten Werten (Anzahl der Rasterzellen) als auch in Prozent (in Bezug auf die Einzugsgebietsfläche) zusammengefasst. Die Diagonale in der Tabelle enthält die Gesamtfläche der jeweiligen Erosions- und Akkumulationsräume. Beispielsweise machen die Ablagerungsgebiete der Sturzprozesse 10,41% der Einzugsgebietsfläche aus, die der Talmuren hingegen nur 0,17%. Unterhalb der Diagonalen finden sich die Flächen derjenigen Prozessbereiche, die sich mit der Prozesszone der entsprechenden Tabellenspalte überschneiden. Mit den Ablagerungsgebieten der Sturzprozesse überschneidet sich zum Beispiel ein großer Teil der Erosionsgebiete der Hangmuren (6,01% der Einzugsgebietsfläche), wohingegen die Ablagerungsgebiete der Hangmuren kaum auf diesen Flächen liegen (0,89% der Einzugsgebietsfläche). Definitionsgemäß können sich der Erosions- und Ablagerungsraum eines Prozesses nicht überschneiden, diese Tabellenfelder sind daher nicht belegt. Oberhalb der Diagonalen würden nur die von unterhalb gespiegelten Werte liegen.

Die absoluten Flächenanteile am Einzugsgebiet lassen sich im Hinblick auf die Analyse von Sedimentkaskaden schwer interpretieren, so dass in Abbildung 6.5 für jede Prozessraumzone die relativen Flächenanteile der anderen Zonen dargestellt sind. Der größte Anteil (66%) der Erosionsfläche der Sturzprozesse überschneidet sich mit den Erosionsgebieten der Hangmuren. Das Zustandekommen dieses großen Werts wurde schon diskutiert, wesentlicher

Tab. 6.2: Flächenanteile der paarweisen Kombinationen von Prozessraumzonen. Die Werte beinhalten alle Rasterzellen der jeweiligen Kombination, ohne Rücksicht auf mögliche weitere Überschneidungen mit anderen Prozessen. Oben: Anzahl der Rasterzellen, unten: Flächenanteil am Einzugsgebiet in Prozent. S = Sturzprozesse, H = Hangmuren, T = Talmuren, G = Gerinne, $_E$ = Erosion, $_A$ = Ablagerung.

Rasterzellen	S_E	S_A	H_E	H_A	T_E	T_A	G
S_E	92030						
S_A	-	69061					
H_E	60907	39892	158725				
H_A	6	5918	-	42740			
T_E	201	1277	1171	1522	3173		
T_A	1	250	9	776	-	1134	
G	260	2125	1629	3022	2798	643	8635

% EZG	S_E	S_A	H_E	H_A	T_E	T_A	G
S_E	13,87						
S_A	-	10,41					
H_E	9,18	6,01	23,92				
H_A	0,00	0,89	-	6,44			
T_E	0,03	0,19	0,18	0,23	0,48		
T_A	0,00	0,04	0,00	0,12	-	0,17	
G	0,04	0,32	0,25	0,46	0,42	0,10	1,30

Faktor ist die Vernachlässigung der Differenzierung zwischen Lockermaterial und Anstehendem in den Dispositionsmodellen. Die zur Verfügung stehenden Daten erlauben diese Differenzierung nicht, da die Flächen mit Anstehendem im Vergleich zu den Muranrissen zu generalisierend ausgewiesen wurden. Dies hat zur Folge, dass viele der Hanganrisse auf Anstehendem ausgewiesen sind und diese Klasse daher vom CF-Modell als murgangfördernd bewertet werden würde. Eine Verwendung des Datensatzes (Anstehend/Lockermaterial) würde daher zu keiner Verbesserung der Ergebnisse führen. Ein deutlicheres Bild der Kaskade zeigt sich bei der Betrachtung der Ablagerungsräume der Sturzprozesse. Von diesen sind etwa 58% gleichzeitig Erosionsraum von Hangmuren. Diese Flächen decken sich hervorragend mit den Sturzhalden im Lahnenwiesgraben (vgl. Abbildung 6.6). Etwa 9% der Fläche dient auch den Hangmuren

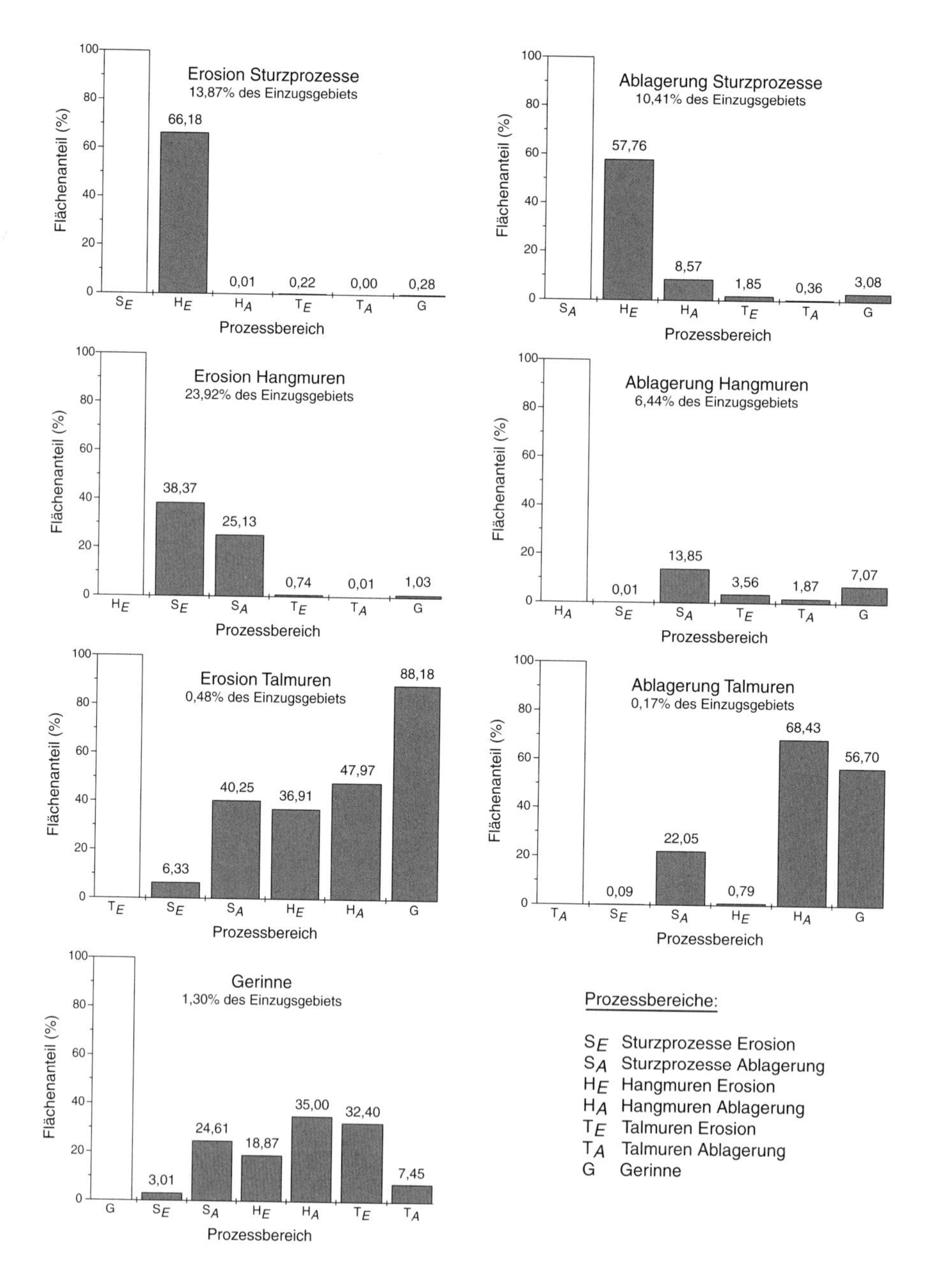

Abb. 6.5: Relative Flächenanteile der anderen Prozessraumzonen an jeder Prozesszone in Prozent. Aufgrund der möglichen Überlagerung mit anderen Zonen summieren sich die Flächenanteile nicht auf 100%.

als Ablagerungsraum (z.B. Teile der Karböden). Knapp 2% der Fläche wird von Talmuren erodiert, etwa 3% des Ablagerungsraums überschneiden sich mit dem Gerinne.

Betrachtet man die Erosionsgebiete der Hangmuren, dann zeigt sich erneut die Überschneidung mit den Sturzprozessen. 38% der Fläche sind gleichzeitig Erosionsgebiet von Sturzprozessen, 25% Ablagerungsraum derselben. Die Überschneidung mit anderen Prozessen ist gering, gerade 1% der Erosion durch Hangmuren findet im Gerinne statt. Die Ablagerungsräume der Hangmuren decken sich mit den Ablagerungsgebieten der Sturzprozesse zu knapp 14%, mit deren Erosionsgebieten hingegen kaum. Etwa 4% der Ablagerungsfläche von Hangmuren sind gleichzeitig Erosionsraum von Talmuren. Diese Anknüpfungspunkte sind unter anderem in Abbildung 6.6 dargestellt. Knapp über 7% der Ablagerungsfläche der Hangmuren deckt sich mit dem Gerinne.

Die Erosionsgebiete der Talmuren decken sich logischerweise zum größten Teil mit dem Gerinnenetz (88%). Nur in wenigen Fällen verlassen die Muren das Gerinne und können auch außerhalb erodieren. Etwa 40% und knapp 48% der Erosionsfläche von Talmuren decken sich mit den Ablagerungsgebieten der Sturzprozesse und Hangmuren. Bei der Interpretation der Werte darf nicht übersehen werden, dass der Erosionsraum von Talmuren insgesamt nur 0,5% der Einzugsgebietsfläche ausmacht. Der Ablagerungsraum nimmt sogar nur 0,2% der Einzugsgebietsfläche ein. Knapp 57% der Ablagerungsfläche liegt in den Gerinnen, etwa 43% also außerhalb. Hier zeigt sich die verstärkte Ausbreitungstendenz der Murgänge im Akkumulationsgebiet. Etwa 22% und 68% der Fläche überschneiden sich mit den Ablagerungsräumen der Sturzprozesse und Hangmuren. Hingegen werden die Ablagerungen der Talmuren weder von den Sturzprozessen (0,1%) noch von den Hangmuren (0,8%) erodiert.

Das Gerinnenetz macht nur 1,3% der Einzugsgebietsfläche aus. Verstärkte Erosion erfolgt auf dieser Fläche nur durch Hang- (19%) und Talmuren (32%). Die Ablagerungsflächen der Sturzprozesse (25%) und der Hangmuren (35%) nehmen einen größeren Flächenanteil ein und weisen auf die Kopplung der Hang- und Gerinneprozesse hin. Auf etwa 7% der Gerinnefläche lagern Talmuren Material ab.

Die Analysen zeigen recht komplexe Überschneidungen der Prozesse, dennoch paust sich im Großen und Ganzen eine schematische Kaskade durch. Angefangen von den höchsten Regionen im Lahnenwiesgraben hinab zu den Gerinnen findet sich die nachstehende Abfolge: In den höchstgelegenen Hangabschnitten

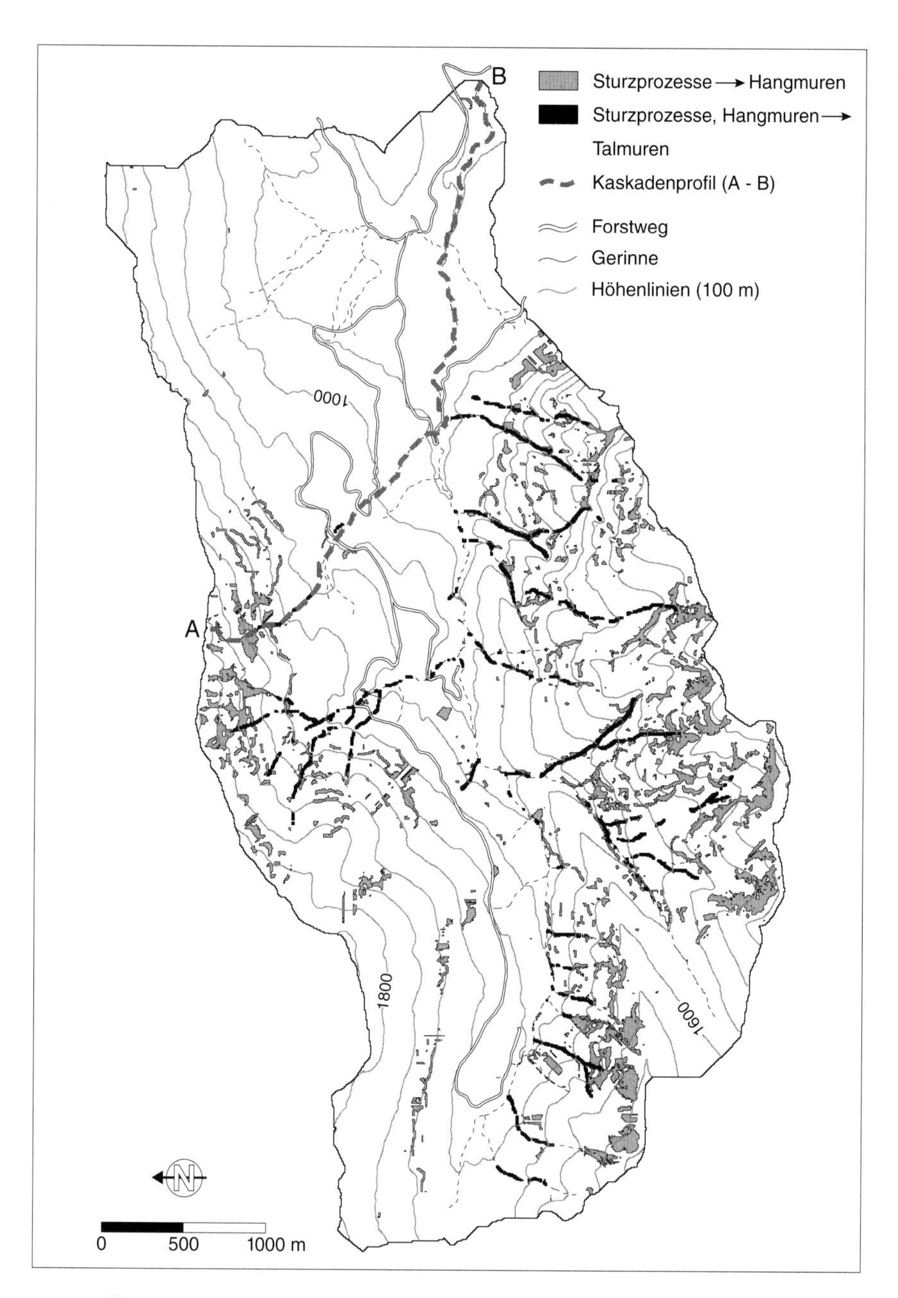

Abb. 6.6: Übergabepunkte in der Kaskade Steinschlag, Hangmuren und Talmuren. Die Profillinie zeigt die Lage des Kaskadenprofils in Abbildung 6.7.

tritt vor allem Erosion durch Sturzprozesse auf. Die entsprechenden Ablagerungsräume unterhalb decken sich zum großen Teil mit den Erosionsgebieten der Hangmuren. Die Hangmuren transportieren das Material weiter hangabwärts und lagern zum Teil auch im Gerinne ab. Ein Teil der Ablagerungsfläche der Sturzprozesse liegt ebenfalls direkt im Gerinne. Im Gerinne sind dann Talmuren dafür verantwortlich, dass ein nicht unwesentlicher Anteil dieser Ablagerungen weiter talabwärts transportiert wird. Die Anknüpfungspunkte der Prozesse lassen sich aus den Daten gut extrahieren, die Lage der Materialübergabepunkte Sturzprozesse - Hangmuren und Sturzprozesse/Hangmuren - Talmuren ist in Abbildung 6.6 dargestellt. Bedenkt man die relativ einfachen Ansätze der Prozessraumzonierung und die geringe Zahl der benötigten Eingangsdaten, dann sind die Ergebnisse der Analyse außerordentlich befriedigend und stützen insgesamt die Qualität der Modellierung. Im Rahmen des SEDAG-Projekts werden zukünftig noch weitere Prozesse (z.B. Grundlawinen, HECKMANN 2006; gravitative Massenbewegungen, KELLER in Vorb.) in die Analyse mit einbezogen werden, so dass sich ein umfassenderes Bild der Sedimentkaskaden ergeben wird.

Abschließend soll noch das in Abbildung 6.6 eingezeichnete und in Abbildung 6.7 dargestellte Profil einer Kaskade diskutiert werden. Das Profil beginnt auf etwa 1715 m ü. NN im Teileinzugsgebiet des Herrentischgrabens, erreicht nach einer Distanz von 250 m auf etwa 1495 m ü. NN das Gerinne und verläuft dann entlang des Gerinnes bis zum Gebietsauslass auf etwa 706 m ü. NN. Im Profil mündet der Herrentischgraben bei einer Horizontaldistanz von 2025 m in das Hauptgerinne.

In der Abbildung sind für jeden Prozess die Erosions-, Transit- und Ablagerungsabschnitte auf der Ordinate angetragen. Da die fluvialen Prozesse im Gerinne in dieser Arbeit nicht modelliert wurden, können sie bei der Analyse des Profils auch nicht berücksichtigt werden. Im ersten Abschnitt des Profils treten nur Sturzprozesse auf, die hier in wechselnder Folge erodieren (Felswände) und ablagern (Halden). Bei einer Horizontaldistanz von etwa 130 m beginnt die Erosion durch Hangmuren, anschließend folgen Abschnitte des Transports und der Ablagerung. Die Erosion durch Talmuren setzt erst ab einer Horizontaldistanz von etwa 300 m ein. Die ersten Ablagerungen befinden sich weiter unterhalb.

Die Ablagerung durch Sturzprozesse endet im oberen Herrentischgraben nach einer Horizontaldistanz von etwa 560 m. Danach treten im Profilverlauf ent-

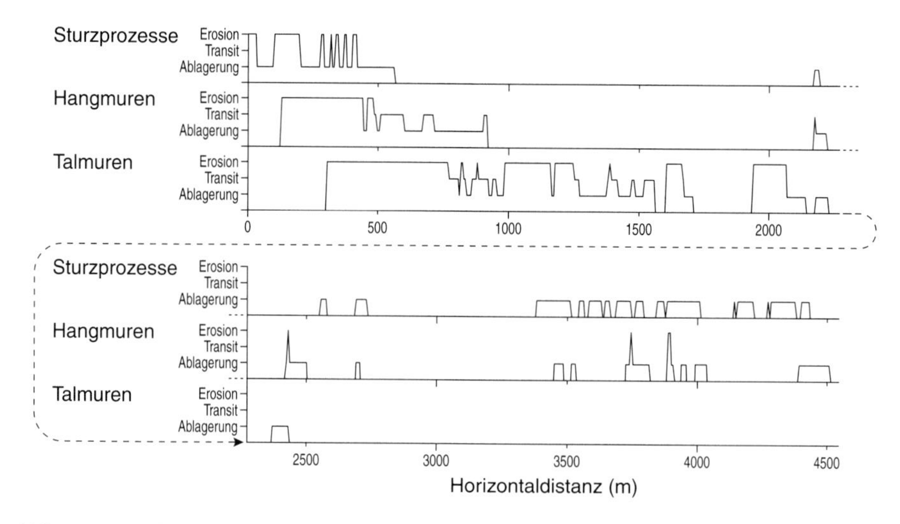

Abb. 6.7: Profil einer Kaskade entlang der Falllinie vom oberen Herrentischgraben bis zum Gebietsauslass. Weitere Erläuterungen im Text, zur Lage siehe Abbildung 6.6.

lang des Herrentischgrabens keine Sturzprozesse mehr auf. Entlang des Hauptgerinnes treten ab etwa 2175 m Horizontaldistanz wieder seitliche Einträge in das Gerinne auf. Vermehrte Ablagerungen finden sich entlang der Schluchtstrecke oberhalb des Gebietsauslasses. Das Material stammt von Steilwänden, die auf den Gerinneeinhängen liegen, und wird dementsprechend nur über kurze Distanzen transportiert (vgl. Abbildung 4.25). Bei den Hangmuren zeigt sich ein ähnliches Bild. Vereinzelt ziehen sich zwar die Erosionsräume von seitlich einmündenden Muren noch bis in das Hauptgerinne, im Wesentlichen treten aber nur noch Ablagerungen auf. Die letzte Ablagerung im Profil gehört zu einer Mure (vgl. Abbildung 5.13), die das letzte Mal bei einem Starkregenereignis im Mai 2003 aktiv wurde.

Bis zur Einmündung des Herrentischgrabens in das Hauptgerinne treten im Profil immer wieder Erosions-, Transit- und Ablagerungsstrecken von Talmuren auf. Im Hauptgerinne unterhalb reißen keine Talmuren mehr an, hier finden sich nur noch Ablagerungsbereiche von seitlich einmündenden Muren. Die zwei Ablagerungsstrecken bei 2180 m und 2370 m gehören zu den beiden östlichsten Muren aus dem Königsstand (vgl. Abbildung 5.27). Das Profil veranschaulicht gut die seitliche Materialzufuhr von den Hängen und Seitengerinnen in das Hauptgerinne. Dabei zeigt sich, dass der Eintrag durch die untersuchten Prozesse keineswegs kontinuierlich entlang des Hauptgerinnes stattfindet.

6.2.3 Modellierung der langfristigen Reliefentwicklung

In diesem Abschnitt wird kurz auf die Anwendung des Sturzmodells zur Simulation der langfristigen Entwicklung von Felswänden und Sturzhalden eingegangen. Die Ergebnisse dienen auch der Validierung der bisher dargestellten Modellergebnisse. Eine Simulation der zeitlichen Entwicklung bedingt im Gegensatz zu dem beschriebenen Modellkonzept die Berücksichtigung der verlagerten Sedimentvolumina. Das Modell wurde zu diesem Zweck um weitere Funktionen zu einem Prozess-Response Modell erweitert und als spezielles SAGA-Modul (`Rock ProcessResponse` Modul, WICHMANN 2004e) programmiert.

Das bei einem Abbruch losgelöste Volumen bzw. dessen Mächtigkeit wird durch das Modul für jede Startzelle zufällig bestimmt. Der Anwender spezifiziert hierzu eine minimale und eine maximale Erosionsmächtigkeit. Unter der Annahme, dass kleinere Abbrüche häufiger stattfinden als größere, werden die Wahrscheinlichkeitsintervalle entsprechend skaliert (zur Anwendung kommt dabei die Funktion $y = x^8$) und die abzutragende Mächtigkeit mit einer Zufallszahl zwischen 0 und 1 ermittelt (vgl. Abbildung 6.8a). Diese Mächtigkeit wird an der Abbruchstelle vom DHM subtrahiert und am Ablagerungspunkt zum DHM addiert. Durch die fortlaufende Aktualisierung des DHMs verändert sich das Relief, auf dem das Modell angewendet wird (Rückkopplung).

Für die Simulation der langfristigen Reliefentwicklung musste das in Abschnitt 4 vorgestellte Modell in einigen Aspekten modifiziert werden. Potentielle Abbruchgebiete werden weiter durch einen Grenzwert der Hangneigung ($> 40°$) ausgeschieden. Aus der Menge der Rasterzellen, die den Grenzwert überschreiten, wird zufällig eine Rasterzelle als Abbruchpunkt ausgewählt. Der Prozessweg wird anschließend mit den in Abschnitt 4.3.3 beschriebenen *random walk* Parametern bestimmt. Es werden aber im Gegensatz zur Ausweisung der Prozessräume nicht 1000 Iterationen von jeder Startzelle aus gerechnet, sondern jeweils nur die Sturzbahn eines Blocks simuliert (1 Iteration). Da die Reichweite stark durch die Blockgröße beeinflusst wird, werden

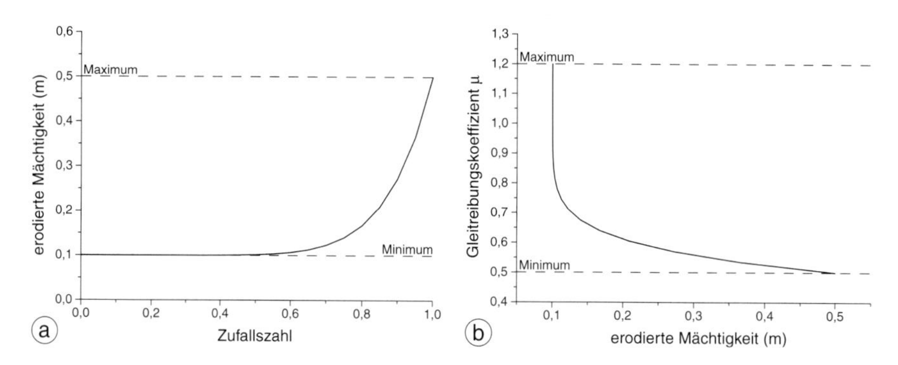

Abb. 6.8: (a) Berechnung der erodierten Mächtigkeit und (b) des von der Blockgröße abhängigen Reibungskoeffizienten μ aus einer Zufallszahl. Dargestellt sind die Kurvenverläufe für eine Erosionsmächtigkeit zwischen 0,1 und 0,5 m und für einen Reibungswert zwischen 0,5 und 1,2.

die Reibungswerte zwischen einem minimalen Wert für die größten Blöcke und einem maximalen Wert für die kleinsten Blöcke skaliert (vgl. Abbildung 6.8b).

Die Reichweite und der Punkt der Ablagerung wird wie gehabt mit dem in Abschnitt 4.3.4 beschriebenen Reibungsmodell bestimmt. Nachdem das Höhenmodell entsprechend aktualisiert wurde, wird die nächste Abbruchzelle ausgewählt und das Volumen und die Sturzbahn berechnet (usw.). Die Anzahl der gewünschten Modellläufe wird vom Anwender vorgegeben.

Die Funktion und die Ergebnisse des Modells sollen anhand eines künstlich generierten DHMs mit 5 m Auflösung verdeutlicht werden. Das DHM enthält eine 100 m hohe und 250 m breite Felswand, die sich von Norden nach Süden erstreckt. Östlich schließt sich eine sehr schwach nach Osten hin abfallende Ablagerungsfläche an. Die geringe Neigung der Ablagerungsfläche garantiert definierte Fließwege für die Berechnung der *random walks*.

Einen Reliefeindruck der Ausgangssituation gibt Abbildung 6.10a. Die Parameter zur Modellierung der Erosionsmächtigkeit und der entsprechenden Reibungswerte können Abbildung 6.8 entnommen werden. Die Ergebnisse eines Modelllaufs mit 25 modellierten Abbrüchen zeigt Abbildung 6.9. Aufgrund der höheren Wahrscheinlichkeiten wurde eine größere Zahl kleinerer Sturzblöcke simuliert. Im Gegensatz zu den größeren Sturzblöcken erzielen diese geringere Reichweiten.

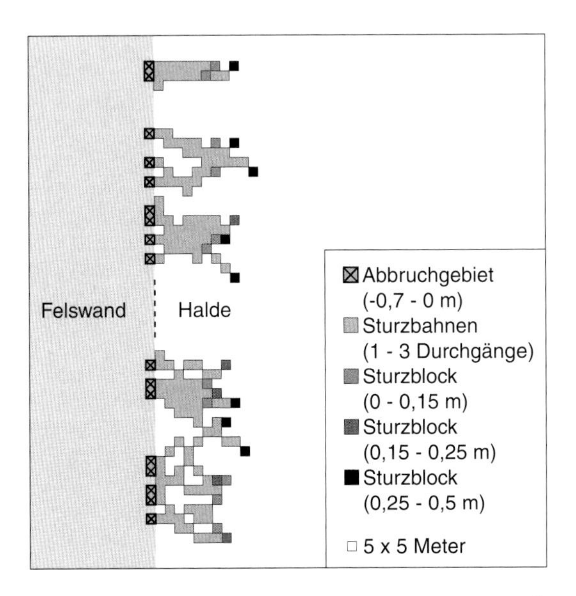

Abb. 6.9: Ergebnisse der Modellierung verschiedener Reichweiten für unterschiedliche Blockgrößen. Einen Eindruck des Reliefs vermittelt Abbildung 6.10a.

Die Modellergebnisse für 150 000 Stürze können den Abbildungen 6.10 und 6.11 entnommen werden. In beiden Abbildungen sind unterschiedliche Stadien der Haldenentwicklung dargestellt. Nach 1000 Stürzen hat sich am Wandfuß eine kleine Halde ausgebildet. Die Ausdehnung ist noch relativ gering, da die Ablagerungsfläche kaum geneigt ist. Deutlich erkennbar ist das unruhige Relief, welches durch die zufällige Auswahl der Startzellen und der erodierten Mächtigkeiten entstanden ist. In dem entsprechenden Profil (Abbildung 6.11b) lässt sich die Erosion an der Oberkante der Felswand erkennen. Hier zeigt sich schon ein gravierender Nachteil des 2,5D-Höhenmodells: Die Felswand wird durch die östlichste Pixelreihe mit einer Höhe von 100 m repräsentiert, so dass der Abtrag nur von oben herab stattfinden kann. Die Modellierung der Wandrückverwitterung von der Wandfläche nach hinten in den Fels ist nur mit einem wirklichen 3D-Modell möglich. Dennoch liefert die Modellierung auch mit einem 2,5D-Modell realitätsnahe Ergebnisse.

Nach 10 000 Stürzen ist die Oberkante der Felswand weiter erniedrigt worden und die Halde am Wandfuß entsprechend angewachsen. Aufgrund des erhöh-

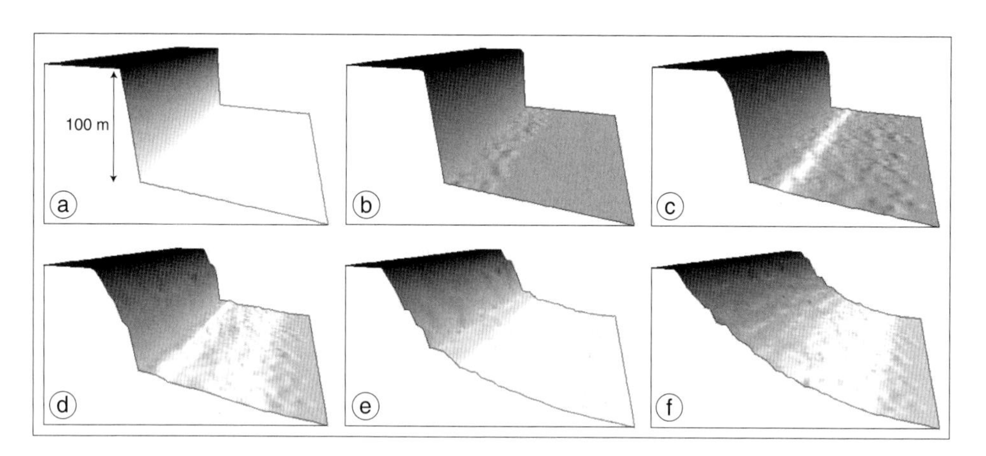

Abb. 6.10: 3D-Ansichten verschiedener Stadien der langfristigen Modellierung von Sturzprozessen an einer 100 m hohen Felswand. (a) Ausgangsrelief; (b) nach 1000 Stürzen; (c) nach 10 000 Stürzen; (d) nach 50 000 Stürzen; (e) nach 100 000 Stürzen; (d) nach 150 000 Stürzen. Entsprechende Hangprofile zeigt Abbildung 6.11.

ten Gefälles auf der Halde werden jetzt auch größere Reichweiten erzielt. Dieser Trend setzt sich fort, die Felswand wird immer weiter zurückgelegt (die Wand besteht nun nicht mehr nur aus der östlichsten Pixelreihe) und die Halde wächst immer höher. Die unteren Teile der Felswand werden nach und nach verschüttet. Zwischenzeitlich entstehen immer wieder deutliche Gefällsknicke auf der Halde, die aber durch nachfolgende Stürze wieder ausgeglichen werden. Durch die Ablagerung von Material können im DHM abflusslose Senken entstehen, für die kein Nachfolger ermittelt werden kann. Sobald der *random walk* auf eine derartige Senke trifft, wird die Berechnung abgebrochen und das bis dorthin transportierte Material abgelagert. So können etwaige Senken durch nachfolgende *random walks* aufgefüllt und überwunden werden. Im letzten der dargestellten Profile ist die Felswand weit zurückgelegt worden und die Ablagerungen reichen bis auf etwa 40 m hinauf.

Durch die Annahme einer Wandrückverlegungsrate kann die modellierte Zeitdauer überschlagen werden. Problematisch ist dabei die 2,5D-Repräsentation des Geländes, da die Wand also streng genommen nicht zurückgelegt, sondern von oben herab erodiert wird. Die Wandfläche hat im Ausgangszustand

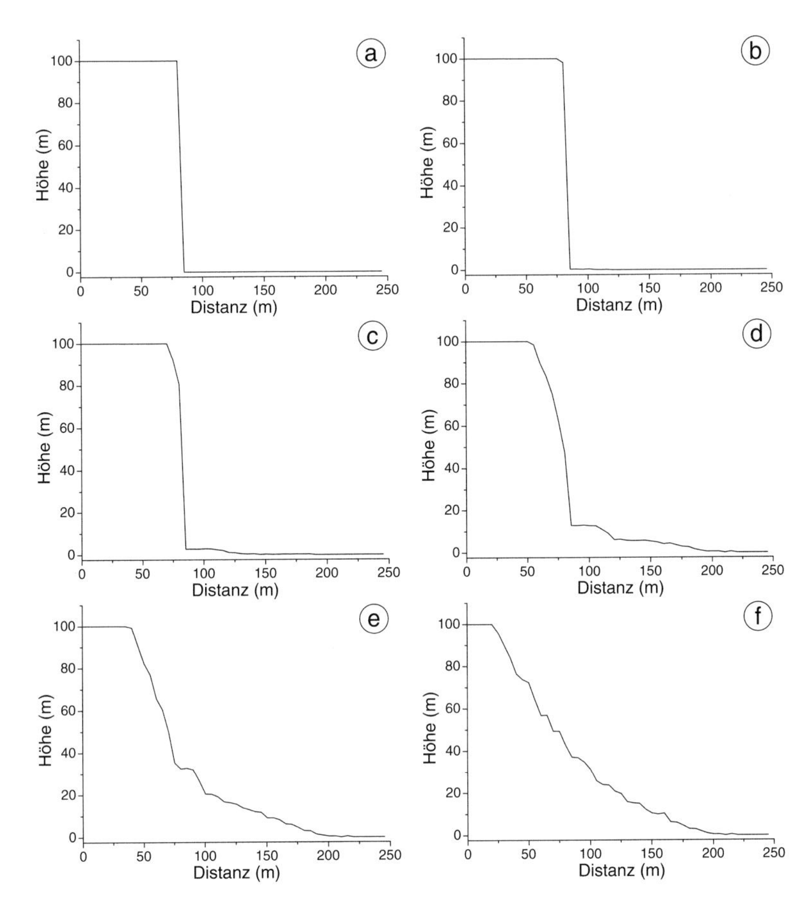

Abb. 6.11: Hangprofile verschiedener Stadien der langfristigen Modellierung von Sturzprozessen an einer 100 m hohen Felswand. (a) Ausgangsrelief; (b) nach 1000 Stürzen; (c) nach 10 000 Stürzen; (d) nach 50 000 Stürzen; (e) nach 100 000 Stürzen; (d) nach 150 000 Stürzen. Die Profile liegen in der Mitte der Felswand. Entsprechende 3D-Ansichten zeigt Abbildung 6.10.

eine Fläche von 25 000 m^2 (250 m x 100 m). Erodiert und abgelagert wurden insgesamt 463 650 m^3. Dies ergibt bei einer angenommenen Rate von 0,1 mm/a (z.B. BECHT 1995; SASS 1998) eine theoretische Wandrückverlegung um 18,6 m (Volumen/Fläche). Damit würde der dargestellte Modelllauf der Entwicklung von etwa 186 000 Jahren entsprechen. Der Wert ist als Mi-

nimum anzusprechen, da die Wandfläche durch den Haldenaufbau laufend verringert wird.
Die Neigung der Ablagerungsfläche im Ausgangsstadium hat nur einen geringen Einfluss auf die Modellergebnisse. Eine stärker geneigte Fläche hat etwas größere Reichweiten zur Folge, auf einer völlig ebenen Fläche baut sich die Halde langsamer vor, da dann erst nach und nach potentielle Nachfolger für den *random walk* hinzukommen. Eine Modellierung mit nur einer Blockgröße und nur einem Reibungswert resultiert in einer weniger unruhigen Oberfläche der Halde, allerdings entstehen zwischenzeitlich deutlich mehr Flachstellen im Profil. Zur detaillierten Abklärung der Ergebnisse sind weitere Untersuchungen erforderlich, was den Rahmen dieser Arbeit sprengt. Die dargestellten Ergebnisse sind - unter Berücksichtigung der getroffenen Annahmen - aber realistisch, was demnach auch für die modellierten Ablagerungspunkte im Lahnenwiesgraben gelten sollte. Im Rahmen des SEDAG-Projekts soll mit dem Modell versucht werden, den zeitlichen Aufbau von Sedimentspeichern nachzuvollziehen. Vergleichbare Analysen wurden bislang nicht durchgeführt, weshalb die Anwendung des Modells für diese Fragestellung noch näher untersucht werden muss.

7 Schlussbetrachtung und Ausblick

Ziel dieser Arbeit war es, Methoden für eine prozessorientierte und rechnergestützte Geländeklassifikation in Bezug auf Sturzprozesse und Muren zu entwickeln, die auch die Bearbeitung größerer Raumeinheiten ermöglicht. Die Klassifikation sollte zudem eine flächenverteilte Ausweisung der Erosions-, Transport- und Ablagerungsgebiete der Prozesse beinhalten, so dass Einzugsgebiete in verschiedene ETA-Systeme untergliedert und die Ergebnisse für geomorphologische Fragestellungen genutzt werden können. Die Klassifikation wurde durch mehrere gekoppelte Teilmodelle erreicht, die im Folgenden noch einmal abschließend diskutiert werden.

Dispositionsmodellierung Die Ausweisung potentieller Startpunkte wurde anhand der Grunddisposition durchgeführt, wobei unterschiedliche Methoden zum Einsatz kamen. Die Ausweisung der Startgebiete von Sturzprozessen (Abbruchgebiete) erfolgte über einen Grenzwert der Hangneigung. Dies ist ein gängiges Verfahren, auch wenn dabei viele andere Steuerungsfaktoren vernachlässigt werden. Diese sind in der Regel aber weniger für die Disposition an sich, sondern vielmehr für die Intensität des Prozesses verantwortlich. Mit dem eingesetzten Verfahren konnten daher gute Ergebnisse erzielt werden. Die Genauigkeit des DHMs bestimmt, wie gut die Steilstufen durch einen Grenzwert der Hangneigung ausgewiesen werden können. Kleinere Stufen, vor allem unter Waldbedeckung, werden daher nicht erfasst.
Die Ausweisung der Anrisspunkte von Hangmuren mit dem CF-Modell erbrachte trotz der wenigen Eingangsdaten zufriedenstellende Resultate. Letztendlich werden nur das DHM und die Vegetationskartierung für die räumliche Differenzierung der Anrissflächen im Lahnenwiesgraben benötigt. Zu kritisieren ist die fehlerhafte Ausweisung von Anrisspunkten auf Anstehendem. Die verfügbaren Daten zur Mächtigkeit der Lockermaterialauflage waren zu generalisierend, als dass sie zu einer Verbesserung der Ergebnisse geführt hätten. Im Lahnenwiesgraben sind in den Felswänden immer wieder schuttgefüllte Couloirs eingeschaltet, die in den Daten nicht aufgelöst sind.
Das regelbasierte Verfahren zur Ausscheidung der Muranrisse in Gerinnen konnte problemlos auf den Lahnenwiesgraben angewendet werden. Selbst wenn keine Daten zur Gewichtung der geschieberelevanten Fläche vorliegen, kann mit dem Modell zumindest ein *worst case* Szenario berechnet werden.

Dies ist für viele Fragestellungen völlig ausreichend. Die durchgeführte Gewichtung der geschieberelevanten Fläche erbrachte aber eine bessere räumliche Differenzierung der Anrisspunkte.
Es wäre wünschenswert, die Methoden der Dispositionsmodellierung für die untersuchten Prozesse zu vereinheitlichen, ähnlich wie dies bei der Modellierung der anderen Teilaspekte des Prozessverlaufs möglich war. Dennoch hat jedes der Verfahren seine Vorzüge, beispielsweise müssen im Gegensatz zum CF-Modell bei den anderen Verfahren keine Anrisspunkte a priori bekannt sein. Dies ist vor allem bei den Talmuren von enormem Vorteil, da diese Punkte im Gelände selbst kurz nach einem Murereignis sehr schwer zu bestimmen sind. Generell ist eine auf physikalischen Zusammenhängen beruhende Dispositionsmodellierung anzustreben, da diese leichter um andere Teilmodelle (z.B. variable Disposition) ergänzt werden kann. Die Modellierung der Rutschungen mit einem physikalisch basierten Modell (vgl. Abschnitt 5.3.3) hat aber gezeigt, dass die Ergebnisse bei schlechter Datenlage auch nicht mit vermeintlich genaueren Methoden zu verbessern sind. Um die als Startgebiete von Murgängen ausgewiesenen Flächen hinsichtlich der Eintretenswahrscheinlichkeit oder Wiederkehrperiode differenzieren zu können, müssten Frequenz und Magnitude der Prozesse bekannt sein. Dann wäre es möglich, beispielsweise mit einem stochastisch gesteuerten Modell eine zeitliche Entwicklung des Systems zu modellieren.

Prozessweg und Reichweite Der Prozessweg inklusive der lateralen Ausbreitung wurde mit einem *random walk* aus dem DHM abgeleitet. Das Verfahren konnte mit Hilfe entsprechender Kalibrierungen für alle Prozesse genutzt werden. Die Qualität des DHMs hat einen maßgebenden Einfluss auf die Modellergebnisse. Es konnten gute Resultate erzielt werden, auch wenn an einigen Stellen Ungenauigkeiten im DHM zu Abweichungen von den realen Prozessbahnen geführt haben. Diese treten vor allem in Gebieten unter Waldbedeckung auf und in Bereichen, die in den Luftbildern stark abgeschattet sind. Außerdem ist an einigen Stellen die Eintiefung einzelner Gerinneabschnitte im DHM nicht ausreichend aufgelöst. Diese Ungenauigkeiten wurden durch eine entsprechende Kalibrierung weitestgehend ausgeglichen. Die Übertragbarkeit der kalibrierten Parameter auf andere Gebiete ist noch zu überprüfen.
Die Geschwindigkeitsentwicklung entlang der Prozessbahn wurde mit Reibungsmodellen berechnet. Im Falle der Sturzprozesse konnte die Reibung aus der Oberflächenbeschaffenheit der Hänge (Vegetation und Material) abgelei-

tet werden. Durch die Verwendung flächenverteilter Reibungswerte konnten gute Ergebnisse erzielt werden, die auch die räumlichen Unterschiede gut reproduzieren. Große Unsicherheiten bestehen in Gebieten mit Waldbedeckung, da hier zusätzliche Informationen wie die Bestandesdichte nötig wären, um genauere Aussagen treffen zu können. Für die Modellierung der Muren konnte die Gleitreibung aus der lokalen Einzugsgebietsgröße, die als Indikator für die verfügbare Wassermenge dient, abgeleitet werden. Dieses Verfahren hat sich bewährt, da so die räumlichen Unterschiede in den Auslaufdistanzen gut abgebildet werden können. Schwierigkeiten bestanden hinsichtlich der Frage, auf welche Reichweiten die Prozesse kalibriert werden sollten bzw. welche Reichweiten als maximale angesehen werden können. Die kartierten Ereignisse entsprechen wohl in den seltesten Fällen den maximal möglichen Reichweiten. Es ist möglich die Modelle auf unterschiedliche Reichweiten zu kalibrieren, um so verschiedene Szenarien zu modellieren. Diese sind je nach der bearbeiteten Fragestellung zu wählen.

Prozessraumzonierung Die Aufteilung der Prozessräume in Erosions-, Transit- und Ablagerungsbereiche erfolgte anhand der lokalen Hangneigung und der modellierten Geschwindigkeit. Das regelbasierte Verfahren liefert, obwohl (oder gerade weil) es die physikalischen Zusammenhänge nur vereinfachend beachtet, gute Ergebnisse. Das Verfahren ist bei den Sturzprozessen einfacher anzuwenden, da Erosion nur am Abbruchgebiet und Ablagerung nur am Ende der Sturzbewegung auftritt. Bei den Muren treten diese Bereiche, je nach Reliefausprägung, in mehr oder weniger beliebiger Kombination entlang des Prozesswegs auf. Das Verfahren eignet sich allerdings nur zur Bestimmung der potentiellen Erosivität der Prozesse. Die Erweiterung des Ansatzes hinsichtlich der Erosionsanfälligkeit (Erodibilität) ist nur mit weiteren, schwer zu erhebenden Daten möglich. Theoretisch ist es auch möglich, physikalische Sedimenttransportgleichungen an das Prozessmodell zu koppeln. Allerdings stellt sich die Frage, ob die hierzu benötigten Parameter bei der Bearbeitung größerer Räume in hinreichender Genauigkeit abgeschätzt werden können. Obwohl die Materialaufnahme durch Muren während des Transports durch verschiedene Untersuchungen bestätigt ist, konnte bisher auch noch kein widerspruchsfreies Konzept der Feststoffaufnahme (*entrainment*) definiert und dieser Einfluss daher auch noch nicht befriedigend quantifiziert werden (LEHMANN 1993).

Die konzeptionellen Vereinfachungen wirken sich auf die Aussagegenauigkeit der Verfahren aus, was allerdings kein grundsätzliches Problem darstellt, solange dies bei der Interpretation der Resultate berücksichtigt wird. Interpretationen können sich keinesfalls auf einzelne Rasterzellen beziehen; bei guter Datenlage liegt die räumliche Aussagegenauigkeit etwa im Bereich von 25 bis 50 m. Von großer Bedeutung ist die kritische Bewertung der Simulationsresultate, bevor sie als Grundlage für weitere Arbeiten verwendet werden. Dabei ist die Fehlerfortpflanzung bei der Überlagerung verschiedener Modellierungen zu beachten. Es ist daher auch dringend davon abzuraten, die hier vorgestellten Methoden rezepthaft anzuwenden. Die Übertragbarkeit der Verfahren auf Gebiete mit anderer Naturraumausstattung ist noch eingehender zu untersuchen.
Einige Anwendungsmöglichkeiten der Modelle für die Gefahrenbeurteilung und andere geomorphologische Fragestellungen (z.B. Sedimentkaskaden, Reliefentwicklung) konnten beispielhaft vorgestellt werden. Die Anwendung der Modelle für die Erstellung prozessbasierter Massenbilanzen ist vielversprechend, da die Modelle dazu ausgelegt sind, bei bekannten Abtragsraten die Massenverlagerung zu berücksichtigen. Für die untersuchten Prozesse liegen einige empirische Gleichungen vor, mit denen die Feststofflieferung anhand der wichtigsten morphometrischen Merkmale eines Einzugsgebiets abgeschätzt werden können (z.B. HAMPEL 1977; KRONFELLNER-KRAUS 1987; RICKENMANN & ZIMMERMANN 1993; RICKENMANN 1999). Diese Verfahren könnten mit den hier vorgestellten Methoden verknüpft werden, auch wenn die Feststofffracht in der Regel deutlich überschätzt wird. Falls die erodierten Massen bekannt sind, ermöglichen die entwickelten Modelle die Berechnung der Massenverlagerung, so dass auch energetische Betrachtungen und Vergleiche durchgeführt werden können.

8 Zusammenfassung

In der vorliegenden Arbeit wurden Modelle entwickelt, die eine räumliche Klassifikation alpiner Einzugsgebiete hinsichtlich der Wirkungsräume von Sturzprozessen und Muren erlauben. Die Anwendung der Modelle wurde am Beispiel des Lahnenwiesgrabens im Ammergebirge demonstriert. Die Modelle bestehen jeweils aus mehreren Teilmodulen, die in ein Geographisches Informationssystem integriert wurden.

Die Teilmodule beschreiben verschiedene Aspekte des Prozessverlaufs von Sturzprozessen und Muren. Potentielle Startgebiete werden über die Grunddisposition einer Fläche in Bezug auf das Auftreten eines Prozesses ausgewiesen. Startgebiete von Sturzprozessen werden durch einen Grenzwert der Hangneigung ausgeschieden. Anrisspunkte von Hangmuren werden mit der *Certainty Factor* Methode ermittelt, indem anhand kartierter Anrisspunkte, der Vegetationsbedeckung, der Hangneigung und dem CIT-Index die Gewissheit, mit der bestimmte Kombinationen dieser Geofaktoren für die Auslösung von Hangmuren verantwortlich sind, berechnet wird. Für die Ausweisung von Muranrissen im Gerinne (Talmuren) wird ein regelbasiertes Verfahren verwendet. Startpunkte werden dabei in Gerinneabschnitten ausgeschieden, in denen potentiell genügend Lockermaterial vorhanden ist (Geschiebepotential) und eine in Abhängigkeit der verfügbaren Wassermenge variierende Neigung der Gerinnesohle überschritten wird.

Der von den Prozessen hangabwärts verfolgte Weg wird mit einem rasterbasierten Trajektorienmodell (*random walk* und Monte Carlo Simulation) aus dem digitalen Höhenmodell abgeleitet. Das Teilmodul konnte für alle untersuchten Prozesse verwendet werden, da es durch drei Parameter flexibel an das Prozessverhalten bei unterschiedlicher Ausprägung der Reliefs angepasst werden kann. Die Reichweite der Prozesse wird durch Reibungsmodelle, mit denen die lokal erreichte Geschwindigkeit berechnet werden kann, ermittelt. Der Bewegungsverlauf von Stürzen gliedert sich in die Phasen Freier Fall, Aufschlag und Gleiten auf der Halde. Beim ersten Aufschlag auf der Halde wird ein Großteil der Energie verbraucht. Die weitere Bewegung auf der Halde wird durch den Prozess des Gleitens angenähert. Die lokalen Reibungsparameter wurden aus der Vegetationsbedeckung und den Materialeigenschaften abgeleitet. Die Reichweite der Muren wird durch ein Reibungsmodell mit zwei Parametern berechnet. Einer der beiden Parameter variiert in Abhängigkeit

der potentiell verfügbaren Wassermenge entlang des Prozesswegs, um der Herabsetzung der Reibung bei zunehmendem Wassergehalt Rechnung zu tragen. Dieser Reibungsparameter wurde mit Schätzfunktionen aus der lokalen Einzugsgebietsgröße abgeleitet.
Die entlang der Prozessbahn auftretenden Geschwindigkeiten und Hangneigungen werden dazu genutzt, die lokale Prozessausprägung mit einem regelbasierten Verfahren zu bestimmen. Durch empirisch ermittelte Grenzwerte konnte der Prozessraum so in Erosions-, Transit- und Ablagerungsbereiche untergliedert werden.
Die Kopplung der verschiedenen Teilmodule führt für jeden der untersuchten Prozesse zu einer annähernd vollständigen Beschreibung des Prozessverlaufs. Die letztendlich vom Modell ausgegebenen Karten erlauben die Bearbeitung zahlreicher geomorphologischer Fragestellungen. Die ausgeschiedenen ETA-Systeme (Erosion-Transport-Akkumulation) können hinsichtlich ihrer räumlichen Lage und den damit verbundenen Auswirkungen (z.B. Gefahrenbeurteilung) analysiert werden. Für weitergehende Analysen in Bezug auf die Interaktion der Prozesse können die für jeden Prozess erstellten Karten überlagert werden (z.B. Analyse von Sedimentkaskaden). Die Anwendung der Modelle für derartige Fragestellungen wurde an verschiedenen Beispielen demonstriert.

Literatur

AHNERT, F. (1976): Brief description of a comprehensive three dimensional process-response model of landform development.- Zeitschr. f. Geom. N.F., Suppl.-Bd. 25: 29-49.

AHNERT, F. (1987): Process-response models of denudation at different spatial scales.- Catena, Suppl.-Bd. 10: 31-50.

AHNERT, F. (1996): The Point of Modelling Geomorphological Systems.- In: MCCANN, S.B. & D.C. FORD [Hrsg.]: Geomorphology Sans Frontières. Wiley & Sons: 91-113.

ANIYA, M. (1985): Landslide-susceptibility mapping in the Amahata River basin, Japan.- Annals of the Association of American Geographers 75: 102-144.

BARSCH, D. & N. CAINE (1984): The Nature of Mountain Geomorphology.- Mountain Research and Development, Vol. 4, No. 4: 287-298.

BARTSCH, A., GUDE, M., JONASSON & D. SCHERER (2002): Identification of Geomorphic Process Units in Kärkevagge, Northern Sweden, by Remote Sensing and Digital Terrain Analysis.- Geografiska Annaler, 84A(3-4): 171-178.

BATES, P.D., ANDERSON, M.G. & M. HORRITT (1998): Terrain information in geomorphological models: stability, resolution and sensitivity.- In: LANE, S.N., RICHARDS, K.S. & J.H. CHANDLER [Hrsg.]: Landform monitoring, modelling and analysis: 279-309.

BAUMGARTNER, A., REICHEL, E. & G. WEBER (1983): Der Wasserhaushalt der Alpen.- 343 S. u. Kartenteil; München.

BAYER. LANDESAMT F. WASSERWIRTSCHAFT (1997): Jahrbuch. S. 42-34; München.

BEBI, P., GRÊT-REGAMEY, A., RHYNER, J. & W.J. AMMANN (2004): Risikobasierte Schutzwaldstrategie.- Forum für Wissen 2004: 79-86.

BECHT, M. (1995): Untersuchungen zur aktuellen Reliefentwicklung in alpinen Einzugsgebieten.- Münchner Geogr. Abh., Bd. A47. 187 S.; München.

BECHT, M., HAAS, F., HECKMANN, T. & V. WICHMANN (2005): Investigating sediment cascades using field measurements and spatial modelling.- IAHS Publications 291: 206-213.

BENDA, L. & T. CUNDY (1990): Predicting deposition of debris flows in mountain channels.- Canadian Geotechnical Journal 27: 409-417.

BENDA, L. (1995): Stochastic geomorphology - implications for monitoring and interpreting erosion and sediment yields in mountain drainage basins.- IAHS Publications 226: 47-54.

BENDA, L. & T. DUNNE (1997a): Stochastic forcing of sediment supply to channel networks from landsliding and debris flow.- Water Resources Research, Vol. 33, No. 12: 2849-2863.

BENDA, L. & T. DUNNE (1997b): Stochastic forcing of sediment routing and storage in channel networks.- Water Resources Research, Vol. 33, No. 12: 2865-2880.

BERGER, F. & F. REY (2004): Mountain Protection Forests against Natural Hazards and Risks. New French Developments by Integrating Forests in Risk Zoning.- Natural Hazards 33: 395-404.

BEYER, I. & K.H. SCHMIDT (2000): Untersuchungen zur Verbreitung von Massenverlagerungen an der Wellenkalk-Schichtstufe im Raum nördlich von Rudolstadt (Thüringer Becken).- Hallesches Jahrbuch für Geowissenschaften, Bd. 21: 67-82.

BINAGHI, E., LUZI, L., MADELLA, P., PERGALANI, F. & A. RAMPINI (1998): Slope Instability Zonation: a Comparison Between Certainty Factor and Fuzzy Dempster-Shafer Approaches.- Natural Hazards 17, 77-97.

BÖHNER, J., CONRAD, O., KÖTHE, R. & A. RINGELER (2003): System for Automated Geoscientific Analyses.- http:// 134.76.76.30

BOVIS, M.J. & B.R. DAGG (1988): A model for debris accumulation and mobilization in steep mountain streams.- Hydrological Sciences - Journal - des Sciences Hydrologique, Bd. 33 (6): 589-604.

BOZZOLO, D., PAMINI, R. & K. HUTTER (1988): Rockfall analysis - a mathematical model and its test with field data.- In: BONNARD, CH. [Hrsg.]: Landslides. Proceedings of the 5th International Symposium on Landslides, Lausanne: 555-560.

BRAUN, J. & M. SAMBRIDGE (1997): Modelling landscape evolution on geological time scales: a new method based on irregular spatial discretization.- Basin Research 9: 27-52.

BRAUNER, M. (2001): Aufbau eines Expertensystems zur Erstellung einer ereignisbezogenen Feststoffbilanz in einem Wildbacheinzugsgebiet. Dissertation am Institut für Forstliches Ingenieurwesen und Alpine Naturgefahren, Universität für Bodenkultur, Wien. 109 S.;

BROILLI, L. (1974): Ein Felssturz im Großversuch.- Rock Mechanics, Suppl. 3: 69-78.

Brooks, S.M. & M.G. Anderson (1998): On the Status and Opportunities for Physical Process Modelling in Geomorphology.- In: Longley, P.A., Brooks, S.M., McDonnell, R. & B. MacMillan [Hrsg.]: Geocomputation: A Primer. Wiley & Sons: 193-230.

Burrough, P.A. (1986): Principles of Geographical Information Systems for Land Resources Assessment.- 194 S.; Oxford.

Burrough, P.A. (1998): Dynamic modelling and geocomputation.- In: Longley, P.A., Brooks, S.M., McDonnel, R. & B. MacMillan [Hrsg.]: Geocomputation: a primer: 165-191.

Burt, J.E. & G.M. Barber (1996): Elementary Statistics for Geographers.- 2. Auflage, Guilford Press, New York, 640 S.

Caine, N. (1976): A uniform measure of subaerial erosion.- Geological Society of America Bulletin, Vol. 18: 137-140.

Caine, N. (1980): The rainfall intensity-duration control of shallow landslides and debris flows. Geografiska Annaler, Vol. 62A: 22-27.

Caine, N. & F.J. Swanson (1989): Geomorphic coupling of hillslope and channel systems in two small mountain basins.- Zeitschr. f. Geom. N.F., Bd. 33, H.2: 189-203.

Campbell, I.A. (1992): Spatial and temporal variations in erosion and sediment yield.- IAHS Publications No. 210: 455-465.

Cannon, S.H. (1993): An empirical model for the volume-change behaviour of debris flows.- Proceedings of ASCE National Conference on Hydraulic Engineering, San Francisco: 1768-1773.

Chen, Y.-L. (2003): Indicator Pattern Combination for Mineral Resource Potential Mapping With the General C-F Model.- Mathematical Geology, Vol. 35, No. 3: 301-321.

Chorley, R.J. & B.A. Kennedy (1971): Physical Geography. A Systems Approach.- Prentice-Hall International, London, 371 S.

Chorley, R.J., Schumm, S.A. & D.E. Sudgen (1985): Geomorphology. London.

Chung, C.-J.F. & A. Fabbri (2003): Validation of Spatial Prediction Models for Landslide Hazard Mapping.- Natural Hazards 30: 451-472.

Clerici, A., Perego, S., Tellini, C. & P. Vescovi (2002): A procedure for landslide susceptibility zonation by the conditional analysis method.- Geomorphology 48: 349-364.

CONRAD, O. (2001): SAGA `Channel Network` Modul.- TerrainAnalysisChannels.mlb, http:// 134.76.76.30

COROMINAS, J., REMONDO, J. FARIAS, P., ESTEVAO, M., ZEŹERE, J., DIÁZ DE TERAŃ, J. DIKAU, R., SCHROTT, L., MOYA, J. & A. GONZAĹEZ (1996): Debris Flow.- In: DIKAU, R., BRUNSDEN, D., SCHROTT, L. & M.-L. IBSEN [Hrsg.]: Landslide recognition: Identification, Movement, Causes: 161-180; Chichester.

COSTA, J.E. (1984): Physical geomorphology of debris flows.- In: COSTA, J.E. & P.J. FLEISCHER [Hrsg.]: Developments and applications of geomorphology: 269-317; Berlin.

COSTA-CABRAL, M.C. & S.J. BURGES (1994): Digital elevation model networks (DEMON): A model of flow over hillslopes for computation of contributing and dispersal areas.- Water Resources Research, Vol. 30, No. 6: 1681-1692.

COULTHARD, T.J., KIRKBY, M.J. & M.G. MACKLIN (2000): Modelling geomorphic response to environmental change in an upland catchment.- Hydrol. Process. 14: 2031-2045.

COULTHARD, T.J. (2001): Landscape evolution models: a software review.- Hydrol. Process. 15: 165-173.

COULTHARD, T.J., MACKLIN, M.G. & M.J. KIRKBY (2002): A cellular model of holocene upland river basin and alluvial fan evolution.- Earth Surf. Process. Landforms 27: 269-288.

DEMERS, M.N. (2000): Fundamentals of Geographical Information Systems. 498 S.

DESCOEUDRES, F. & TH. ZIMMERMANN (1987): Three-dimensional dynamic calculation of rockfall.- Proceedings of the 6th International Congress on Rock Mechanics, Montreal, Bd. 1: 337-342.

DESMET, P.J.J. & G. GOVERS (1996): Comparison of routing algorithms for digital elevation models and their implications for predicting ephemeral gullies.- Int. J. Geographical Information Systems, Vol. 10, No. 3: 311-331.Water Resources Research, Vol. 27, No. 5: 709-717.

DIEZ, T. (1967): Die Böden.- In: BAYER. GEOLOGISCHES LANDESAMT [Hrsg.]: Erläuterungen zur Geologischen Karte von Bayern 1:25000, Blatt 8432 Oberammergau: 106-117; München.

DIETRICH, W.E. & T. DUNNE (1978): Sediment budget for a small catchment in mountainous terrain.- Zeitschr. f. Geom. N.F., Suppl.-Bd. 29: 191-206.

DIETRICH, W.E., WILSON, C.J., MONTGOMERY, D.R., MCKEAN, J. & R. BAUER (1992): Erosion thresholds and land surface morphology.- Geology, Vol. 20: 675-679.

DIETRICH, W.E., WILSON, C.J., MONTGOMERY, D.R. & J. MCKEAN (1993): Analysis of erosion thresholds, channel networks, and landscape morphology using a digital terrain model.- J. of Geology, Vol. 101: 259-278.

DORREN, L. (2003): A review of rockfall mechanics and modelling approaches.- Progress in Physical Geography 27, 1: 69-87.

DORREN, L. & A. SEIJMONSBERGEN (2003): Comparison of three GIS-based models for predicting rockfall runout zones at a regional scale.- Geomorphology 56: 49-64.

DUAN, J. & G.E. GRANT (2000): Shallow landslide delineation for steep forest watersheds based on topographic attributes and probability analysis.- In: WILSON, J.P. & J.C. GALLANT [Hrsg.]: Terrain analysis. Principles and applications: 311-329.

ENGELEN, G.B. & G.W. VENNEKER (1988): ETA (Erosion Transport Accumulation) systems, their classification, mapping and management.- IAHS Publications 174: 397-412.

FAIRFIELD, J. & P. LEYMARIE (1991): Drainage networks from grid digital elevation models.- Water Resources Research, Vol. 27, No. 5: 709-717.

FELDNER, R. (1978): Waldgesellschaften, Wald- und Forstgeschichte und Schlussfolgerungen für die waldbauliche Planung im Naturschutzgebiet Ammergauer Berge.- Dissertation an der Universität für Bodenkultur Wien.

FONTANA, G.D. & L. MARCHI (1998): GIS indicators for sediment sources study in Alpine basins.- IAHS Publications 248: 553-560.

FONTANA, G.D. & L. MARCHI (2003): Slope-area relationships and sediment dynamics in two alpine streams.- Hydrological Processes 17: 73-87.

FREEMAN, T.G. (1991): Calculating catchment area with divergent flow based on a regular grid.- Computer & Geosciences, 17(3): 413-422.

GAMMA, P. (1996): Großräumige Modellierung von Gebirgsgefahren mittels rasterbasiertem Random Walk.- In: MANDL, P. [Hrsg.]: Modellierung und Simulation räumlicher Systeme mit Geographischen Informationssystemen. Proceedings-Reihe der Informatik '96 (9): 93-105; Klagenfurt.

GAMMA, P. (2000): *dfwalk* - Ein Murgang-Simulationsprogramm zur Gefahrenzonierung.- Geographica Bernensia G66, 144 S.; Bern.

GILES, P.T. (1998): Geomorphological signatures: Classification of aggregated slope unit objects from digital elevation and remote sensing data.- Earth Surf. Process. Landforms 23: 581-594.

GRUNDER, M. (1984): Ein Beitrag zur Beurteilung von Naturgefahren im Hinblick auf die Erstellung von mittelmaßstäbigen Gefahrenhinweiskarten (mit Beispielen aus dem Berner Oberland und der Landschaft Davos.- Geographica Bernensia G23. 217 S.; Bern.

GRUNDER, M. & H. KIENHOLZ (1986): Gefahrenkartierung.- In: WILDI, O. & K. EWALD [Hrsg.]: Der Naturraum und dessen Nutzung im alpinen Tourismusgebiet von Davos. Ergebnisse des MAB-Projektes Davos. Swiss Federal Institute of Forestry Research, Berichte Nr. 289: 67-85.

GUDE, M., DAUT, G., DIETRICH, S., MÄUSBACHER, R., JONASSON, C. BARTSCH, A. & D. SCHERER (2002): Towards an integration of process measurements, archive analysis and modelling in Geomorphology - The Kärkevagge experimental site, Abisko area, Northern Sweden.- Geografiska Annaler, 84A(3-4): 205-212.

HAAS, F., HECKMANN, T., WICHMANN, V. & M. BECHT (2004): Change of fluvial transport rates after a debris flow in a catchment area in the northern Limestone Alps, Germany.- IAHS Publications 288: 37-42.

HAMPEL, R. (1977): Geschiebewirtschaft in Wildbächen.- Wildbach- und Lawinenverbau, 41. Jg., H. 1: 3-34.

HECKERMANN, D. (1986): Probabilistic interpretation for MYCIN's certainty factors.- In: KANAL, L.N. & J.F. LEMMER [Hrsg.]: Uncertainty in Artificial Intelligence: 167-196; New York.

HECKMANN, T., WICHMANN, V. & M. BECHT (2002): Quantifying sediment transport by avalanches in the Bavarian Alps- first results.- Zeitschrift für Geomorphologie N. F., Suppl.-Bd. 127: 137-152.

HECKMANN, T. (2003a): Bedienungsanleitung zum SAGA `FR-Detect` Modul.- Interner Bericht am Lehrstuhl für Physische Geographie der KU Eichstätt-Ingolstadt.

HECKMANN, T. (2003b): Bedienungsanleitung zum SAGA `Randsplit` Modul.- Interner Bericht am Lehrstuhl für Physische Geographie der KU Eichstätt-Ingolstadt.

HECKMANN, T. (2004a): Bedienungsanleitung zum SAGA `CF-Dispomodell` Modul.- Interner Bericht am Lehrstuhl für Physische Geographie der KU Eichstätt-Ingolstadt.

HECKMANN, T. (2004b): Bedienungsanleitung zum SAGA `SPM-Validate` Modul.- Interner Bericht am Lehrstuhl für Physische Geographie der KU Eichstätt-Ingolstadt.

HECKMANN, T. (2006): Untersuchungen zum Sedimenttransport von Grundlawinen in zwei Einzugsgebieten der Nördlichen Kalkalpen - Quantifizierung, Analyse und Ansätze zur Modellierung der geomorphologischen Aktivität.- Eichstätter Geographische Arbeiten, Bd. 14, im Druck.

HEGG, C. (1996): Zur Erfassung und Modellierung von gefährlichen Prozessen in steilen Wildbacheinzugsgebieten.- Geographica Bernensia G52. 197 S.; Bern.

HEIM, A. (1932): Bergsturz und Menschenleben.- Beiblatt zur Vierteljahrschrift der Naturforschenden Gesellschaft in Zürich 77: 218 S.

HEINIMANN, H.R., HOLLENSTEIN, K., KIENHOLZ, H., KRUMMENACHER, B. & P. MANI (1998): Methoden zur Analyse und Bewertung von Naturgefahren.- Umwelt-Materialien Nr. 85, Naturgefahren. Hrsg.: Bundesamt für Umwelt, Wald und Landschaft (BUWAL), Bern. 248 S.

HENSOLD, S., WICHMANN, V. & M. BECHT (2005): Hydrologische Differenzierung von Standorten in einem alpinen Einzugsgebiet in Abhängigkeit von physisch-geographischen Parametern.- Hydrologie und Wasserbewirtschaftung 49, Heft 2: 68-76.

HOLMGREN, P. (1994): Multiple flow direction algortihms for runoff modelling in grid based elevation models: an empirical evaluation.- Hydrological Processes, 8: 327-334.

HUNGR, O. & S.G. EVANS (1988): Engineering evaluation of fragmental rockfall hazards.- In: BONNARD, CH. [Hrsg.]: Landslides. Proceedings of the 5th International Symposium on Landslides, Lausanne: 685-690.

HUTCHINSON, J.N. (1988): General report: Morphological and geotechnical parameters of landslides in relation to geology and hydrogeology.- In: BONNARD, CH. [Hrsg.]: Landslides. Proceedings of the 5th International Symposium on Landslides, Lausanne: 3-35.

HUTCHINSON, M.F. (1989): A new procedure for gridding elevation and stream line data with automatic removal of spurious pits.- Journal of Hydrology, Vol. 106: 211-232.

IVERSON, R.M., REID, M.E., & R.G. LAHUSEN (1997): Debris-flow mobilisation from landslides.- Annual Review of Earth and Planetary Sciences, 25: 85-138.

IVERSON, R.M., REID, M.E., IVERSON, N.R., LAHUSEN, R.G., LOGAN, M., MANN, J.E. & D.L. BRIEN (2000): Acute Sensitivity of Landslide Rates to Initial Soil Porosity.- Science, Vol. 290, Nr. 20: 513-516.

JÄCKLI, H. (1957): Gegenwartsgeologie des bündnerischen Rheingebietes. Beiträge zur Geologie der Schweiz, Geotechnische Serie, 36, Bern, 136 S.

JÄGER, S. (1997): Fallstudien zur Bewertung von Massenbewegungen als geomorphologische Naturgefahr.- Heidelberger Geographische Arbeiten, 108, 151 S.

JAHN, J. (1988): Entwaldung und Steinschlag.- Internationales Symposium Interpraevent, Band 1: 185-198; Graz.

JENEWEIN, S. (2002): Entwicklung einer GIS-basierten Applikation (PROMABGIS) für die Berechnung von Abfluss und Geschiebefrachten in Wildbacheinzugsgebieten unter Verwendung des prozessorientierten Ansatzes PROMAB. Unveröffentlichte Diplomarbeit am Institut für Geographie der Universität Innsbruck.

JENSON, S.K. & J.O. DOMINGUE (1988): Extracting topographic structure from digital elevation data for Geographic Information System analysis.- Photogrammetric Engineering and Remote Sensing, Vol. 54, No. 11: 1593-1600;

KELLER, D. & M. MOSER (2002): Assessments of field methods for rock fall and soil slip modelling.- Zeitschrift für Geomorphologie N. F., Suppl.-Bd. 127: 127-135.

KELLER, D. (in Vorb.): Analyse und Modellierung gravitativer Massenbewegungen in alpinen Sedimentkaskaden unter besonderer Berücksichtigung von Schutt- und Kriechströmen im Lockergestein.- Dissertation am Lehrstuhl für Angewandte Geologie, Universität Erlangen-Nürnberg.

KIENHOLZ, H. (1980): Beurteilung und Kartierung von Naturgefahren. Mögliche Beiträge der Geomorphologie und der Geomorphologischen Karte 1:25 000 (GMK 25).- In: BARSCH, D. & H. LIEDTKE [Hrsg.]: Methoden und Anwendbarkeit geomorphologischer Detailkarten. Berliner Geographische Abhandlungen, Heft 31: 83-90.

KIRKBY, M.J. & I. STATHAM (1975): Surface stone movement and scree formation.- Journal of Geology 83: 349-362.

KOCH, F. (2005): Zur raum-zeitlichen Variabilität von Massenbewegungen und pedologische Kartierungen in alpinen Einzugsgebieten - Dendrogeomorphologische Fallstudien und Erläuterungen zu den Bodenkarten Lahnenwiesgraben und Reintal (Bayerische Alpen).- Inauguraldissertation an der Philosophischen Fakultät III - Geschichte, Gesellschaft, Geographie - der Universität Regensburg im Fach Geographie.

KOCH, T. (1998): Testing various constitutive equations for debris flow modelling.- IAHS Publications 248: 249-257.

KÖRNER, H.J. (1976): Reichweite und Geschwindigkeit von Bergstürzen und Fließschneelawinen.- Rock Mechanics 8: 225-256.

KÖRNER, H.J. (1980): Modelle zur Berechnung der Bergsturz- und Lawinenbewegung.- Internat. Symp. Interpraevent 1980 (2): 15-55; Bad Ischl.

KRONFELLNER-KRAUS, G. (1987): Zur Anwendung der Schätzformel für extreme Wildbach-Feststofffrachten im Süden und Osten Österreichs.- Wildbach- und Lawinenverbau, 51. Jg., H. 106: 187-200.

KRUMMENACHER, B. (1995): Modellierung der Wirkungsräume von Erd- und Felsbewegungen mit Hilfe Geographischer Informationssysteme (GIS).- Schweizerische Zeitschrift für Forstwesen, Bd. 146, Nr. 9: 131-147.

KUHNERT, C. (1967): Erläuterungen zur Geologischen Karte von Bayern 1:25000, Blatt 8432 Oberammergau.- Bayer. Geologisches Landesamt, 128 S.; München.

LAATSCH, W. & W. GROTTENTHALER (1972): Typen der Massenverlagerung in den Alpen und ihre Klassifikation.- Forstwissenschaftliches Zentralblatt 91: 309-339.

LEA, N.J. (1992): An aspect-driven kinematic routing algorithm.- In: PARSONS, A.J. & A.D. ABRAHAMS [Hrsg.]: Overland flow. Hydraulics and erosion mechanics: 393-407; London.

LEHMANN, C. (1993): Zur Abschätzung der Feststofffracht in Wildbächen. Grundlagen und Anleitung.- Geographica Bernensia G42, 261 S.; Bern.

LIENER, S. (2000): Zur Feststofflieferung in Wildbächen.- Geographica Bernensia G64, 191 S.; Bern.

LOUIS, H. & K. FISCHER (1979): Allgemeine Geomorphologie.- Lehrbuch der Allgemeinen Geographie, Band 1, Textteil; de Gruyter, Berlin, 814 S.

MANI, P. & M. KLÄY (1992): Naturgefahren an der Rigi-Nordlehne.- Schweizerische Zeitschrift für Forstwesen, Bd. 143, Nr. 2: 131-147.

MARK, R.K. (1992): Map of debris-flow probability, San Mateo County, California.- U.S. Geological Survey Miscellaneous Investigation Series Map I-1257-M.

MARK, R.K. & S.D. ELLEN (1995): Statistical and simulation models for mapping debris-flow hazard.- In: CARRARA, A. & F. GUZZETTI [Hrsg.]: Geographical Information Systems in Assessing Natural Hazards: 93-106.

MEISSL, G. (1998): Modellierung der Reichweite von Felsstürzen.- Innsbrucker Geographische Studien 28, 249 S.; Innsbruck.

MENÉNDEZ DUARTE, R. & J. MARQUÍNEZ (2002): The influence of environmental and lithologic factors on rockfall at a regional scale: an evaluation using GIS.- Geomorphology 43: 117-136.

MIZUYAMA, T., YAZAWA, A. & K. IDO (1987): Computer simulation of debris flow depositional processes.- IAHS Publications 165: 179-190.

MONTGOMERY, D.R. & W.E. DIETRICH (1989): Source areas, drainage density and channel initiation.- Water Resources Research 25: 1907-1918.

MONTGOMERY, D.R. & E. FOUFOULA-GEORGIOU (1993): Channel network source representation using digital elevation models.- Water Resources Research 29: 3925-3934.

MONTGOMERY, D.R. & W.E. DIETRICH (1994): A physically based model for the topographic control on shallow landsliding.- Water Resour. Res. 30 (4): 1153-1171.

MONTGOMERY, D.R., DIETRICH, W.E. & K. SULLIVAN (1998): The role of GIS in watershed analysis.- In: LANE, S.N., RICHARDS, K.S. & J.H. CHANDLER [HRSG.]: Landform monitoring, modelling and analysis: 241-261.

MONTGOMERY, D.R., SULLIVAN, K. & M. GREENBERG (2000): Regional test of a model for shallow landsliding.- In: GURNELL, A.M. & D.R. MONTGOMERY [Hrsg.]: Hydrological applications of GIS: 123-135.

MÜLLER-WESTERMEIER, G. (1996): Klimadaten von Deutschland. Zeitraum 1961-1990.- Offenbach/Main.

O'BRIEN, J.S., JULIEN, P.Y. & W. FULLERTON (1993): Two-dimensional water flood and mudflow simulation.- Journal of Hydraulic Engineering 119 (2): 244-261.

O'CALLAGHAN, J. & D. MARK (1984): The extraction of drainage networks from digital elevation data.- Computer Vision, Graphics and Image Processing 28: 323-344.

O'LOUGHLIN, E.M. (1986): Prediction of surface saturation zones in natural catchments by topographic analysis.- Water Resources Research 22: 794-804.

PERLA, R., CHENG, T.T. & D.M. MCCLUNG (1980): A Two-Parameter Model of Snow-Avalanche Motion.- Journal of Glaciology 26(94): 197-207.

PLANCHON, O. & F. DARBOUX (2001): A fast, simple and versatile algorithm to fill the depressions of digital elevation models.- Catena 46: 159-176.

PLONER, A. & T. SÖNSER (2000): Naturraumanalyse - neue Strategien für Fließgewässer.- Beratende Ingenieure - Zeitschrift des Internationalen Consultings, 10/ 2000: 15-17.

PRICE, W.E. (1976): A Random-Walk Simulation Model of Alluvial-Fan Deposition.- In: MERRIAM, D.F. [Hrsg.]: Random Processes in Geology: 55-62.

PRINZ, H. (1991): Abriß der Ingenieurgeologie. Stuttgart, 466 S.

QUINN, P., BEVEN, K., CHEVALLIER, P. & O. PLANCHON (1991): The prediction of hillslope flow paths for distributed hydrological modelling using digital terrain models.- Hydological Processes, Vol. 5: 59-79.

RAPP, A. (1960): Recent Development of mountain slopes in Kaerkevagge and surroundings, Northern Scandinavia.- Geografiska Annaler, 42(2-3): 1-200.

REID, L. & T. DUNNE (1996): Rapid evaluation of sediment budgets. Catena Verlag, Reiskirchen, 164 S.

REMONDO, J., GONZÁLEZ, A., DÍAZ DE TERÁN, J.R., CENDRERO, A., FABBRI, A. & C.-J.F. CHUNG (2003): Validation of Landslide Susceptibility Maps: Examples and Applications from a Case Study in Northern Spain.- Natural Hazards 30: 437-449.

RICKENMANN, D. (1990): Debris flows 1987 in Switzerland: modelling and fluvial sediment transport.- IAHS Publications 194: 371-378.

RICKENMANN, D. (1991): Modellierung von Murgängen.- Berichte und Forschungen Geogr. Institut Fribourg 3: 33-45; Fribourg.

RICKENMANN, D. & M. ZIMMERMANN (1993): The 1987 debris flows in Switzerland: documentation and analysis.- Geomorphology 8: 175-189.

RICKENMANN, D. & T. KOCH (1997): Comparison of debris flow modelling approaches.- In: CHEN, C.-I. [Hrsg.]: Debris-Flow Hazards Mitigation: Mechanics, Prediction, and Assessment. Proceedings of the first International Conference: 576-585.

RICKENMANN, D. (1999): Empirical Relationships for Debris Flows.- Natural Hazards 19: 47-77.

RIEGER, D. (1999): Bewertung der naturräumlichen Rahmenbedingungen für die Entstehung von Hangmuren. Möglichkeiten zur Modellierung des Murpotentials.- Münchner Geogr. Abh. A51, 149 S.; München.

SALM, B. (1966): Contribution to Avalanche Dynamics.- IAHS-Publications 69: 199-214.

SALM, B., BURKARD, A. & H. GUBLER (1990): Berechnung von Fließschneelawinen. Eine Anleitung für Praktiker mit Beispielen.- Mitteilungen des Eidgenössischen Instituts für Schnee- und Lawinenforschung, Davos, Nr. 47.

SASS, OLIVER (1998): Die Steuerung von Steinschlagmenge und -verteilung durch Mikroklima, Gesteinsfeuchte und Gesteinseigenschaften im westlichen Karwendelgebirge (Bayerische Alpen).- Münchner Geogr. Abh., Bd. B29. 175 S.; München.

SCARLATOS, P.D. & V.P. SINGH (1986): Mud flows and sedimentation problems associated with a dam-break event.- Proc. Third Int. Symp. on River Sedimentation, Mississippi, USA: 1063-1068.

SCHEIDEGGER, A.E. (1975): Physical aspects of natural catastrophes. 289 S.

SHORTLIFFE, E.H. & B.G. BUCHANAN (1975): A model of inexact reasoning in medicine.- Mathematical Biosciences 23: 351-379.

SLAYMAKER, O. (1991): Mountain Geomorphology: A theoretical framework for measurement programmes.- Catena, Vol. 18: 427-437.

SLAYMAKER, O. (1992): Ahnert's process-response models of denudation and the scale dependence of sediment yield models - an attempted reconciliation.- Catena, Suppl.-Bd. 23: 125-134.

SMOLTCZYK, U. (1990): Grundbau-Taschenbuch. Berlin.

SPANG, R.M. & R.W. RAUTENSTRAUCH (1988): Empirical and mathematical approaches to rockfall protection and their practical applications.- In: BONNARD, CH. [Hrsg.]: Landslides. Proceedings of the 5th International Symposium on Landslides, Lausanne: 1237-1243.

SPANG, R.M. & T. SÖNSER (1995): Optimized rockfall protection by "ROCKFALL".- Proceedings of the 8th International Congress on Rock Mechanics, Tokyo, Bd. 3: 1233-1242.

TAKAHASHI, T. (1980): Evaluation of the factors relevant to the initiation of debris flow.- Proceedings of the International Symposium on Landslides 3: 136-140; New Delhi.

TAKAHASHI, T. (1981): Estimation of potential debris flow and their hazardous zones: soft countermeasures for a disaster.- Journal of Natural Disaster Science, 3(1): 57-89.

TAKAHASHI, T., NAKAGAWA, H. & S. KUANG (1987): Estimation of debris flow hydrograph on varied slope bed.- IAHS Publications 165: 167-177.

TARBOTON, D.G. (1997): A new method for the determination of flow directions and upslope areas in grid digital elevation models.- Water Resources Research, 33(2): 309-319.

TOGNACCA, C. (1999): Beitrag zur Untersuchung der Entstehungsmechanismen von Murgängen.- Dissertation an der ETH Zürich, Diss. ETH Nr. 13340, 261 S.

TOMLIN, C.D. (1990): Geographic Information Systems and cartographic modeling. 249 S.; Englewood Cliffs, New Jersey.

TOMLIN, C.D. (1991): Cartographic modelling.- In: MAGUIRE, D., GOODCHILD, M.F. & D.W. RHIND [Hrsg.]: Geographical Information Systems. Principles and applications: 361-374.

TOPPE, R. (1987): Terrain models - A tool for natural hazard mapping.- IAHS Publications 162: 629-638.

TUCKER, G.E. & R.L. SLINGERLAND (1994): Erosional dynamics, flexural isostasy, and long–lived escarpments: a numerical modelling study.- Journal of Geophysical Research 99: 12229-12243.

TUCKER, G.E., LANCASTER, S.T., GASPARINI, N.M., & R.L. BRAS (2001): The channel-hillslope integrated landscape development (CHILD) model.- In: HARMON, R.S & W.W. DOE III [Hrsg.]: Landscape erosion and evolution modeling: 349-388.

UNBENANNT, M. (2002): Fluvial sediment transport dynamics in small alpine rivers - first results from two upper Bavarian catchments.- Zeitschrift für Geomorphologie N. F., Suppl.-Bd. 127: 197-212.

VAN DIJKE, J.J. & C.J. VAN WESTEN (1990): Rockfall Hazard: a Geomorphologic Application of Neighbourhood Analysis with ILWIS.- ITC Journal 1990(1): 40-44.

VARNES, D.J. (1978): Slope movement types and processes.- In: SCHUSTER, R.L. & R.J. KRIZEK [Hrsg.]: Landslide Analysis and control. Transportation Research Board, Special Report 176, National Academy of Science: 12-33. Washington, D.C.

VOELLMY, A. (1955): Über die Zerstörungskraft von Lawinen.- Schweizerische Bauzeitung 73: 159-165, 212-217, 246-249, 280-285.

WARBURTON, J. (1993): Energetics of alpine proglacial geomorphic processes.- Trans. Inst. Br. Geogr. N.S., 18: 197-206.

WEIBEL, R. & M. HELLER (1991): Digital terrain modelling.- In: MAGUIRE, D., GOODCHILD, M.F. & D.W. RHIND [Hrsg.]: Geographical Information Systems. Principles and applications: 269-297.

WETZEL, K.-F. (1992): Abtragsprozesse an Hängen und Feststoffführung der Gewässer. Dargestellt am Beispiel der pleistozänen Lockergesteine des Lainbachgebietes (Benediktbeuren/Obb.).- Münchner Geogr. Abh., Bd. B17. München.

WICHMANN, V., MITTELSTEN SCHEID, T. & M. BECHT (2002): Gefahrenpotential durch Muren: Möglichkeiten und Grenzen einer Quantifizierung.- Trierer Geogr. Stud. 25: 131-142.

WICHMANN, V. (2003): Bedienungsanleitung zum SAGA `FillSink` Modul.- Interner Bericht am Lehrstuhl für Physische Geographie der KU Eichstätt-Ingolstadt.

WICHMANN, V. (2004a): Bedienungsanleitung zum SAGA `Rock HazardZone` Modul.- Interner Bericht am Lehrstuhl für Physische Geographie der KU Eichstätt-Ingolstadt.

WICHMANN, V. (2004b): Bedienungsanleitung zum SAGA `DF HazardZone` Modul.- Interner Bericht am Lehrstuhl für Physische Geographie der KU Eichstätt-Ingolstadt.

WICHMANN, V. (2004c): Bedienungsanleitung zum SAGA `DF DispoChannel` Modul.- Interner Bericht am Lehrstuhl für Physische Geographie der KU Eichstätt-Ingolstadt.

WICHMANN, V. (2004d): Bedienungsanleitung zum SAGA `Shallow Landslides` Modul.- Interner Bericht am Lehrstuhl für Physische Geographie der KU Eichstätt-Ingolstadt.

WICHMANN, V. (2004e): Bedienungsanleitung zum SAGA `Rock ProcessResponse` Modul.- Interner Bericht am Lehrstuhl für Physische Geographie der KU Eichstätt-Ingolstadt.

WICHMANN, V. & M. BECHT (2004a): Modellierung geomorphologischer Prozesse zur Abschätzung von Gefahrenpotenzialen.- Zeitschrift für Geomorphologie N. F., Suppl.-Vol. 135: 147-165.

WICHMANN, V. & M. BECHT (2004b): Spatial modelling of debris flows in an alpine catchment.- IAHS Publications 288: 370-376.

WICHMANN, V. & M. BECHT (2005): Modeling of Geomorphic Processes in an Alpine Catchment.- In: ATKINSON, P.M., FOODY, G.M., DARBY, S.E. & F. WU [Hrsg.]: GeoDynamics: 151-167.

WILLGOOSE, G., BRAS, R.L. & I. RODRIGUEZ-ITURBE (1991): Results from a new model of river basin evolution.- Earth Surf. Process. Landforms 16: 237-254.

WILLGOOSE, G., BRAS, R.L. & I. RODRIGUEZ-ITURBE (1994): Hydrogeomorphology modelling with a physically based river basin evolution model.- In: KIRKBY, M.J. [Hrsg.]: Process models and theoretical geomorphology: 2-22.

WILSON, J.P. & J.C. GALLANT (2000): Terrain analysis - Principles and applications.- Wiley, New York, 479 S.

WISE, S.M. (1998): The effect of GIS interpolation errors on the use of digital elevation models in Geomorphology.- In: LANE, S.N., RICHARDS, K.S. & J.H. CHANDLER [Hrsg.]: Landform monitoring, modelling and analysis: 139-164.

ZEVENBERGEN, L.W. & C.R. THORNE (1987): Quantitative analysis of land surface topography.- Earth Surface Processes and Landforms 12: 47-56.

ZIMMERMANN, M. (1990): Debris flows 1987 in Switzerland: geomorphological and meteorological aspects.- IAHS Publications 194: 387-393.

ZIMMERMANN, M., MANI, P., GAMMA, P., GSTEIGER, P., HEINIGER, O. & G. HUNZIKER (1997): Murganggefahr und Klimaänderung - ein GIS-basierter Ansatz.- Schlussbericht NFP 31, 161 S.; Zürich.

ZINGGELER, A., KRUMMENACHER, B. & H. KIENHOLZ (1991): Steinschlagsimulation in Gebirgswäldern.- Berichte und Forschungen 3, Geographisches Institut der Universität Freiburg: 61-70.

Eichstätter Geographische Arbeiten

Bis Band 6 erschienen als „Arbeiten aus dem Fachgebiet Geographie der Katholischen Universität Eichstätt-Ingolstadt"

Bd. 1: Josef Steinbach (Hrsg.): Beiträge zur Fremdenverkehrsgeographie. XII + 144 Seiten. 1985

Bd. 2: Joachim Bierwirth: Kulturgeographischer Wandel in städtischen Siedlungen des Sahel von Mousse/Monastir (Tunesien): Ein Beitrag zur geographischen Akkulturationsforschung. 183 Seiten. 1985

Bd. 3: Julie Brennecke, Peter Frankenberg, Reinhold Günther: Zum Klima des Raumes Eichstätt/Ingolstadt. X + 146 Seiten. 1986

Bd. 4: Josef Steinbach: Das räumlich-zeitliche System des Fremdenverkehrs in Österreich. 89 Seiten. 1989

Bd. 5: Helmut Schrenk: Naturraumpotential und agrare Landnutzung in Darfur, Sudan. Vergleich der agraren Nutzungspotentiale und deren Inwertsetzung im westlichen und östlichen Jebel-Marra-Vorland. XIII + 199 Seiten + Anhang. 1991

Bd. 6: Josef Steinbach (Hrsg.): Neue Tendenzen im Tourismus. Wandeln sich Urlaubsziele und Urlaubsaktivitäten? 81 Seiten. 1991

Bd. 7: Karl-Heinz Rochlitz: Bergbauern im Untervinschgau (Südtirol). Der Strukturwandel zwischen 1950 und 1990. IX + 324 Seiten. 1994

Bd. 8: Dieter Hauck: Trekkingtourismus in Nepal. Kulturgeographische Auswirkungen entlang der Trekkingrouten im vergleichenden Überblick. 181 Seiten + Anhang. 1996

Bd. 9: Erwin Grötzbach (Hrsg.): Eichstätt und die Altmühlalb. VII + 223 Seiten + Anhang. 1998

Bd. 10: Hans Hopfinger, Raslan Khadour: Economic Development and Investment Policies in Syria. Wirtschaftsentwicklung und Investitionspolitik in Syrien. 269 Seiten. 2000

Bd. 11: Friedrich Eigler: Die früh- und hochmittelalterliche Besiedlung des Altmühl-Rezat-Raumes. 488 Seiten. 2000

Bd. 12: Dominik Faust (Hrsg.): Studien zu wissenschaftlichen und angewandten Arbeitsfeldern der Physischen Geographie. 204 Seiten. 2003

Bd. 13: Christoph Zielhofer: Schutzfunktion der Grundwasserüberdeckung im Karst der Mittleren Altmühlalb. 238 Seiten + 1 CD. 2004

Bd. 14: Tobias Heckmann: Untersuchungen zum Sedimenttransport durch Grundlawinen in zwei Einzugsgebieten der Nördlichen Kalkalpen – Quantifizierung, Analyse und Ansätze zur Modellierung der geomorphologischen Aktivität. XVIII + 305 Seiten + Anhang. 2006

Bd. 15: Volker Wichmann: Modellierung geomorphologischer Prozesse in einem alpinen Einzugsgebiet – Abgrenzung und Klassifizierung der Wirkungsräume von Sturzprozessen und Muren mit einem GIS. XVI + 231 Seiten. 2006

Schriftentausch: Tauschstelle der Zentralbibliothek
Katholische Universität Eichstätt-Ingolstadt, 85071 Eichstätt

Bezug über: PROFIL Verlag, Postfach 210143, 80671 München